新视野民航飞行技术专业规戈

U0204152

飞 行 原 理

朱一锟　编著

北京航空航天大学出版社

内 容 简 介

本书共分 10 章,主要内容包括绪论和大气基本知识、流体沿流管流动的基本知识、飞机的低速/高速空气动力特性、飞机重量和重心位置与内部装载(配平)、飞机的动力装置(含螺旋桨式飞机)的基本性能、飞机飞行性能和飞机稳定性与操纵性分析等。

针对飞行技术专业航线运输机飞行员的培养要求,飞行员不仅要获得大学本科学历教育证书,而且还要获得专业驾照,故本书在上述内容的选择上,不仅注重基本概念的介绍,而且也注重实用性,并且有一定的力学理论水平。

本书可为航空类院校飞行技术专业学生、在职飞行员以及航空工程技术人员提供有效的学习参考。

图书在版编目(CIP)数据

飞行原理 / 朱一锟编著. -- 北京 :北京航空航天大学出版社,2018.9

ISBN 978 - 7 - 5124 - 2753 - 2

Ⅰ. ①飞… Ⅱ. ①朱… Ⅲ. ①飞行原理 Ⅳ. ①V212

中国版本图书馆 CIP 数据核字(2018)第 146331 号

飞行原理

朱一锟 编著

责任编辑 刘晓明

*

北京航空航天大学出版社出版发行

北京市海淀区学院路 37 号(邮编 100191) http://www.buaapress.com.cn
发行部电话:(010)82317024 传真:(010)82328026
读者信箱:emsbook@buaacm.com.cn 邮购电话:(010)82316936
艺堂印刷(天津)有限公司印装 各地书店经销

*

开本:710×1 000 1/16 印张:22.75 字数:485 千字
2019 年 1 月第 1 版 2019 年 1 月第 1 次印刷 印数:1 500 册
ISBN 978 - 7 - 5124 - 2753 - 2 定价:79.00 元

前　言

　　作为北京航空航天大学（简称北航）飞行学院飞行技术专业系列教材建设规划，《飞行原理》是首批计划出版的专业课程教材之一。2016 年11 月，北航飞行学院召开了首批专业课程的大纲审定工作会议。中国南方航空公司冯华南、高飞、田刚，中国国际航空公司常厚东、李拥军出席了会议，并提出了宝贵的意见和建议，这对教材的编写有很大的帮助。

　　本教材是为培养航线运输机飞行员（Airline Transport Pilot，ATP）所用的，与通用型飞机飞行员（如 Private Pilot，PP）不同，前者是专业飞行员，后者多为航空爱飞客或私用飞机驾驶员。飞行员如何能安全、有效地操控飞机；在学习飞行中，如何能与飞行教官进行有效交流，相当程度上都取决于对飞机飞行原理的理解与掌握。因此，教材内容的选取必须要有一定的力学理论基础，又要有一定的实用性，还要保证基本概念与内容的正确，力图使学员不仅知其然，也要知其所以然。

　　本教材依据由浅入深的原则，首先阐述飞机为什么能飞，然后是如何飞才能发挥出飞机固有的优良性能，最后是如何飞才能保证飞行的安全性。

　　考虑到学员们将去国外英语国家航校学习飞行，为便于熟悉国外教材资料和接受国外常用术语，本教材中各个物理量的单位，既用到了公制单位制，又重点介绍了英制工程单位制。

　　鉴于作者的专业水平和实际经验有限，书中疏漏及不足在所难免，欢迎读者提出批评与指正。

作　者

2018 年 11 月

目　　录

第 1 章

绪论和大气基本知识

1.1 为什么要学习飞行原理

为什么要学习飞行原理？无论是对于通用航空飞行员(包括私用飞机飞行员,即 Private Pilot,PP),还是商用飞机飞行员(Commerical Pilot,CP),或者对航线运输机飞行员(Airline Transport Pilot,ATP)来说,在登机学习和掌握特定飞机的飞行技术之前,都会提出这个问题。

要回答这个问题,可以从飞行原理要介绍的内容中找到答案。

飞行原理主要介绍三个方面的内容:

① 飞机为什么能离开地面在空气中飞行呢？这涉及到飞机的空气动力学问题。

② 如何飞,飞机才会飞得快一点、高一点、远一点或者留空时间长一点呢？这涉及到飞机的飞行性能问题。

③ 怎么飞,才能保证飞机飞行状态具有良好的稳定性与可操纵性呢？这涉及到飞机飞行时的稳定性与操纵性问题,还涉及到飞行安全问题。

有关这三方面问题的知识,是基础性的和原理性的知识,是飞行员与飞行教员之间交流的基础,也是学习飞行技术的第一步。

况且,由于民航飞行专业的特殊性,飞行员除了要获得学历教育(含大学本科、大学专科或其他学历)证书外,还需要获取专业驾照,如 PPL、CPL 或 ATPL 才能上岗。本教材将提供学历证书和专业驾照考试所需要的基本知识和内容。

综上,就能回答为什么要学习飞行原理这个问题了。

对于北京航空航天大学飞行学院"飞行技术"专业来讲,培养的是 ATP,是大学本科学历教育。所以,在《飞行原理》教材选材的深度上,有别于驾照教育(PPL 或 CPL)所采用的飞行原理理论教材。后者大多只从物理概念出发就得出结论,不讲清机理,只要求"知其然",而不知其"所以然"。但对于 ATP 的大学本科学历教育来讲,对所讲内容,不仅要"知其然",而且还要求知道一些"所以然"。对介绍的一些基础理论与公式,都有一定物理、数学上的说明与推导,有一定力学理论水平。其原因是我们培养的是专业飞行员,而不是航空爱好者或"爱飞客"。

澳大利亚航空理论中心所编教材中有句话说得好:"Good, clear knowledge minimizes fligth training hours"。我们要坚信,"知识就是力量"这句话,并永远铭记在心!

1.2 学习本教材的基本要求

本教材是为 ATP 大学本科学历教育编写的,内容丰富,涉及面广泛,有一定的深度和难度。要学好本教材所讲内容,重点要放在三个方面上,即基本概念(含符号)、基本公式和基本图形。我们只简单举几个例子来说明。

基本概念方面:比如在介绍飞机的纵向俯仰力矩特性中,有飞机的零升力矩系数 C_{m0}、空气动力中心位置(或称焦点位置)h_{ac} 和压力中心位置 h_{cp}。它们各代表什么意思? 它们的大小取决于什么因素? 它们彼此之间存在什么关系式呢?

基本符号方面:比如有关飞机飞行的速度概念方面有众多的符号,它们代表什么意思? 它们的大小与什么参数有关? 这里只写出几个:V_∞、V_s、V_{min}、V_{mp}、V_{md}、V_{max}、$V_{max\ RC}$、$V_{max\ r}$、$V_{min\ \gamma}$、$V_{min\ RD}$、$V_{max\ SR}$、V_{LRC}、$V_{max\ SE}$ 等。

基本方程或公式方面:比如低速伯努利方程,高速能量方程与动量方程,飞机平飞升力公式和阻力公式等。它们是如何得到的? 可用来说明什么问题?

基本图形方面:比如飞机的升力特性曲线,飞机的阻力极曲线,飞机平飞需用推力曲线和平飞需用功率曲线,飞机平飞的升降舵偏角平衡曲线图等。应能绘制出这些图形的变化趋势,并指明影响这些曲线图的主要参数。

要掌握上述三个基本要求,首先要听好课堂讲授,其次要熟读教材。但是,读书不能只是看书,而必须要自己动手做摘要或笔记。湖南岳麓书院有句话说得好:"读书必须过笔"。澳大利亚航空理论中心也有句话说:"make your own nots and summary that you prepare is the most important aid to your learning"。它们讲的都是一个道理。最后,就是要不断复习、熟记,直到熟练掌握这些内容的精髓为止,并在飞行实践中得到印证。

1.3 大气的基本知识

包围地球表面的空气层称作大气层。对于飞机而言,没有空气,飞机就根本无法飞行。空气的各种物理性质或参数,如空气的密度、压力和温度等,不仅影响到作用在飞机上的空气动力的大小,也影响到飞机发动机的性能,如产生的推力和耗油率的大小等。许多飞行仪表的工作,比如空速表、高度表等,也与空气的状态参数紧密相关。

1.3.1 大气层概况

先说大气的组成。大气或空气是多种气体的混合物,主要成分是氮气和氧气。从质量或体积上所占比例来看,氮气和氧气分别占78%、21%,或76%、23%左右,其余是不到1%的氩、二氧化碳和水气等多种气体。从目前飞机飞行的最大速度上限来看,可将空气视作单一的气体,称作空气或大气。如果最大飞行速度再提高,则空气的组成个体的作用将显现出来,必须单独考虑。

分层次是大气层的主要特征,如图1.1所示,一般可分为对流层(troposphere)、平流层(stratosphere)、中间层(mesosphere)、热层(thermosphere)和散逸层(ionosphere)五层。

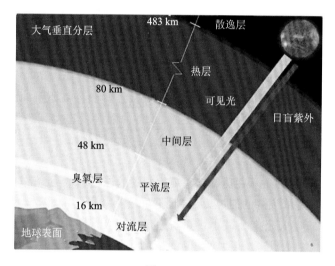

图1.1

1. 对流层

围绕地球,对流层的高度并不一样。在赤道地区,对流层顶为13~17 km。极地地区,对流层顶为7~8 km。平均高度约为11 km(36 089 ft),空气质量的3/4以及几乎全部的水气、悬浮颗粒等都集中在此层中。在此层中,空气的对流活动相当频繁,有时还相当强烈。此即该层命名的由来。云、雨、雪、雷电等天气现象都发生在此层。

2. 平流层

它的层顶在50~55 km之间,下层在11~24 km之间,空气温度近似为常数(约为−56.5 ℃)。不像对流层那样,平流层是一个相对平静的空气层。最具特色的地方除了平流下层空气温度近似保持不变外,还有水平方向的风,实测风速达到过37 m/s(或120 ft/s)左右。

3. 其他层

其他各层情况,可参看航空气象教材。

一般飞机活动的高度范围:高速超声速飞机活动高度范围为 0~32 km。英法合制的协和号超声速旅客运输飞机,平飞高度升限为 13.5 km。一般喷气式民航飞机为 0~12 km;螺旋桨式飞机为 0~6 km;通用小型螺旋桨飞机为 0~3 km。换句话说,民用飞机大都在对流层中活动。

1.3.2 大气的三个物理参数 ρ、p、T 和气体状态方程式

大气的物理参数主要有五个。前三个称为大气的状态参数,即空气的密度 ρ、压强 p(俗称压力)和温度 T;后两个称为性质参数,分别是空气的粘性和可压缩性。空气的粘性一般用粘性系数 μ 或运动粘性系数 ν 来表示。空气的可压缩性一般用空气的体积弹性模量 E 或声速 c(指声波在空气中的传播速度)来表示。

1. 空气的密度 ρ

空气密度是指单位体积中所包含的空气质量。设空气所占体积为 V,其中包含的质量为 m,则有

$$\rho = \frac{m}{V} \tag{1-1}$$

密度 ρ 的单位为 kg/m^3,在英制工程单位制中的计量单位为 slug/ft^3。1 slug/ft^3 = 515.4 kg/m^3。有关单位制的简况,可参看附录。

高度 H 增加,空气密度 ρ 减小。在高原地区以及高空中,因空气密度 ρ 的下降,会导致常说的"空气稀薄",发生"缺氧现象"。

2. 空气的压力 p

空气的压力(严格讲应称为压强)是指空气作用在单位面积上的法向力。

在航空气象学中,把静止大气中的大气压力视为单位面积上所承受的空气柱重力,如图 1.2 所示。在地面上设空气柱底面积为 A,由底部垂直向上画出的空气柱直到大气层外边界。它所包含的空气重量为 W_a,则地面上空气的静压力 p 为

$$p = \frac{W_a}{A} \tag{1-2}$$

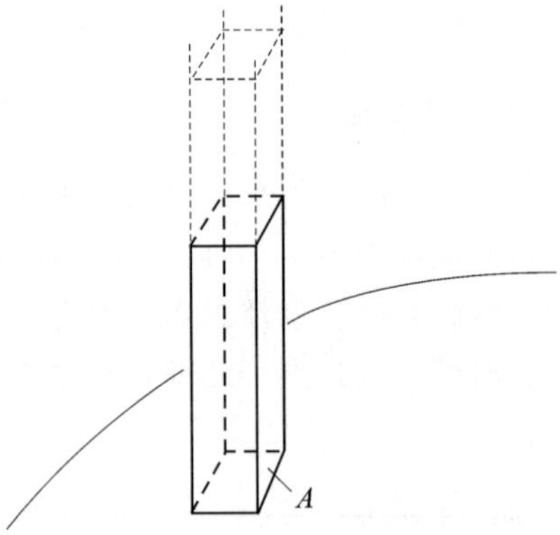

图 1.2

p 的单位为 Pa(N/m^2),或 hPa(百帕)等。英制为 lb/ft^2(或写为 psf),或 lb/in^2 (psi)。1 psf = 47.88 Pa = 0.478 8 hPa。也有用汞柱高来表示 p 大小的,即 inHg。

1 inHg＝338.6 Pa。

高度 H 增加,由底部向上画出的空气柱所包含的空气重量 W_a 减小,因而 p 将下降。在低高度范围,每上升 30 ft,空气静压力 p 下降 1 hPa。在较高的高度范围,空气静压力下降还要快一些,因为空气的密度快速减小,导致空气柱重量快速减小。

3. 空气的温度 T

空气的温度是指空气分子运动平均动能,俗称空气冷热的程度。

对于空气温度的测量,日常生活中有摄氏温度 $t(℃)$ 和华氏温度 $t_F(℉)$ 两种计量方式。我国采用摄氏温度,欧美都采用华氏温度。两者之间有如下换算公式,即

$$\frac{t}{℃}=\frac{5}{9}\left(\frac{t_F}{℉}-32\right) \tag{1-3a}$$

$$\frac{t_F}{℉}=\frac{9}{5}\frac{t}{℃}+32 \tag{1-3b}$$

工程计算中,常采取热力学温度,一种是开氏温度 $T(K)$,另一种是兰氏温度 $T(℉R)$,它们与摄氏温度和华氏温度的关系为

$$\frac{T}{K}=\frac{t}{℃}+273.15 \tag{1-4}$$

$$\frac{T}{℉R}=\frac{t_F}{℉}+460 \tag{1-5}$$

换句话说,当热力学温度为零时,是指空气分子停止热运动时的温度。在热力学温度中,此时 $T=-273.15 ℃$。

高度 H 增加,空气温度将发生变化。比如在对流层中,高度增加,空气温度下降。

4. 完全(干燥)气体的状态方程

在高中物理中,介绍过理想气体(在此处称之为完全气体)状态参数 ρ、p、T 之间有一个关系式,称为完全气体的状态方程,即

$$p=\rho RT \tag{1-6}$$

式中,R 称为气体常数。在国际单位制中,若 $[T]=℉K$(方括号代表括号内的物理量所采用的单位),$[p]=Pa$,$[\rho]=kg/m^3$,则式(1-6)中的 $R=287$ N·m/(kg·℉K)。在英制工程单位制中,若 $[T]=℉R$,$[p]=psf$,$[\rho]=slug/ft^3$,则式(1-6)中的 $R=1\ 716$ lb·ft/(slug·℉R)。

在大气层中,同一高度上空气的三个状态参数 ρ、p、T 之间的关系,十分接近于完全气体的情况,故也采用式(1-6)来表示。知道空气的两个状态参数(比如 p 和 T),第三个参数 ρ 则可求出。

不过,上述关系只适用于干燥空气;当空气中含有的水蒸气量较高时,它不适用。人们常误认为水蒸气比同等体积的干燥空气重,实际上并非如此。空气中所含水蒸

气量越多,空气的密度越小。

1.3.3 空气的粘性与粘性系数

空气的这个特性是比较难以理解的。它在静止的空气中,也难以显现出来。

1. 流体粘性的定义

一般来说,流体[包括气体(比如空气)和液体(比如水)]内部产生相对滑动时,相邻两个运动速度不同的流动层间会产生互相牵扯的内摩擦力的特性,称作流体的粘性。

参看图1.3。流体以速度V_∞平行流过平板壁面。紧贴壁面的一层流体,因固体壁面的吸附作用,流速降为零。于是相邻上一层流体与紧贴壁面的流体层产生了速度差ΔV并相互滑动;一层拖慢一层,形成如图1.3(a)所示$V=V(z)$的速度分布。各层之间会产生内摩擦力F_τ。

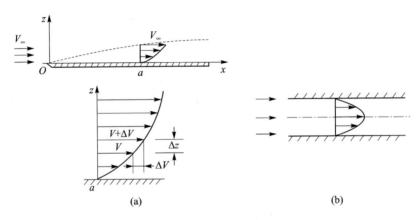

图 1.3

视来流流速V_∞大小的变化,壁面上因粘性影响产生的区域(图上从O点起,沿Ox轴方向画出的虚线与壁面之间区域)也是变化的。在$x=a$处,沿z方向,当$V \to V_\infty$时,壁面的影响宣告结束。

图1.3(b)是流体(如水)流过管道时,沿截面的流速分布,中心处流速大,而内壁上的$V=0$。这也是水具有粘性作用的体现。

2. 流体粘性系数 μ 的定义和粘性内摩擦应力 τ

参看图1.3(a),相邻两层流体的接触面积为A,速度梯度为$\Delta V/\Delta z$,则流体的内摩擦力F_τ为

$$F_\tau = \mu \left(\frac{\Delta V}{\Delta z} \right) A \tag{1-7}$$

或

$$\tau = \frac{F_\tau}{A} = \mu\left(\frac{\Delta V}{\Delta z}\right) \tag{1-8}$$

式中,τ 为摩擦应力。比例系数 μ 称为流体的粘性系数。由式(1-8),有

$$\mu = \tau / \left(\frac{\Delta V}{\Delta z}\right) \tag{1-9}$$

它的大小由实验测定。$[\mu] = \text{Pa} \cdot \text{s}$ 或 $\text{slug}/(\text{ft} \cdot \text{s})$。比如,20 ℃ 的水,其 $\mu = 1.002 \times 10^{-3}\ \text{Pa} \cdot \text{s}$。同温度的空气,其 $\mu = 1.81 \times 10^{-5}\ \text{Pa} \cdot \text{s}$。物体在流体中运动时,紧贴物面的流体层与相邻流体层间,将因粘性产生 F_τ,因而将产生阻止物体运动的摩擦阻力(粘性摩擦阻力)。由于 μ 值大小上的巨大差异,同一物体在水中运动产生的摩擦阻力,要比在空气中运动产生的摩擦阻力大许多。核潜艇在海水中的最高时速可达 30～40 kn(节),节代表海里/小时。而北京航空航天大学生产的超轻型螺旋桨飞机,最高时速可达 65 kn。现代民用喷气式客机,在空中的速度可达 500 kn 左右,比核潜艇快了 10 多倍,除了海水的 μ 值大了许多外,当然还有密度 ρ 也大的缘故。

注意,空气温度升高,空气的粘性系数 μ 值增大,见式(1-7)式(1-8),导致内摩擦应力 τ 增大。空气粘性就物理原因而言,主要是相邻不同速度层间的分子热运动带来层间动量交换的结果,参看图 1.4。温度开高,层间动量交换加剧,所以 μ 将增大。

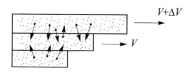

图 1.4

但是,水和油类流体,当温度升高时,它们的 μ 和 τ 都是下降的。原因在于液体不同速度层间产生内摩擦力 τ,主要是分子间相互吸收力(内聚力)作用的结果。温度升高,液体分子热运动加剧,导致分子间的距离加大,故液体的 μ 值将下降。通常,当采用管道来输送液体(如石油)时,在寒冷地区的冬季,对液体加热可以收到减小流动摩擦损失、降低输送能耗的效果。

在后面介绍飞机空气动力特性时,经常需要同时考虑空气的粘性和密度大小,因此,空气的粘性更方便用运动粘性系数 ν 来表示,即

$$\nu = \frac{\mu}{\rho} \tag{1-10}$$

随高度 H 的增加,如果空气温度下降,空气的粘性系数 μ 值将下降;但因高度增加,空气密度 ρ 下降得更快一些。因此,随高度 H 的增加,空气运动粘性系数 ν 却一直都是增大的。

1.3.4　空气的可压缩性和声速

1. 流体可压缩性的定义

一定量的流体,储存在气缸容器中,参看图 1.5。当所受外力 F 大小改变时,导致体积(因而密度)改变的性质,称作流体的可压缩性。

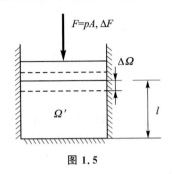

图 1.5

气缸中流体(比如空气)体积为 $\Omega = Al$。A 为气缸的底面积,l 为缸内气柱的原始高度。这时,缸内空气状态参数为 ρ、p 和 T。作用在活塞上的外力为 $F = pA$。缸内空气质量为 $m = \rho\Omega$。

现在,作用在活塞上的外力增大,由 $F \rightarrow F + \Delta F$,$\Delta F = \Delta pA$;受压缩后空气体积缩小为 $\Omega' = \Omega + \Delta\Omega$,而缸内空气密度由 $\rho \rightarrow \rho + \Delta\rho$,但空气质量保持不变,即 $m = $ const.,故有

$$m = \rho\Omega = (\rho + \Delta\rho)(\Omega + \Delta\Omega)$$
$$= \rho\Omega + \rho\Delta\Omega + \Delta\rho\Omega + \Delta\rho\Delta\Omega$$
$$\approx \rho\Omega + \rho\Delta\Omega + \Delta\rho\Omega$$

略去二阶小量 $\Delta\rho\Delta\Omega$,得

$$\frac{\Delta\rho}{\rho} = -\frac{\Delta\Omega}{\Omega} \tag{1-11}$$

它说明,流体密度相对变化率 $\Delta\rho/\rho$ 的增加与流体体积相对变化率 $\Delta\Omega/\Omega$ 的减小成比例,即若 $\Delta F > 0$,$\Delta p > 0$,则 $\Delta\Omega < 0$,$\Delta\rho > 0$(密度增加);若 $\Delta F < 0$,$\Delta p < 0$,则 $\Delta\Omega > 0$,$\Delta p < 0$(密度减小)。

2. 流体体积弹性模量 E

流体体积弹性模量 E 的定义是

$$E = \Delta p \Big/ \left(-\frac{\Delta\Omega}{\Omega}\right) \tag{1-12}$$

它代表每使流体体积相对变化率($\Delta\Omega/\Omega$)改变一个单位所需施加的压力增量 Δp。

显然,流体的 E 值大,表明它的刚度大、弹性小、难以压缩;反之,E 值小,表明它的刚度小、弹性大、容易被压缩。

利用式(1-12),用 $\Delta\rho/\rho$ 替换 $\Delta\Omega/\Omega$ 后,有

$$E = \Delta p/(\Delta\rho/\rho) = \rho\frac{\Delta p}{\Delta\rho} \tag{1-13}$$

或

$$\frac{\Delta\rho}{\rho} = \frac{\Delta p}{E} \tag{1-14}$$

它同样表明,在同一个 Δp 作用下,流体的 E 大,则 $\Delta\rho/\rho$ 小,不易被压缩;E 小,则 $\Delta\rho/\rho$ 大,容易被压缩。

实验测定,比如水在 $T = 20\ ℃$,$p = 101.5\ \text{kPa}$ 下,$\rho = 998.2\ \text{kg/m}^3$,其 $E = 2.18 \times 10^6\ \text{kPa}$。而空气在 $T = 20\ ℃$,$p = 101.3\ \text{kPa}$ 下,$\rho = 1.225\ \text{kg/m}^3$(注意,它比水的 ρ 小了许多);而空气中 E 的大小还与压缩过程快慢(或称过程的性质)有关。如果是

快速压缩(严格讲为绝热压缩),空气的 $E=1.42\times10^2$ kPa;如果是缓慢压缩(即等温压缩),则 $E=10^2$ kPa,要小一些。以 E 大小作一比较,水是十分难以被压缩的,而空气却是十分容易被压缩的。这与生活中的感受是一致的。

3. 流体介质中的声速

(1) 声速的定义与产生声波的条件

声速的定义:声波在流体介质中的传播速度,用符号 c 表示,其单位为 m/s、ft/s、km/h,或 nm/h(=kn)。

产生声波的条件:第一需要声源或振动源;第二需要有传播介质。试想一下,在真空中有声音吗?

(2) 声波传播的机理与特点

声波是声源振动引起传播介质产生微小压力变化($\Delta p\neq0$),从而引起介质密度与温度产生微小变化,$\Delta\rho\neq0$,$\Delta T\neq0$。这些变化通过介质质点像"传递接力棒"似地向四周传播,形成声波或称为小扰动波。从表面上看,与"水面波"或足球场看台上的人浪(mexican wave)有相似之处,但实质上却不相同。声波是"纵向波",而"水波"与"人浪"是"横向波"。

声波的振动频率并不相同,有高有低,但向四周传播的速度却是相同的。如果不一样,"交响音乐"还能欣赏吗?

声波也有强弱,测量其强弱的单位是"分贝",但它也不影响传播速度的大小。

人耳能够听到的声波有一定的频率范围,在 16~20 000 Hz 之间。振动源引起的小扰动波超出上述频率范围的,称为"超声波"或"次声波"。这些听不见的声波(或小扰动波)也都是以声速传播的。特别要声明的一点是,传播声波的介质微团,仅仅在自身平衡位置上来回振动,振动速度与声波传播速度即声速完全是两回事。

参看图 1.6,其显示的是铃声产生的球面波的情况。人耳听到的铃声就是声波作用的结果,但绝不是空气微团直接撞击到鼓膜上的效应。

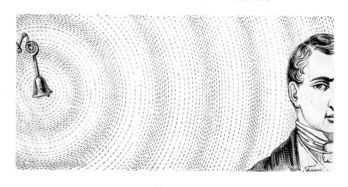

图 1.6

(3) 声速 c 计算通用公式

可以推导得到

$$c^2 = \Delta p / \Delta \rho$$

或

$$c = \sqrt{\frac{\Delta p}{\Delta \rho}} \tag{1-15}$$

按式(1-13),可改写为

$$c = \sqrt{\frac{E}{\rho}} \tag{1-16}$$

可见,在航空航天界选用声速 c,的确可以判断流体可压缩的大小。

比如,前述的水,在 $T=20$ ℃,$p=101.3$ kPa 下,$\rho=998.2$ kg/m³,$E=2.18 \times 10^6$ kPa。代入式(1-16),可得 $c=1\,430$ m/s $=5\,148$ km/h $=2\,778$ kn。

(4) 空气中声速计算公式

声波或小扰动波对空气形成的压缩是绝热压缩,压力 p 和密度 ρ 之间有下列关系存在,即

$$p = \text{const.}\, \rho^\gamma \tag{1-17}$$

对上式求对数,有

$$\ln p = \ln(\text{const.}) + \gamma \ln \rho$$

再对它求导数,有

$$\frac{\mathrm{d}p}{p} = \gamma \frac{\mathrm{d}\rho}{\rho}$$

改写一下,利用式(1-6)完全气体状态方程,有

$$\frac{\mathrm{d}p}{\mathrm{d}\rho} = \gamma \frac{p}{\rho} = \gamma R T$$

再利用式(1-15),有

$$c = \sqrt{\frac{\mathrm{d}p}{\mathrm{d}\rho}} = \sqrt{\gamma R T} \tag{1-18}$$

式中,γ 是空气的比热比,$\gamma = c_p / c_V$。c_p 是空气的比定压热容,c_V 是空气的比定容热容,$\gamma = 1.4$。R 是空气的气体常数,$R=287$ N·m/(kg·K)。因此,有

$$c \approx 20\sqrt{T} \quad \text{(m/s)} \tag{1-19}$$

或

$$c \approx 39\sqrt{T} \quad \text{(kn)} \tag{1-20}$$

对于 20 ℃的空气,按式(1-19)、式(1-20)可求得 $c=342$ m/s $=1\,231$ km/h $=664$ kn。与在同温度的水中的声速相比,空气中的声速要小许多。思考一下,这说明什么问题?

1.3.5　小扰动波在空气中的传播规律和马赫数 *Ma*

设想有一个小扰动源在静止空气中产生小扰动波。视小扰动源在静止空气中的移动速度 *V* 的大小,会有四种情况发生。

1. 小扰动源静止不动,*V*＝0

假设小扰动源每隔 1 s 时间发出一个小扰动波(实际上扰动是连续不断地发出来的)。这些扰动波将以扰动源为圆心、以声速 *c* 向四周运动,参看图 1.7。同心圆实质上是同心球体。

2. 小扰动源向左以速度 *V* 运动,*V*＜*c*

这时,不同时间 Δ*t* 发出的小扰动波就不是同心圆了。因为,小扰动源在向左运动,发出每个扰动波的地点不在同一个位置上,参看图 1.8。但小扰动波总是会传到扰动源运动的前方,直到整个空间。

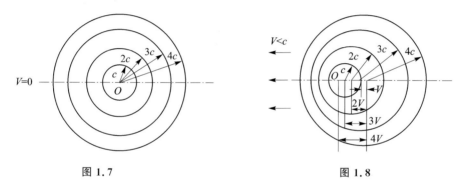

图 1.7　　　　　　　　　　　　　　图 1.8

3. 小扰动源向左以速度 *V* 运动,*V*＝*c*

参看图 1.9。这时,小扰动波不可能超越到运动小扰动源的前方去。各个小扰动波球体在小扰动源处相切。这个相切平面将静止空间分成两个区域。在小扰动源前方为"未扰区",或称"禁讯区"。在小扰动源的后方则为"扰动区",或称"影响区"。

4. 小扰动源向左以速度 *V* 运动,*V*＞*c*

这时小扰动源的"未扰区"将扩大,而"扰动区"将缩小,参看图 1.10。小扰动源的"扰动区"或"影响区",将是各个扰动波球体的公切圆锥内部的区域。这个公切圆锥体称作马赫锥(Mach cone)。该锥体的半顶角 *μ*(所用符号与粘性系数相同,请注意区别)的大小,由图 1.10 有

$$\sin \mu = \frac{c}{V} = \frac{1}{Ma} \qquad (1-21)$$

式中,*Ma*＝*V*/*c* 称为小扰动源运动马赫数,这是一个无量纲的数。*μ* 称为马赫角。

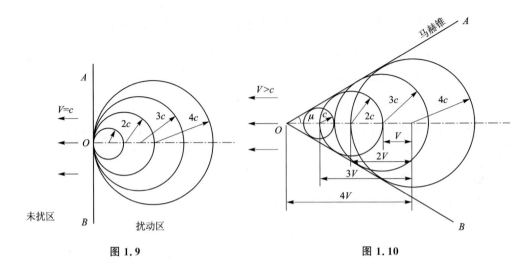

图 1.9 图 1.10

如果把前述小扰动源用飞机来替代，飞机可视作诸多小扰动源的叠加或组合体，产生的现象当然会比图 1.7～图 1.10 所示现象复杂得多。但总可以提供一种简略的提示。这时，飞机飞行速度 V_∞ 与静止大气中声速 c_∞ 之比，称为飞行马赫数 Ma_∞，即

$$Ma_\infty = \frac{V_\infty}{c_\infty} \qquad\qquad (1-22)$$

一般来说，当飞行马赫数 $Ma_\infty < 0.4$ 时，称为低速飞行；当 $0.4 < Ma_\infty < 0.75$ 时，称为亚声速飞行；当 $0.75 < Ma_\infty < 1.2$ 时，称为跨声速飞行；当 $1.2 < Ma_\infty < 5.0$ 时，称为超声速飞行；当 $Ma_\infty > 5.0$ 时，称为高超声速飞行。

当以亚声速飞行时，飞机对空气的扰动一定会传播到飞机的前方和四周，它的影响区域将波及到全空间。飞行前方的空气会预先调整好状态，让飞机"顺利"通过。反之，当以超声速飞行时，前方的空气没有得到信息，直到飞机逼近、"撞上"，才"仓促避开"，让飞机通过。所以，飞行马赫数 Ma_∞ 的变化，预示着飞机空气动力会产生巨大变化。

另外，从声速计算公式（1-16）看，有 $\rho c^2 = E$，而 ρV^2 将代表飞行中因速度而产生的动压力[参看第 2 章，式（2-7）]，故 $Ma_\infty^2 = V_\infty^2/c_\infty^2 = \rho_\infty V_\infty^2/E$。这说明飞行马赫数 Ma_∞ 的大小，代表空气压缩性影响的大小。飞行马赫数 Ma_∞ 大，空气压缩性影响大，反之亦反。

因此，在高速飞行中，一定会出现飞行马赫数 Ma_∞ 大小影响的问题。注意，在不可压缩流体中运动时，$V \neq 0$，但 $E \to \infty$，$c \to \infty$，故 $Ma \to 0$，它代表的只是没有压缩影响罢了。

1.3.6　流体的连续性假设

流体(包括气体和液体)都是由一个个流体分子组成的,分子之间存在间隙。它们不断地做随机运动,从而表现出流体的粘性和可压缩性。运动分子在两次连续碰撞之间所走过的平均路程叫作分子的自由行程,以 λ 表示。在国际标准大气压条件下(参看 1.4 节),空气分子的平均自由行程 λ 大约为 0.6×10^{-5} cm。由于飞机的特征几何长度(比如 B737-300 机翼的翼展长度 $b=28.35$ m)远远大于 λ 值,所以,研究飞机与空气因相互运动而产生相互作用力时,可以忽略空气的微观结构,而只考虑它的宏观特性,即把空气看成是连绵的、没有间隙的流体。这个假设叫作连续性假设。也只有在这种条件下,我们才能把空气的密度、压力和温度等状态参数看成空间的连续函数,才能利用连续函数的微积分等数学工具进行分析与计算。由于分子平均自由行程 λ 和压力有关,所以在大气中,随高度 H 的增加,压力下降,而 λ 值将增大。在 80 km 的高空,λ 增至约为 0.5 cm;而在 120 km 高空,λ 可达 3 m。这时连续性假设就不成立了。不过,这时早已超出飞机飞行的活动范围了。

1.4　国际标准大气(ISA)

ISA 是国际民航组织(ICAO)规定的一个假想大气。大气是干空气、完全气体,且处于静止状态。空气的 ρ、p、T,以及 μ 或 ν、c 等,都是高度 H 的函数,与地区、季节和时间无关。

1.4.1　为什么需要 ISA

① 随地区、季节、时间的不同,飞机飞行性能会随之发生变化。设计飞机时,按什么地区、季节和时间的空气来设计与计算呢?

② 飞机动力装置的性能、航空仪表(如速度表、高度表等),按哪种空气状态参数来设计与校正呢?

③ 如何比较不同飞机的性能?飞机试飞数据在不同机场、空域是不相同的。应该按什么标准来评定试飞结果呢?

为解决上述问题,提出并规定了 ISA。

1.4.2　制定 ISA 的基准

以北半球中纬度地区(40° N 附近)、太阳中等活动期间、常年测量大气数据的平均值为基准来制定。

1. 空气状态参数

ISA 的零高度 $H=0$(亦称 ISA 标准海平面)上的空气状态参数规定如下:

(1) 压　力

$$p_0 = 1\ 013.25\ \text{hPa} = 2\ 116\ \text{psf} = 760\ \text{mmHg} = 29.29\ \text{inHg}$$

(2) 温　度

$$T_0 = 15\ ℃ = 288.15\ \text{K} = 59\ ℉ = 519\ ℉R$$

(3) 密　度

$$\rho_0 = 1.225\ \text{kg/m}^3 = 0.002\ 377\ \text{slug/ft}^3$$

(4) 运动粘性系数

$$\nu_0 = 0.000\ 014\ 68\ \text{m}^2/\text{s} = 0.000\ 158\ \text{ft}^2/\text{s}$$

(5) 声　速

$$c_0 = 1\ 225\ \text{km/h} = 661.7\ \text{kn}$$

2. 国际标准大气中,密度、压力和温度等随高度 H 的变化情况

参看图 1.11,给出了国际标准大气的密度 ρ、压力 p、温度 T 以及声速 c 和粘性系数 μ 随高度 H(直到 $H = 50\ 000$ m)的变化情况。随着 H 的增加,ρ 和 p 是连续下降的。但 T 变化比较特殊。在 $H = 0 \sim 11$ km(或 $0 \sim 36\ 089$ ft)之间,温度 T 与 H 成线性变化,即 $\Delta T / \Delta H = -6.5$ K/km,每上升 $1\ 000$ m,气温下降 6.5 K。在 $H = 11$ km(或 $36\ 089$ ft)时,$T = 216.5$ K $= -56.5$ ℃。在 $H = 11 \sim 20$ km 之间,气温保持不变,为 216.5 K 或 -56.5 ℃,即为平流层的底层(俗称同温层)。再往上,温度又逐渐增高,见图 1.11。图上,还绘出声速 c 和粘性系数 μ 随高度的变化情况。

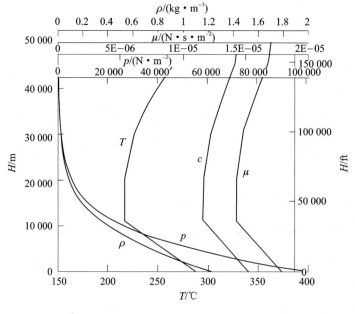

图 1.11

3. 国际标准大气表

国际标准大气表可用各种形式给出。表 1.1 是以国际标准大气的密度比 $\sigma = \rho/\rho_0$、压力比 $\delta = p/p_0$ 和温度比 $\theta = T/T_0$ 随 H 的变化形式给出的。ρ、p 和 T 是指定高度上的空气密度、压力和温度;而 ρ_0、p_0 和 T_0 是 ISA 海平面 $H=0$ 时的规定值。此外,表 1.1 中还给出了空气中的声速 c 和运动粘性系数 ν 随 H 的变化数据,可供查用。

表 1.1

H/ft	σ	$\sqrt{\sigma}$	δ	$t_F/\mathrm{°F}$	θ	c/kn	$\nu/(\mathrm{ft}^2 \cdot \mathrm{s}^{-1})$
0	10 000	10 000	10 000	59.00	10 000	661.7	0.000 158
1 000	0.971 1	0.985 4	0.964 4	55.43	0.993 1	659.5	0.000 161
2 000	0.942 8	0.971 0	0.929 8	51.97	0.986 2	657.2	0.000 165
3 000	0.915 1	0.956 6	0.896 2	48.30	0.979 4	654.9	0.000 169
4 000	0.888 1	0.942 4	0.863 7	44.74	0.972 5	552.5	0.000 174
5 000	0.861 7	0.925 3	0.832 0	41.17	0.965 6	650.3	0.000 178
6 000	0.835 9	0.914 3	0.801 4	37.60	0.958 7	547.9	0.000 182
7 000	0.810 6	0.900 4	0.771 6	34.04	0.951 9	645.5	0.000 187
8 000	0.786 0	0.886 6	0.742 8	30.47	0.945 0	643.3	0.000 192
9 000	0.762 0	0.872 9	0.714 8	26.90	0.938 1	640.9	0.000 197
10 000	0.738 5	0.859 3	0.687 7	23.34	0.931 2	638.6	0.000 202
15 000	0.629 2	0.793 2	0.564 3	5.51	0.896 9	626.7	0.000 229
20 000	0.532 8	0.729 9	0.459 5	−12.32	0.962 5	614.5	0.000 262
25 000	0.448 1	0.669 4	0.731 1	−30.15	0.828 1	602.2	0.000 302
30 000	0.374 1	0.611 7	0.297 0	−47.98	0.793 7	589.5	0.000 349
35 000	0.309 9	0.556 7	0.235 3	−65.82	0.759 4	576.6	0.000 405
* 36 089	0.297 1	0.545 0	0.223 4	−69.70	0.751 9	573.8	0.000 419
40 000	0.246 2	0.496 2	0.185 1	−69.70	0.751 9	573.8	0.000 506
45 000	0.193 6	0.440 0	0.145 5	−69.70	0.751 9	573.8	0.000 643
50 000	0.152 2	0.390 2	0.114 5	−69.70	0.751 9	573.8	0.000 818
55 000	0.119 7	0.346 0	0.090 0	−69.70	0.751 9	573.8	0.001 040

续表 1.1

H/ft	σ	$\sqrt{\sigma}$	δ	$t_F/°F$	θ	c/kn	$\nu/(\text{ft}^2 \cdot \text{s}^{-1})$
60 000	0.094 1	0.306 8	0.070 8	−69.70	0.751 9	573.8	0.001 323
65 000	0.074 0	0.272 1	0.055 7	−69.70	0.751 9	573.8	0.001 682
70 000	0.058 2	0.241 3	0.043 8	−69.70	0.751 9	573.8	0.002 139
75 000	0.045 8	0.214 0	0.034 4	−69.70	0.751 9	573.8	0.002 721
80 000	0.036 0	0.189 7	0.027 1	−69.70	0.751 9	573.8	0.003 460
85 000	0.028 0	0.167 3	0.021 3	−64.80	0.761 3	577.4	0.004 499
90 000	0.021 7	0.147 2	0.016 8	−56.57	0.777 2	583.4	0.005 91
95 000	0.016 9	0.129 9	0.013 4	−48.34	0.793 1	589.3	0.007 72
100 000	0.013 2	0.114 9	0.010 7	−40.11	0.808 9	595.2	0.010 04

1.5 应用举例——飞行高度

飞机飞行高度 H 的大小,不仅涉及到飞行安全,还涉及到飞机飞行性能的变化,十分重要。下面,围绕飞机飞行高度问题,讨论 ISA 表的应用。

1.5.1 机场的海拔高度 H_a(亦称绝对高度)

飞行航图上标出的地面高度是指该地点与平均海平面的垂直距离,称为海拔高度。比如,北京首都机场的 H_a 为 35 m;而拉萨机场的 H_a 达 3 648 m。它们量取的平均海平面($H_a=0$)是在山东省青岛验湖站处的海平面的平均高度(MSL)。这个平均海平面上的大气压力,通常由航空气象台播报,用代号 QNH 代表(其大小是随时变化的)。通常,QNH≠1 013.25 hPa,1 013.25 hPa 是 ISA 规定的标准海平面的 p_0 值。

1.5.2 飞机的压力高度 H_p(或 H)

1. 飞机压力高度的定义

飞机所处的某个高度上,空气静压力 p 的大小对应于 ISA 表中的某个高度上的压力,则该高度称为飞机的压力高度,用 H_p(或 H)表示,如图 1.12 所示。

例如,已知某机场的空气静压力 $p_a=1\ 455$ psf,该机场的压力高度 $H_p=?$

因 ISA 海平面上的 $p_0=2\ 116$ psf,所以,可求压力比 $\delta=1\ 455/2\ 116=0.687\ 7$,查 ISA 表(见表 1.1)知,该机场压力高度 $H_p=10\ 000$ ft。显然该机场为高原机场。

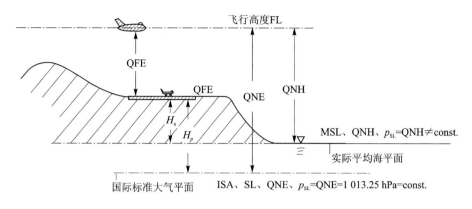

图 1.12

2. 求飞机压力高度 H_p 的方法

① 直接通过航空气象台预报,获知某机场道面的空气静压力预报值 p_a 大小,它用代码 QFE 表示,即 $p_a=$QFE。用上述方法,求 δ 值,再查 ISA 表即得 H_p。

② 已知机场海拔高度 H_a,从航空气象台预报获知,实际平均海平面上的大气压力 $p_{SL}=$QNH,如图 1.12 所示,如 QNH$<p_0(=1\,013.25$ hPa$)$,则 ISA 的假想平均海平面应画在实际平均海平面的下方;反之,如 QNH$>p_0$,则 ISA 的假想平均海平面应画在实际平均海平面的上方。

在低高度上,高度增加 27~30 ft,大气压力下降 1 hPa,所以,亦可用下式估算压力高度 H_p:

$$H_p=H_a+(1\,013\ \text{hPa}-\text{QNH})\times(27\sim30)\ \text{ft} \qquad (1-23)$$

③ 在飞行中的飞机座舱中,通过气压高度表可以直接读出飞机压力高度 H_p 的大小;但读出来的压力高度值代表的意义,直接与高度表的零点拨定值大小相关。

a. 在飞机起飞或着陆过程中,零点值拨定在 QFE,高度表上的读数则是飞机离开机场道面的压力高度。如果把高度表零点值误拨,比如,拨定值$>$QFE,或拨定值$<$QFE,则会出现飞机已接近道面,高度表读数仍大于零;或者尚未接近道面,高度表读数已显示为零的情况。这都将为着陆飞行带来"撞地风险";或者造成"着陆失败"等诸多飞行事故。

b. 在飞行中,高度表的零点拨定在 QNH 时,高度表上的读数则称为飞行海拔气压高度 H_a,参看图 1.12。在低空飞行时,结合航图上标注的地面海拔高度(比如山峰),可以近似判断飞机离开地面的海拔高度,以防撞山。

c. 在飞行中,高度表的零点拨定在 QNE($=1\,013.25$ hPa)时,高度表上的读数就是飞行压力高度 H_p 了,或简称为飞行高度 H。大、中型客机飞行时,空中交通管制部门(ATC)给定每架飞机的巡航高度,用 FL 表示,它就是飞行压力高度 H_p。给定 FL 300,是指飞行高度 $H_p=30\,000$ ft。FL 以 100 ft 为一单位,故 $H_p=300\times$

100 ft＝30 000 ft。

d. 飞机高度表零点拨定程序：大、中型民航飞机,起飞时,高度表零点值的拨定值为 QFE;离地后根据空管部门要求,比如当压力高度大于 3 000 ft 后,则转换零点拨定值为 QNE,爬升到飞机被指定的 FL,做巡航飞行。

下降着陆时,在空管指定的高度层,转换高度表零点拨定值,由 QNE 转换到着陆机场的 QFE。

小型通用飞机,先是 QFE,然后零点转拨到 QNH,再转回到 QFE 的状况,视不同国家规定而定。

1.5.3　飞机的密度高度 H_ρ

飞机密度高度的定义如下：

飞机飞行所处的某个高度上,其空气密度 ρ 的大小对应于 ISA 表中某个高度上的密度,则该高度称为飞机的密度高度,用 H_ρ 表示。

按前述例子,已知某机场的静压力 p_a＝1 455 psf,获知其压力高度 H_p＝10 000 ft。在 ISA 表上还查得该高度的气温 t＝－4.8 ℃。但是,该机场空气的静温 t 随季节、时间的不同是会改变的。不一定会等于 ISA 表上该压力高度上所规定的温度值。若用 OAT 代表机场空气的气温,该机场压力高度 H_p 对应 ISA 表上的气温用 ISA 表示,则该机场气温 OAT 与 ISA 表规定值的温度不相等,差值为 Δt＝OAT－ISA。由式(1-6)可知,在相同的静压力 p 下,Δt＞0,则空气的密度 ρ 将减小,机场的密度高度 H_ρ 将增大(H_ρ＞H_p);反之,若 Δt＜0,则机场的密度高度 H_ρ 将减小(H_ρ＜H_p)。

参看图 1.13,它可以用来确定 H_ρ 的大小。该图横坐标是 OAT,纵坐标是密度高度 H_ρ。图中还有压力高度 H_p 的参考线。

如上面所举例子,现知机场的 OAT＝10.3 ℃,则 Δt＝OAT－ISA＝(10.3＋4.8) ℃＝15.1 ℃＞0,显然,该机场的 H_ρ＞H_p(＝10 000 ft)。由图 1.13,用 H_p＝10 000 ft,OAT＝10.3 ℃可查得 H_ρ＝12 000 ft(＞H_p)。

在对流层中,也可以用下式估算 H_ρ 的大小,即

$$H_\rho＝H_p＋120 \text{ ft}×(\text{OAT}－\text{ISA}) \tag{1-24}$$

总之,在飞行高度上将座舱中的高度表零点拨在 QNE,得飞行时的压力高度 H_p 值;然后,根据座舱中的测温设备测得外界大气的温度 OAT,再由图 1.13 或式(1-24),则可求得飞行时的密度高度 H_ρ 的大小。

知道 H_p、OAT、ISA 或温度 Δt,求 H_ρ 或 $\sigma=\dfrac{\rho}{\rho_0}$,是因为飞机上产生的空气动力,以及飞机动力装置所能提供的推力或拉力、燃油消耗率等都直接与 H_ρ 有关。所以,H_ρ 的大小对飞机飞行性能将产生直接影响。图 1.14 绘制了飞机高度表零点的三个拨定值,以及飞机 FL＝30 000 ft 和外界气温 OAT(图上用 TA 表示)与 ISA(图

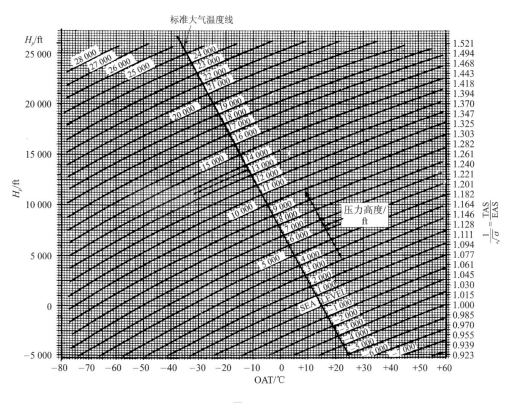

图 1.13

上用 IA 表示)相比(TA＝IA,TA＞IA,TA＜IA)时,密度高度 H_ρ 的变化示意图,可供参阅。

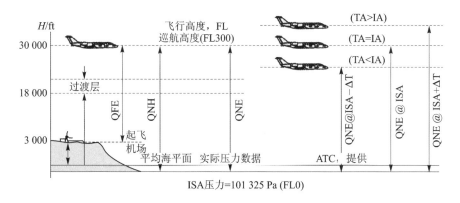

图 1.14

第 **2** 章

流体沿流管的低速流动

2.1　相对运动原理

　　飞机停在机场跑道上,想依靠静止空气在机体上的高度差而产生静压力差从而提升飞机离地升空(就像气球那样)是绝对不可能的事。为什么?

　　飞机必须在空气中运动起来,才有可能飞上蓝天。参看图 2.1,其中的道理在后面将会讲到。

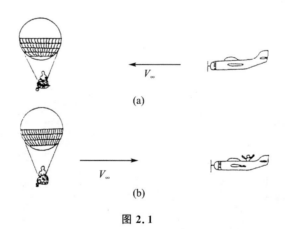

(a)

V_∞

(b)

V_∞

图 2.1

　　在静止大气中,一架飞机在空中做向左方的等速直线平飞($H=$const.),速度$V=V_\infty=$const.。如果观察者乘坐在高空气球(它与飞机处在同一高度上,但 $V=0$)上来描述这一飞行状态,见图 2.1(a),飞机将以速度 V_∞ 向左运动,并将扰动周围空气使之也产生运动。根据牛顿力学第三定律(力的作用与反作用原理),运动起来的空气同时将在飞机表面上产生空气动力,来支撑飞机在空中飞行,这就是相互作用的结果。

换一个观察者,他本身就坐在飞机上,观察到的将是另一个情景:远前方空气(连同前一位观察者和他乘坐的气球)将以速度 V_∞ 流向"静止不动"的飞机,但方向向右,见图 2.1(b)。远前方空气流过飞机外表面时,空气的流动速度 V、压力 p 等都会产生变化并产生空气动力。显然,客观存在的飞机和空气相互作用产生的空气动力事实(飞机在空中所做等速直线平飞这个事实就是佐证),不会因观察者的角度不同而发生变化。这称为相对运动原理。

早在 16 世纪初(早于莱特兄弟飞机上天约 400 年),Leonardo da Vinci(达·芬奇)就说过:"The action of medium upon a body is the same whether the body moves in a quiescent medium,or whether the particks of the medium impinge with the same velocity upon the quiescent body"。换句话说,"aeroplane passing through the air or air passing over the aeroplane"产生的相互作用力是相同的。真的!达·芬奇是一个天才预言家。这个原理,无论从实验研究角度,或者从理论研究角度都带来了很大方便。它一直被航空航天部门以及航海部门、陆上交通部门等广泛采用。各种各样的地面实验设施,如风洞、水洞等在世界上建立,并发挥了巨大的作用。

2.2　流体流动现象的观察与描述

流体如水、空气等,无色、透明,它流动起来后到底内部发生了什么变化,不易觉察。对于希望了解航空的爱飞客,或是航空界的专业人士,包括飞行员们都想知道空气绕流过飞机时到底发生了什么,于是出现了各种可视化技术,来帮助人们了解产生的诸多流动现象。

2.2.1　流体流动现象的观察(可视化方法)

最古老的方法,可称为烟流法。在低速来流中,布置发烟的细管,在没有放入物体前可得空气流动的情况,参看图 2.2(a)。

如果放入翼型(机翼的剖面形状,具体情况可参看第 3 章内容),则烟流发生变化,参看图 2.2(b)。烟流绕过翼型沿上下翼面流动。直线形状的烟流变成曲线形状,而且烟流之间的间距也发生变化。图 2.2(c)是烟风洞中烟流绕流过翼型时的照片。

另外,烟流流过房屋(模型)的素描图,可参看图 2.3。在观察的某一时刻,离开房屋模型稍远一点,烟流保持有序的曲线形状,线上箭头表示流动方向。逼近屋顶及其后方,看到烟流卷成旋涡,并从屋顶上分离;在房屋的背风面,充满的全是分离的旋涡流动区。日常生活中,在房屋背风面可看到地面上的纸屑和灰尘满天飞舞,正是存在分离旋涡区的写照。图上还标注了 C_p 测量值,C_p 代表的是压力系数,详见第 3 章。

还有一些古老的方法,如在物面上贴丝线来显示逼近物面的空气流动;还有在水槽中的水面撒漂浮物来显示水流过船体的情况等,都有助于了解流体流过物体发生的流动现象。

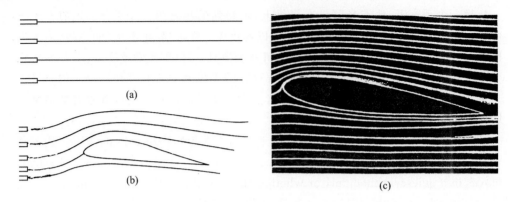

(a)

(b)

(c)

图 2.2

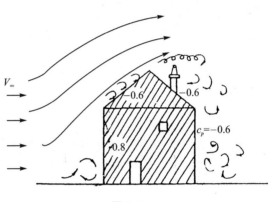

图 2.3

对于高速来流,特别是超声速来流,$Ma_\infty > 1.0$(详见第 4 章),观察绕过物体的流动就比低速情况困难得多,必须采用光、电等测试方法来显示流动中产生的现象。图 2.4 表示的是超声速喷管(参看第 4 章相关内容)出口流出的超声速气流(出口的气流的流动马赫数 $Ma_\infty = 2.0$),流过尖头子弹,采用阴影法(它利用流动中空气密度 ρ 发生的变化、对光线折射率产生变化的原理)在屏幕上显示出明暗相间的条纹,表

图 2.4

明流动中产生了新的流动现象,出现了头部激波和尾部激波的情况(可参看第 5 章相关内容)。

　　流动现象的可视化技术,为推动空气动力学的发展,作出了巨大贡献。

2.2.2　流场、流线、流面、流管和流量

　　① 流场　流体流动的整个空间,称为流场。

　　② 流线　在流场中,一条线上各点处的流体微团流速向量 **V** 始终与该线上各点处的切线相重合,该线称为流线。如图 2.2 和图 2.3 上所示的烟流线,就是流线。显然,流场中的流线不会相交。

　　③ 流面　在流场中,取一条不封闭的、也不是流线的曲线 OS,见图 2.5(a)。通过曲线 OS 上所有的点作流线。于是这些互相紧密靠在一起的流线就构成了一个流动面,称为流面。在流面上,各个流体微团只能沿其切线方向运动。因此,流面对于在其两侧流动的流体微团来讲是不可穿透的,即流面可视为隔离流体的"固壁"。

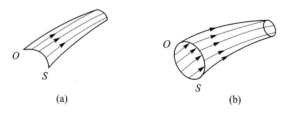

(a)　　　　　　　　　　　　　　(b)

图 2.5

　　④ 流管　如果在图 2.5(a)上 OS 曲线是一条封闭的、但不在一个流面上的曲线,参看图 2.5(b),通过该曲线上所有点作流线,则这些互相紧密靠在一起的流线就构成了一个管状的流面,称为流管。除了在流管的横截面上有流体流过外,不会有流体穿越流管管壁流进或流出。

　　⑤ 流量　设流管的横截面积为 A,流管横截面上的流速为 V,流体密度为 ρ,参看图 2.6(a)。那么,单位时间流过截面积 A 的流体体积为 VA,称为体积流量,单位为 $\mathrm{m^3/h}$,$\mathrm{m^3/s}$,$\mathrm{ft^3/s}$ 等。单位时间流过截面积 A 的流体质量流量 $\dot{m}$ 为

$$\dot{m} = \rho V A \qquad (2-1\mathrm{a})$$

它的单位为 $\mathrm{kg/h}$,$\mathrm{slug/h}$ 等。

　　如果在横截面 A 上 V 为非均匀分布,见图 2.6(b),则可用 V 的平均值来求 $\dot{m}$,即

$$\dot{m} = \rho V_{\mathrm{pj}} A \qquad (2-1\mathrm{b})$$

2.2.3　定常流动与非定常流动

　　在流场中任一点处,如流体微团的流动速度、密度和压力等不随时间变化,则这种流动称为定常流动(也有称为稳定流动或定型流动的);反之,称为非定常流动。在

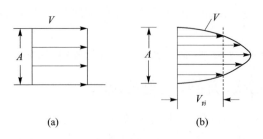

图 2.6

下面介绍的内容中,都是定常流动的情况。

在定常流动中,流线、流管等形状是不会随时间变化的。举一个日常生活中的例子来说明,以加深印象。

贮水池中的水通过管道向外排泄,见图 2.7。

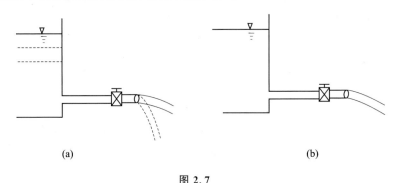

图 2.7

图 2.7(a)所示情况是因为没有补给水源,贮水池中的水位不断下降的排水过程,这就是一个典型的非定常流动。从出水口流出的水柱形状发生变化就是证据。反之,如果通过补给水源,始终保持贮水池液面高度不变,则流动就变成定常流动了,见图 2.7(b)。

再比如,参看图 2.2 和图 2.4,就是定常流动的情况。因为观察到的流动图画不随时间而变化。而如图 2.3 所示,流动图画不断变化,故是一个非定常流动。

2.3 流体沿流管低速流动的连续方程

流体绕流过物体时,它的各物理量,比如速度、压力、密度和温度等都会发生变化。这些变化必须遵循一定的物理定律:质量守恒定律、牛顿力学的三大定律、热力学第一定律(能量守恒与转换定律)和热力学第二定律等。用流体流动过程中的各物理量来表述这些基本物理定律,就组成了空气动力学的基本方程组。它们是理论分析和计算的出发点,也是解释用实验方法获得飞机空气动力特性与变化规律的基础。简单来说,它可以解释产生空气动力的机理,说明飞机外形选取与变化的物理原因等。

　　连续方程就是利用质量守恒定律建立起来的。参看图 2.8,沿流管取两个横截面积 A_1 和 A_2,相应两个截面积上的流速为 V_1 和 V_2。低速流动不考虑流体流动过程中的密度变化,即认为两个截面上的流体密度 $\rho_1=\rho_2=$ const.,称为不可压缩流体。根据质量守恒定律,由 A_1 截面流入的体积流量 V_1A_1 必须与流出 A_2 截面的体积流量 V_2A_2 相等(因为讨论的是定常流动,而且物质质量不会自生自灭,应当守恒),即不可压流体沿流管的连续方程为

$$V_1A_1=V_2A_2=VA=\text{const.} \tag{2-2}$$

　　由上式可知,流管截面积 A 缩小,流体流过时的流速 V 将增大;反之,流管截面积 A 增大,则流速 V 将减小。日常生活经验也证实了这一点:山口或高楼之间风大、峡口处水流速增加的原因就在于此。

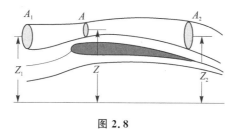

图 2.8

2.4　无粘流体沿流管低速流动的能量方程

　　这里介绍的是无粘、不可压缩流体沿流管做低速定常流动时的能量方程。

　　无粘是指不考虑流体的粘性作用($\mu\rightarrow0$)。不可压表示不考虑流体流动过程中密度的变化,$\rho_1=\rho_2=$ const.,即为低速流动。(高速流动时,$\rho\neq$ const.,参看第 4 章有关内容。)

　　参看图 2.8。流体沿流管流动时,假定沿流管侧壁与外界无功和能量的交换。现在,来分析流体通过 A_1 截面和 A_2 截面流进和流出的机械能的大小。

　　单位时间流入与流出的质量有 $\dot{m}_1=V_1A_1\rho_1$ 和 $\dot{m}_2=V_2A_2\rho_2$,因 $\rho_1=\rho_2=\rho$,故 $\dot{m}_1=V_1A_1\rho,\dot{m}_2=V_2A_2\rho$;且按式(2-2),有 $\dot{m}_1=\dot{m}_2=\dot{m}$。

　　单位时间流入与流出的机械能量有动能和位能:流入 A_1 截面的有动能 $\frac{1}{2}\dot{m}_1V_1^2$ 和位能 $\dot{m}_1gz_1$;流出 A_2 截面的有 $\frac{1}{2}\dot{m}_2V_2^2$ 和 $\dot{m}_2gz_2$。大家不太熟悉的是关于流动功的概念:我们假定在流管侧壁无功交换,但在截面 A_1 上,有合力(推力)p_1A_1 作用(p_1 是 A_1 截面上的压力),推动流体流入,所做的功为 $p_1A_1V_1=\frac{p_1}{\rho}\dot{m}_1=\frac{p_1}{\rho}\dot{m}$;在截

面 A_2 上，流出时要克服阻力 p_2A_2，付出的功为 $-p_2A_2V_2 = -\dfrac{p_2}{\rho}\dot{m}_2 = -\dfrac{p_2}{\rho}\dot{m}$。

因此，根据机械能守恒与转换定律，在所取的一段流管内，流出 A_2 截面和流入 A_1 截面的总机械能之差，应该等于通过两个横截面与外界有流动功交换的结果，即

$$\left(\dot{m}gz_2 + \frac{1}{2}\dot{m}V_2^2\right) - \left(\dot{m}gz_1 + \frac{1}{2}\dot{m}V_1^2\right) = \frac{p_1}{\rho}\dot{m} - \frac{p_2}{\rho}\dot{m}$$

化简，得

$$gz_2 + \frac{1}{2}V_2^2 + \frac{p_2}{\rho} = gz_1 + \frac{1}{2}V_1^2 + \frac{p_1}{\rho} = \text{const.} \qquad (2-3)$$

或者说，在流管任一横截面上有

$$gz + \frac{1}{2}V^2 + \frac{p}{\rho} = \text{const.} \qquad (2-4)$$

上式表明，单位质量流量 $\dot{m}$ 所具有的位能＋动能＋流动功之和应保持不变。式（2-4）称为无粘、不可压流体沿流管流动的能量方程。

2.5 伯努利(Bernoulli)方程

2.5.1 流管水平放置的情况

参看图 2.9，因 $z_1 = z_2$，于是，可以将式（2-3）或式（2-4）中的位能项忽略，有

$$\frac{1}{2}V_2^2 + \frac{p_2}{\rho} = \frac{1}{2}V_1^2 + \frac{p_1}{\rho} = \frac{1}{2}V^2 + \frac{p}{\rho} = \text{const.}$$

图 2.9

或者，换一个形式，有

$$\frac{1}{2}\rho V_1^2 + p_1 = \frac{1}{2}\rho V_2^2 + p_2 = \frac{1}{2}\rho V^2 + p = \text{const.} \qquad (2-5)$$

或者

$$q_2 + p_2 = q_1 + p_1 = q + p = \text{const.} \qquad (2-6)$$

式中，p 是任一横截面上的静压力，$[p] = \text{Pa}$、hPa 或者 psf。q 是横截面上的动压力，有

$$q = \frac{1}{2}\rho V^2 \qquad (2-7)$$

如果上式中,$[\rho]=$ slug/ft^3,$[V]=$ ft/s,则$[q]=$ psf。如果$[\rho]=$ kg/m^3,$[V]=$ m/s,则$[q]=$ Pa。

式(2-6)称为伯努利方程。式中的常数称为截面积上的总压力(total pressure),用 P_0 来表示,故伯努利方程可表为

$$q + p = P_0 \qquad\qquad (2-8)$$

它表明,沿流管各截面上的动压力 q 和静压力 p 可以改变,但它们的和即总压力 P_0 始终保持不变。沿流管 $V\uparrow$,$p\downarrow$;$V\downarrow$,$p\uparrow$。$V\rightarrow0$,则 $p\rightarrow P_0$。

在动压力 q 的计算式中[见式(2-7)],当$[V]=$ ft/s,换成$[V]=$ kn(节,海里/小时)时,有 $V_{fps}=V_{kn}\times1.69$ 或 $V_{fps}^2=2.856V_{kn}^2$。

另外,把空气的密度 ρ 用国际标准大气(ISA)的 ρ_0(海平面的密度,等于 0.002 377 slug/ft^3 和密度比 $\sigma(=\rho/\rho_0)$ 来表示,代入式(2-7)时有

$$q = \frac{1}{2}(0.002\ 377\sigma)(2.856V_{kn}^2) = 0.003\ 39\ \sigma V_{kn}^2 = \frac{\sigma V_{kn}^2}{295}$$

换言之,如$[V]=$ kn,则

$$q = \frac{\sigma V^2}{295} \quad [\text{psf}] \qquad\qquad (2-9)$$

因此,伯努利方程、式(2-6)有更常用的形式,为

$$p + \frac{\sigma V^2}{295} = P_0 \qquad\qquad (2-10)$$

2.5.2　文氏管的流动

图 2.10 所示的流管叫作文氏管(Venturi tube),它的管形是先收缩、后扩张的。

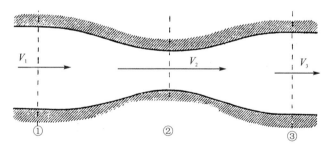

图 2.10

已知:如图 2.10 所示水平放置的文氏管,$A_1=10$ ft^2,$A_2=5$ ft^2,$A_3=14.3$ ft^2。流速 $V_1=100$ kn,$p_1=2\ 116$ psf,$\rho_1=0.002\ 377$ slug/ft^3。

求:V_2、V_3 和 p_2、p_3 各有多大。

解:我们当作无粘流体和低速、定常流动来处理。

① 沿流管因管截面变化,流速必然会变化。按连续方程式(2-2),可求出:$V_2=200$ kn($\uparrow100\%$),$V_3=70$ kn($\downarrow30\%$)。

② 根据伯努利方程式(2-10),有(此例 $\sigma=1.0$)$q_1=33.9$ psf,故 $P_{01}=(2\,116+33.9)$ psf $=2\,149.9$ psf $\approx 2\,150$ psf。

③ 按式(2-9),有 $q_2\approx 136$ psf,$q_3\approx 17$ psf。

④ 再根据伯努利方程式(2-10),因 $P_{01}=P_{02}=P_{03}$,故有,$p_2=P_{02}-q_2=(2\,150-136)$ psf $=2\,014$ psf($\downarrow 4.8\,\%$);$p_3=(2\,150-17)$ psf $=2\,133$ psf($\uparrow 1\,\%$)。

2.6 流速的测量

2.6.1 低速气流流过 $\alpha=0$ 轴对称物体的绕流图画

参看图 2.11,一个轴对称物体(旋转体),其轴线与远前方来流方向重合,称作该轴对称物体的迎角 $\alpha=0$。

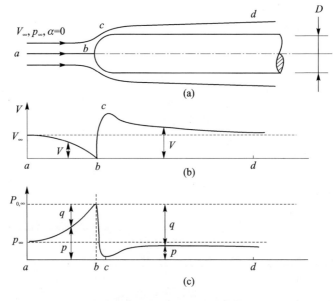

图 2.11

远前方来流为无粘、不可压流体,流近和绕流过该物体时,有如下特点:

① 流动是轴对称的。含轴线的任一纵向剖面上,其流动情况相同。

② 物体上的 b 点在物体正前方。流体流近时将逐渐减速,直到 $V_b=0$,称为驻点。该点处的静压力即为来流的总压力 $P_{0,\infty}$,即 $p_b=P_{0,\infty}(=p_\infty+q_\infty)$。

③ 物体上的 c 点为流场中的最大速度点,从流场中流线疏密程度看,为两流线之间通道最窄处,即 $V_c\rightarrow\max$,$p_c\rightarrow\min$,$q_c\rightarrow\max$。

④ 物体上的 d 点,与头部顶点的距离在$(5\sim 6)D$ 处,流速 $V_d\approx V_\infty$,$p_d\approx p_\infty$。

⑤ 来流贴近物面的流管变化,以及沿物面的 V、p、q 的变化,已在图 2.11 上绘出,供参考与分析。

2.6.2 空速管测速原理

远前方来流的流速 V_∞,可以通过皮托管(Pitot tube)或称总压 - 静压测量装置(Pilot - static probe installation)来测量。皮托管亦称空速管,它由两根同心圆管组成,参看图 2.12。内管管口 b 正对着来流方向,用来测量来流总压 P_0;在外管离开头部一定距离后,环形打孔用来测量来流静压 p。总压与静压的差值,可通过 U 形管压力计(U 形管中装有液体,其重度为 γ,有 $\gamma = \rho g$)中液柱高度差 h 来测量,有

$$P_0 - p = \frac{1}{2}\rho_\infty V_\infty^2 = \frac{\sigma V_\infty^2}{295} = \gamma h \qquad (2-11)$$

于是

$$V_\infty = \sqrt{\frac{295 \times \gamma h}{\sigma}} = \sqrt{\frac{2(\gamma h)}{\rho_\infty}} \qquad (2-12)$$

测出了 γh,要求出 V_∞,尚需知 ρ_∞ 或 σ 的大小才行。

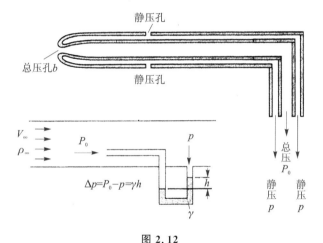

图 2.12

自然,在民用飞机上的总、静压管系远比一个皮托管复杂。总压管通常安装在飞机机身头部,以减小机体对来流的干扰影响,参看图 2.13(a)(这是机头的俯视图)。而静压孔位置需在机身侧面仔细选择(用风洞实验方法),以减小静压测量误差,参看图 2.13(b),在机身侧面选择了几个静压测压孔,从而给出一个平均值。

由总压管和静压管测量得到的总压 P_0 和静压 p,通过管路传送给空速表的压力膜盒,来显示总、静压的差值 $\Delta p = P_0 - p$。同样,要知 V_∞ 的大小,尚需知道 ρ_∞ 或 σ 的大小。

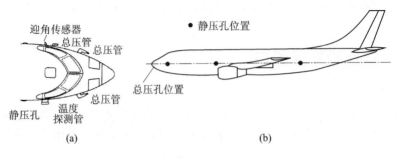

图 2.13

2.6.3 各种空速的定义

1. 指示表速(Indicated Airspeed, IAS)V_i

测得 $\Delta p = P_0 - p$,要知来流空速 V_∞ 的大小,最简单的办法是假定来流的空气密度 $\rho_\infty = \rho_0$ 或认为密度比 $\sigma = \rho_\infty / \rho_0 = 1.0$。$\rho_0$ 是国际标准大气表(ISA)上高度 $H = 0$ 时空气的密度。用空速管测得的 Δp,用 ρ_0 算出来的速度就称为 IAS,用 V_i 表示,并以此来刻度空速表表盘。按式(2-11)有

$$V_i = \sqrt{\frac{2(P_0 - p)}{\rho_0}} = \sqrt{\frac{2(\gamma h)}{\rho_0}} \quad \text{(fps)} \qquad (2-13)$$

或按式(2-12),有

$$V_i = \sqrt{295(P_0 - p)} = \sqrt{295(\gamma h)} \quad \text{(kn)} \qquad (2-14)$$

显然,用这样的表盘刻度读出来的 V_i,只有在国际标准大气海平面($H = 0$)上,才是 V_∞(真空速)。

2. 校正表速(Calibration Airspeed, CAS)

指示表速的测速系统,由于仪表制作误差和安装位置不同会引起指示误差,修正这些误差之后的表速称作校正表速 CAS,有

$$CAS = IAS + IEC + PEC \qquad (2-15)$$

每架飞机都有自己的 IEC(Instrument Error Correction)和 PEC(Position Error Correction)。PEC 是指打孔(总压孔和静压孔)的位置,参看图 2.13 带来的误差,但是两者在数值上都不大,一般可在飞机的有关手册上查得。

3. 当量表速(Equivalent Airspeed, EAS)

按式(2-13)或式(2-14)计算所得 V_i,是利用无粘不可压流体的伯努利方程计算的。$\rho_b = \rho_\infty = \text{const.}$。但是,当来流速度 V_∞ 增加时,空气可压缩性影响会显现出来。总压管测得的压力将大于不可压流滞止时的总压值;换句话说,测量值偏大(原因可参看第 4 章有关内容)。所以,修正空气可压缩性影响后所得到的表速,称为当量

表速 EAS,即

$$EAS = CAS + CEC \qquad (2-16)$$

式中,CEC(Compressibility Error Correction)是负值。在国际标准大气中,各个压力高度上的修正量都不相同。在空速表制作过程中,已将标准海平面上的压缩性修正量计入 CAS 中了。在其他飞行压力高度上,用 ΔV_c 来修正,有

$$EAS = CAS + \Delta V_c \qquad (2-17)$$

在图 2.14 上,是 ΔV_c 的修正值,适用于亚声速飞行(飞行马赫数 $Ma_\infty < 1.0$)。

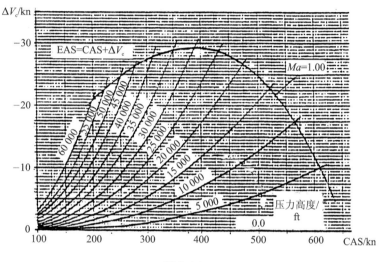

图 2.14

对于低速飞机,CEC$\approx$0,可以不计空气压缩性影响。

4. 真空速(True Airspeed,TAS)V_∞ 与当量表速 EAS

由式(2-17),有

$$EAS = IAS + IEC + PEC + \Delta V_c$$

它与真空速 V_∞ 的差别仅在 ρ 上。EAS 对应的空气密度为 ρ_0,而 TAS(或 V_∞)对应的空气密度为 ρ_∞,对于同一个动压力 q_∞,有

$$\frac{1}{2}\rho_\infty TAS^2 = \frac{1}{2}\rho_0 EAS^2$$

故

$$TAS = EAS \cdot \sqrt{\frac{1}{\sigma}} \qquad (2-18)$$

在飞行中,知道飞行高度 FL 或压力高度 H_p 和 EAS,要想知道真空速 TAS 或 V_∞,尚需知道当时外界的气温 OAT 的大小。因为,它的大小一般不会等于 IAS 所规定的温度;换句话说,还需要知道此时飞行对应的密度高度 H_ρ 的大小,才能知道式(2-18)中的 σ 值,从而求得此时的真空速 TAS 的大小。

关于知道 H_p 和 OAT，求密度高度 H_p 或 σ，已经在第 1 章中讲过了，参看图 1. 14，图上已经给出了 $1/\sqrt{\sigma}$ 值，代入式（2 - 18），即可确定 TAS 或 V_∞ 的大小。

5. 空速表上的指针

① 在低速、通用型小型飞机上，座舱中的空速表上只有一个指针（俗称宽针），指示的是 CAS。要知道 TAS，尚需知道密度比 σ 或 $1/\sqrt{\sigma}$，需查表来确定。

② 在较现代的飞机上，空速表盘面上有两个指针：宽针指示 CAS；窄针指示 TAS（它通过修正压缩性影响和给定飞行高度上外界气温 OAT 变化引起的密度变化影响而得）。

当需要精确计算 TAS 时，可以利用机载计算机来计算。输入 CAS 或 EAS、压力高度 H_p 和外界气温 OAT，则可得 TAS 的大小。

6. 飞行动压力 q_∞ 与表速 V_i 的关系

由前面式（2 - 7）、式（2 - 11）有

$$q_\infty = \frac{1}{2}\rho_\infty V_\infty^2 = \frac{1}{2}\rho_0 V_i^2 \qquad (2-19)$$

或

$$q_\infty = \frac{\sigma V_\infty^2}{295} = \frac{V_i^2}{295} \qquad (2-20)$$

由上可知，如果在飞行中，保持 $V_i = $ const.（等表速）飞行，则飞行时的动压力 $q_\infty = $ const.。飞行动压力 q_∞ 这个量对于飞机上产生的空气动力和飞行安全性有重大意义。q_∞ 值过大，因产生的空气动力过大，会造成飞机上某个部件局部载荷或总载荷过大，从而引起结构破损；q_∞ 值过小也有危险，会造成飞机迎角 α 过大，而产生抖动甚至失速。所以，控制好 V_i 也就控制了 q_∞ 的大小。千万要留意！

2.7　低速粘性管流的基本知识

空气和水都有粘性。粘性流体在管道中流动或者绕物体流动时，都会产生一些特殊现象。它对飞机空气动力的产生及大小有重大影响。此处简单介绍低速粘性管流的一些基本知识。

2.7.1　粘性流体的两种典型流态

1. 雷诺实验

英国科学家 Reynold 很早通过实验观察到粘性流体（如水）在圆管中流动时，有两种基本流态，参看图 2.15。

① 当管内平均流速 V 较小时，见图 2.15(a)，从进口流入的色液线保持直线状

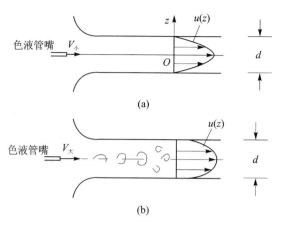

图 2.15

向后流去,沿半径方向流速分布是变化的。因粘性原因,内管壁面上的流速 $u=0$,中心处流速最大,流速呈非均匀分布状态。靠近壁面的速度梯度 $\Delta u(z)/\Delta z|_{z=0}$ 较小,参看式(1-8)可知,粘性摩擦应力 τ_0 也小。从流动色液线的形状预知,流体微团间保持着有层次的流动,故称为层流流态(laminor flow)。

　　② 当管内平均流速 V 增大时,先是层流,后逐渐观察到色液线不再保持直线而产生脉动,见图 2.15(b),变成曲线状;当 V 继续增大到某一个值时,色液线在水中扩散,不复存在。这预示着流体微团横向运动加剧,或流体微团横向动量交换剧烈。流速分布较均匀,但壁面处的速度梯度 $\Delta u(z)/\Delta z$ 加大,预示着壁面的粘性摩擦应力 τ_0 增大。这种流态称为紊流或湍流(turbulent flow)。由层流流态转变到紊流流态,中间有一个过渡状态,称为转捩现象(transition phenomenon)。

2. 实验结论

　　低速粘性流体由层流流态转换成紊流流态,主要取决于一个无因次的量,称作雷诺数 Re。在管流流动中,Re 的定义是

$$Re_d = \frac{\rho V d}{\mu} = \frac{V d}{\nu} \qquad (2-21)$$

式中,ρ 为流体的密度,V 为管中的平均流速,d 为圆管直径,μ 和 ν 分别为流体的粘性系数和运动粘性系数,见式(1-9)或式(1-10)。

　　Re_d 称作管流的流动雷诺数(以直径 d 为参考长度)。

　　实验表明:

　　① 当 $Re_d < 2\ 100 \sim 4\ 000$ 时,管内流动为层流。

　　② 当 $Re_d > 2\ 100 \sim 4\ 000$ 时,管内流动为紊流。

　　③ 当 $Re_d \approx 2\ 100 \sim 4\ 000$ 时,这个雷诺数称为临界雷诺数,用 Re_{cr} 表示,它的大小有一定范围,也就是过渡流动区的范围。

2.7.2 粘性流体在收缩或扩张管内的流动

1. 无粘流体在收缩或扩张管内的流动

如果是无粘流体,它在收缩或扩张管内做低速流动时,参看图 2.16,如进口流速为 V_1,压力为 p_1;出口流速为 V_2,压力为 p_2。根据连续方程式(2-2)和伯努利方程式(2-8),有 $A\downarrow,V\uparrow,p\downarrow$;$A\uparrow,V\downarrow,p\uparrow$。图 2.16(a)是收缩管道内的流动情况,有 $V_2>V_1,p_2<p_1$。图 2.16(b)是扩张管道内的流动情况,有 $V_2<V_1,p_2>p_1$。

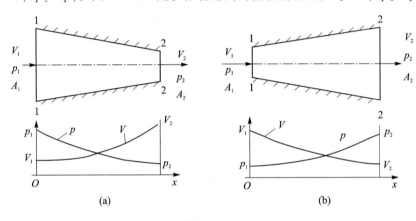

图 2.16

沿流动方向上看,收缩管道内,$\Delta p/\Delta x<0$ 为顺压梯度;反之,扩张管道内,$\Delta p/\Delta x>0$,为逆压梯度。

2. 粘性流体在圆形管内的流动

考虑流体的粘性后,流体在圆形管道内流动时,贴近壁面的流体流速 $u=0$,沿着流动方向,粘性的影响逐渐拖慢流体,向管子中心发展,从而有一个演变过程,参看图 2.17。开始在进口截面,流速分布均匀,随着粘性影响的扩展,直到粘性影响扩及到全截面前,始终有无粘性影响区存在,见图中 0-1 截面之间的情况。一旦超过 1-1 截面,这时粘性影响扩及全截面。有速度梯度 $\Delta u(z)/\Delta z(>0)$ 的区域,称为粘性附面层影响区;$\Delta u(z)/\Delta z=0$ 的区域,称为理想流动区。

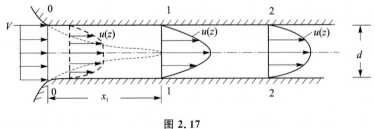

图 2.17

粘性影响扩及到全管的长度 x_1/d，主要与管内平均流动雷诺数 $Re_d = Vd/\nu$ 的大小有关。当 Re_d 增大时，x_1/d 减小，开始容易形成层流附面层流动；当 Re_d 进一步增大时，则易变成紊流附面层流动。

3. 粘性流体在扩张管内的流动

现在来介绍粘性流体在扩张管内流动时产生的新现象。

在图 2.16(b)中介绍过，当管子截面 A 扩张时，无粘流体的流速 $V\downarrow$ 而压力 $p\uparrow$，沿流动方向上看，$\Delta p/\Delta x>0$，存在逆压梯度。对于有粘性的流体，在粘性影响已扩及到全截面的流动区内，逆压梯度的出现会影响附面层的流动，参看图 2.18。流体会出现脱离壁面而分离的现象，产生漩涡流动区。S 点称为分离点。这时管内流动总压下降。注：图 2.18 只画了下半部的流动现象。类似的现象在河道扩张段的岸边，也可以观察到。

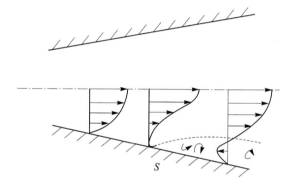

图 2.18

第**3**章

飞机的低速空气动力特性

3.1　飞机的外形与气动布局

3.1.1　概　述

从产生空气动力的角度来看，飞机的外形主要是由机翼、机身和尾翼(细分为水平尾翼(平尾)和垂直尾翼(简称立尾))等主要部件构成的。参看图 3.1(a)，这是一架低速教练飞机。图 3.1(b)是北京航空学院(北京航空航天大学前身)设计、生产的低速超轻型蜜蜂号飞机。

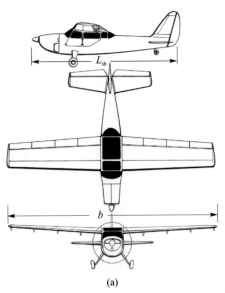

(a)

(b)

图 3.1

在图 3.1 上,可清楚地看到它们的机翼、机身和尾翼的平面形状,以及这些部件的相对位置。几何上的主要特征是飞机左右(横向)是对称的。主要几何尺寸,一个是机翼翼展 b 的大小,一个是机身的长度 L_{sh} 的大小。其他细节可参看本章下面的内容。

飞机的气动布局是指飞机主要部件的大小和相互的位置安排。飞机气动布局型式主要有正常式布局、无平尾布局、飞翼布局(机身外形不突出)、鸭式布局,以及垂直起降布局和短距起降布局等。

图 3.1 中是正常式布局。从纵向方向看,机翼在前,平尾在后。鸭式布局刚好反过来,"平尾"或称"鸭翼"在前,机翼在后,如我国歼 10 战斗机,参看图 3.2。

图 3.2

目前,民用旅客运输机大多采用正常式布局的型式。图 3.3 是两架民用喷气式客机,分别在起飞和着陆过程中瞬间的飞行姿态,可以仔细看看它们之间的最大区别在哪里。

(a)

(b)

图 3.3

英法合制的协和号超声速喷气客机,是无平尾布局型式,参看图 3.4。

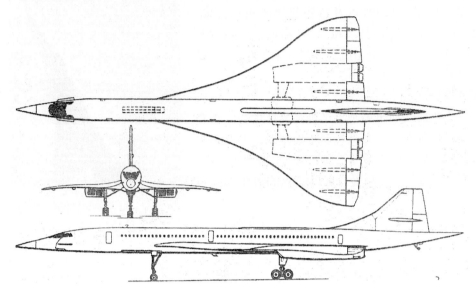

图 3.4

军用的垂直起降飞机(VTOL)如图 3.5 所示,它利用喷气发动机尾喷口转向做垂直起降。短距起降飞机(STOL)有如图 3.6 所示的转翼式飞机(美国的"鱼鹰")。

图 3.5

至于飞翼式布局,可参看图 3.7。

图 3.6

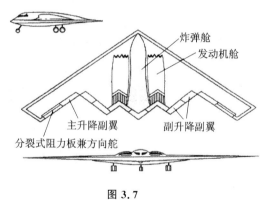

图 3.7

3.1.2　机翼的外形和几何参数

机翼是飞机最主要的部件。支撑飞机在空中飞行所需要的升力 L，就是机翼产生的。

机翼的外形分平面形状和剖面形状。

1. 机翼的平面形状和几何参数

参看图 3.8。在图上列举了常见的直边形机翼：矩形机翼、梯形后掠机翼和三角形机翼。（它们的各个边线均为直线。）

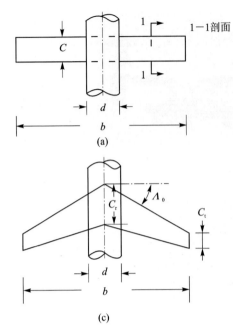
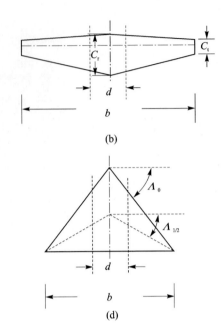

图 3.8

描述平面几何形状的参数如下：

① 翼展(m、ft)用 b 表示，不计机身所占长度，称为净翼展($b'=b-d$，d 为机身宽度)。对于民用飞机，翼展均泛指 b(包括机身宽度在内的展向长度)。

② 弦长用 C 表示，C_r 称为翼根弦长，C_t 称为翼梢弦长，均用 m 或 ft 计。

③ 直边机翼的面积用 S 表示，知 b、C_r 和 C_t，有 $S=\frac{1}{2}(C_r+C_t)\times b$。

④ 各种弦线的后掠角 Λ：

a. 前缘线(机翼前缘上展向各点的连线)后掠角 Λ_0，见图 3.8。

b. 1/4 弦线(机翼展向各剖面 1/4 C 点连线)后掠角 $\Lambda_{1/4}$(以度计，下同)。

c. 1/2 弦线后掠角 $\Lambda_{1/2}$。

d. 后缘线后掠角 $\Lambda_{1.0}$。

以上各参数均是有因次的量。下面两个参数为无因次的几何参数。

⑤ 机翼的梢根比 $\lambda=C_t/C_r$，($\leqslant 1.0$)，其中，C_t 为翼梢弦长，C_r 为翼根弦长。

⑥ 机翼的展弦比 $A=b^2/S$。对于 $\lambda=1.0$ 的机翼，它的 $A=b/C$，C 为机翼的弦长，有 $C=C_t=C_r$。

根据对飞机空气动力特性的要求，目前，民用航空飞机的展弦比 A 都比较大。比如，小型低速教练飞机，如图 3.1(a)所示，$b=7.5$ m，$S=8.55$ m^2，$A=6.58$。波音 B737 - 300 飞机，$b=93$ ft，$S=980$ ft^2，$A=8.83$。空客 A380，$b=261.8$ ft，$S=9\ 095.5$ ft^2，$A=7.54$。

2．机翼的剖面形状

参看图 3.8(a)，一般沿弦向方向切一刀所得到的剖面形状，简称翼型。现参见图 3.9。翼型的几何形状分两大类。一类是圆头尖尾翼型；另一类是尖头尖尾翼型。在每类翼型中，又可分为对称翼型和非对称翼型。平板和弯板是最古老、最简单的尖头尖尾翼型，在航空业发展初期曾被采用过。但是，它们的空气动力性能太差，结构受力情况也很不好，早已被摒弃，目前只有理论研究价值。

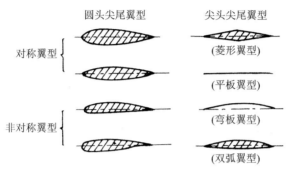

图 3.9

现有的飞机机翼绝大多数采用的是圆头尖尾翼型。

3．翼型的几何参数

了解和熟知翼型的几何参数，以及它们是如何影响翼型上产生的空气动力大小的，是理解机翼乃至飞机上产生的空气动力大小的前提条件，十分重要。

① 翼型的弦长 C。这是一个基准长度。它是翼型前缘点和后缘点的连线，称为弦线，它的长度称为弦长 C，参看图 3.10。

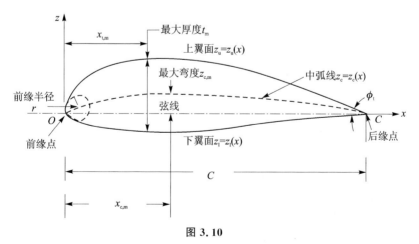

图 3.10

② 翼型的上翼面曲线方程为 $z_u = z_u(x)$，下翼面曲线方程为 $z_1 = z_1(x)$。翼型

一般需要精心挑选,最终通过风洞模型实验选定。一般,$z_u>0$,而 $z_l<0$。

③ 翼型的厚度分布为 $t(x)$。在任一弦向位置 x 处,翼型的厚度分布 $t(x)$ 有

$$t(x) = z_u(x) - z_l(x) \tag{3-1}$$

表示厚度分布特征的参数有最大厚度 t_m 和最大厚度所处的弦向位置 $x_{t,m}$;一般都用最大相对厚度 $\bar{t}_m$ 和最大相对厚度位置 $\bar{x}_{t,m}$ 来表示,有

$$\bar{t}_m = \frac{t_m}{C} \tag{3-2}$$

和

$$\bar{x}_{t,m} = \frac{x_{t,m}}{C} \tag{3-3}$$

目前,民用飞机所采用的翼型,一般 $\bar{t}_m = (10\sim15)\%$;而 $\bar{x}_{t,m} = (30\sim50)\%$,参看图 3.10。

④ 翼型的中弧线分布 $z_c(x)$。翼型的中弧线(mean camber line)方程 $z_c(x)$ 有

$$z_c(x) = [z_u(x) + z_l(x)]/2 \tag{3-4}$$

一般,$z_c(x)>0$[可能在靠近后缘部分有局部地方 $z_c(x)<0$,参看图 3.11]。

代表中弧线离开翼型弦线的垂直高度称为弧高,参看图 3.10。

显然,对称翼型有 $z_c(x)=0$。非对称翼型最大弧高值 $z_{c,m}$ 简称为翼型的最大弯度;$z_{c,m}$ 所在弦向位置用 $x_{c,m}$ 表示,称为最大弯度弦向位置。一般都用最大相对弯度 $\bar{z}_{c,m}$ 和最大相对弯度位置 $\bar{x}_{c,m}$ 来表示,有

$$\bar{z}_{c,m} = \frac{z_{c,m}}{C} \tag{3-5}$$

和

$$\bar{x}_{c,m} = \frac{x_{c,m}}{C} \tag{3-6}$$

目前,民用飞机所采用的翼型,一般 $\bar{z}_{c,m} = (0\sim4)\%$,$\bar{x}_{c,m} = (15\sim40)\%$。

⑤ 翼型前缘半径 r 或 $\bar{r}=r/C$,如图 3.10 所示。对于圆头尖尾翼型,目前,民用飞机所用 $\bar{r}=(1\sim2)\%$;对于尖头尖尾翼型,显然 $\bar{r}=0$。

⑥ 翼型后缘角 ϕ_t,如图 3.10 所示,一般 $\phi_t>0$,但数值很小。

⑦ 一个完整的圆头尖尾翼型几何参数详图,参看图 3.10。请自己好好总结、复习。

4. 实用翼型的分类

目前飞机机翼上所采用的翼型,均由各国航空科研机构提供。历史上欧洲各国如意大利、英国、德国和法国,以及后来的美国、苏联等有关机构对机翼翼型的发展都有贡献。尤其是美国的 NACA(它是美国国家航空航天局 NASA 的前身)和 NASA 贡献很大。目前可供实用的翼型可分为以下几种。

（1）古典翼型

1）四位数字翼型

代号用四位数字表示，如 NACA2412，目前仍在小型螺旋桨飞机机翼上使用。第一位数字 2 代表 $\bar{z}_{c,m}=2\%$；第二位数字 4 代表 $\bar{x}_{c,m}=40\%$；最后两位数字 12 代表 $\bar{t}_m=12\%$。这类翼型的 $\bar{x}_{t,m}=30\%$。

请思考：NACA0015 代表什么意思？

2）五位数字翼型

代号用五位数字表示，如 NACA23012，目前仍用在小型喷气式公务飞机，如 Citation Bravo 上。第一位数字 2 代表 $\bar{z}_{c,m}=2\%$；第二位数字 3 代表 $\bar{x}_{c,m}=15\%$；第三位数字 0 代表中弧线 $z_c(x)$ 均大于 0，为拱形，见图 3.11（a）。如果第三位数字是 1，则代表中弧线为 S 形，见图 3.11（b）。最后两位数字 12 代表 $\bar{t}_m=12\%$。这类翼型的 $\bar{x}_{t,m}=30\%$。

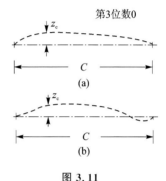

图 3.11

（2）层流翼型

NACA 层流翼型有 6 系列、1 系列和 7 系列等。6 系列用在高速飞机机翼上，1 系列用在螺旋桨叶片上，而 7 系列则用在直升机旋翼上。层流翼型的标注比较复杂，不仅有代表几何参数的，还有代表翼型空气动力特性的数字。

（3）现代翼型

NASA 近些年来还提出了超临界翼型和高升力翼型。

尾翼的外形和几何参数设置与机翼相似，不再重复。

3.1.3　机身的外形和几何参数

机身的功用是：装载乘员、各种系统和设备以及有效载重（如旅客和货物等），并把各个部件连同起落装置等有效地连接在一起，构成一架完整的飞机。

从飞机空气动力特性角度看，它提供的主要是阻力 D 和俯仰力矩 M，参看图 3.12。机身外形比较复杂。在初步分析飞机空气动力特性时，可把机身当作旋成体来处理，即把机身横截面积 $S_{sh}(x)$ 沿轴线的分布（并适当光滑一下），按下式计算当量直径，即

$$D_d = \sqrt{\frac{4S_{sh}(x)}{\pi}} \tag{3-7}$$

从而把机身用当量直径 $D_d(x)$ 构成一个当量旋成体来处理。这时，机身的几何特征可用机身长度 L_{sh}、最大当量直径 $D_{d,m}$ 及其所在纵向位置 $x_{sh,m}$ 等来表示。其无因次几何参数有：机身的长细比 $\lambda_{sh}=L_{sh}/D_{d,m}$ 以及最大相对当量直径位置 $\bar{x}_{sh,m}=x_{sh,m}/L_{sh}$ 等。

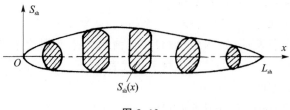

图 3.12

3.2　低速时翼型的升力与力矩特性

3.2.1　对称翼型的绕流图画和空气动力

了解翼型的空气绕流图画是了解机翼的空气绕流图画的基础,十分重要。

参看图 3.13。远前方低速来流 V_∞ 流向图 3.13(a)所示机翼,其翼展 $b \to \infty$,又无后掠角 $\Lambda_0 = \Lambda_{1/4} = 0$,弦长 $C = \mathrm{const.}$(称为无限翼展直机翼);且沿展向各个剖面形状完全相同。因此,可沿展向取 $\mathrm{d}y$ 长度的一段翼面来讨论,见图 3.13(b)。每段翼面上的流动均相同,而且无展向流动发生。

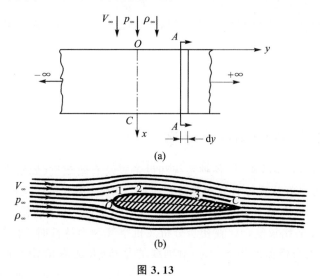

图 3.13

1. 对称翼型迎角 $\alpha = 0$ 的情况

(1) 翼型迎角 α 的定义

参看图 3.13(b)。远前方来流 V_∞ 方向与翼弦线 OC 之间的夹角,称为迎角,用 α 表示。图示为 $\alpha = 0$ 的情况。

（2）低速、无粘来流流过圆头尖尾、对称翼型，$\alpha=0$ 的情况

这时会产生什么流动现象呢？

a. 先从流线变化谈起，来流 V_∞ 沿直线方向流向前缘点 O 处的一条流线可称为零流线；流线上的流速 V_∞ 将逐渐减速到零值，即 $V=0$，此时 O 点称为前驻点。远前方来流 V_∞ 不是一头撞上去的，为什么？

从翼面前驻点 O 处起，来流继续沿上、下翼面向后流去（翼面也是一条流线），它与前方流来的流线之间形成流管，大约在翼型最大相对厚度 $\bar{x}_{t,m}$ 前面一点 2 处，流管截面变成最窄，流速 V_2 达到最大值。参看图 3.14（a）。然后，随着流管截面的逐渐变宽，流速逐渐减小。在后缘处（$\phi_t\neq0$）形成后驻点，$V_c=0$。（除非 $\phi_t=0$，V_c 则为一小量）。沿翼面的流速 V 分布示意图见图 3.14（a）。

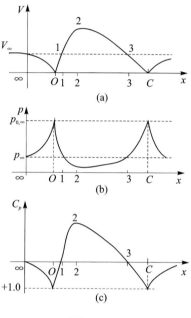

图 3.14

b. 因为是低速、无粘流动，空气密度 $\rho=\rho_\infty=$const.（不会变化），无粘性损失，来流总压 $p_{0,\infty}$ 不会改变，按伯努利方程，见式（2-8）有

$$p_{0,\infty}=p_\infty+q_\infty=p+q=\text{const.}\tag{3-8}$$

式中

$$q_\infty=\frac{1}{2}\rho_\infty V_\infty^2,\quad q=\frac{1}{2}\rho_\infty V^2\tag{3-9}$$

可见，知道沿翼面的速度 V 分布，则可推得沿翼面的静压力 p 分布。$V=0$ 处，$p_0=p_{0,\infty}$；$V=V_{max}$ 处，$p_2=p_{min}$（最小压力点）；在后缘，$V=0$ 处，$p=P_{0,\infty}$；在翼面上"1"和"3"点处，$V=V_\infty$，所以，$p_1=p_3=p_\infty$，见图 3.14（b）。

c. 沿翼面压力系数 C_p 分布。

在翼型的风洞模型实验测量中，一般都将测得的沿翼面的静压力 p 分布，以沿翼面的压力系数 C_p 分布形式给出（原因后详）。C_p 的定义是

$$C_p=\frac{p-p_\infty}{q_\infty}\tag{3-10}$$

这是一个无量纲的量（也称无单位或无因次的量）。通过伯努利方程，式（2-8）或式（3-8）有

$$p-p_\infty=q_\infty-q$$

所以

$$C_p = \frac{p - p_\infty}{q_\infty} = 1 - \frac{q}{q_\infty} = 1 - \frac{V^2}{V_\infty^2} \tag{3-11}$$

按照图 3.14(b)知,在前、后驻点上,$C_{p0} = C_{pc} = 1.0$;在图上"1"和"3"点处,$C_{p1} = C_{p3} = 0$。在 1—3 点间,因为 $V > V_\infty$,所以 $C_p < 0$;在 O—1 点,3—C 点间,因为 $V < V_\infty$,所以 $C_p > 0$。将 C_p 值沿翼面画出,如图 3.15 所示。设想翼型内部为空心体(设其内空气压力为 p_∞)。翼面由蒙皮构成。若翼面 $C_p > 0 (p - p_\infty > 0)$,则表明蒙皮为受挤压状态;若翼面 $C_p < 0 (p - p_\infty < 0)$,表明蒙皮为受拉伸状态,俗称为"吸力",它有掀开或提拉蒙皮的作用力存在。

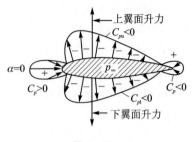

图 3.15

(3) 对称翼型 $\alpha = 0$ 时的空气动力

a. 由于讨论的是低速、无粘来流,翼面上自然不会有粘性摩擦剪切力 τ_0 出现;出现的只是 C_p 的作用。由于是对称翼型,又 $\alpha = 0$,C_p 分布上下对称,见图 3.15,故不会产生垂直于来流 V_∞ 方向的合力 L(称为翼型的升力),即 $L = 0$。但上、下翼面分别产生了"上翼面升力"和"下翼面升力",合力 $L = 0$。

b. 沿平行于来流 V_∞ 方向的合力 D 称为翼型的阻力。从图 3.15 C_p 分布看,在前、后驻点附近的 C_p 分布会产生向后和向前的力,但它们之和恒等于零,即 $D = 0$。在低速、无粘条件下,来流 V_∞ 绕流过对称翼型的空气动力 $L = 0$ 和 $D = 0$,或者说空气动力合力(AF)恒等于零。这称为"达伦贝尔悖论",或怪论。这是在流体力学发展初期,由于忽略粘性而出现的必然结果。后面将说明,若计入流体的粘性,则对称翼型的阻力 $D \neq 0$。

2. 圆头尖尾对称翼型 $\alpha > 0$ 的情况

(1) 绕流图形发生变化

参看图 3.16。来流 V_∞ 方向与翼弦 OC 的夹角,称为迎角 $\alpha(\alpha > 0)$。现首先注意到来流流近翼型时,流线产生了弯曲。前驻点由 O 点下移到 e 点。(前缘点 O 不再是前驻点了)。上翼面最大速度点 2 向前移。下翼面最大速度点 2' 向后称,且 $V_2 > V_{2'} > V_\infty$。翼型前缘点 O 处,$V_0 > V_\infty$。后缘点 C 处仍为驻点,$V_c = 0$。可见,由于迎角 $\alpha > 0$,沿上下翼面的流动不再对称。在同一弦向位置 x 处,上翼面的 $V_u(x)$ 大于下翼面上的流速 $V_1(x)$,即 $V_u(x) > V_1(x)$;相应地也有 $p_u(x) < p_1(x)$。对应上下翼面的 C_p 分布也画在图 3.16(d)上了。

此外,还在图 3.17(a)上,画出了给定 x 处下翼面 $C_{p1}(x)$ 与上翼面 $C_{pu}(x)$ 之差,即 $\Delta C_p(x) = C_{p1}(x) - C_{pu}(x)$,沿弦线 ox 的分布图和沿翼面的 $C_p(x)$ 图,见图 3.17(b),可供参考与分析。

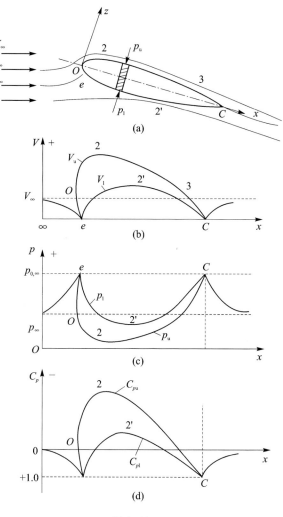

图 3.16

（2）翼型上产生的升力

从图 3.17（b）上来看，C_p 沿翼面的 $C_p(x)$ 分布，显然将产生垂直于弦线 oc 的法向力和沿弦线作用的向前弦向力（由前缘处向前的前缘吸力、后缘处向前的推力共同产生）。两者（向上的法向力和向前的弦向力）构成了垂直于远前方来流 V_∞ 方向、向上的空气动力，称为升力，用 L 表示，$L > 0$。没有阻力 D（沿 V_∞ 方向的空气动力分量），或 $D = 0$。

沿弦向取一微段 Δx，沿展向取微段 $\Delta y = 1$，即从微面积 $\Delta S = \Delta x \Delta y = \Delta x \cdot 1$ 上来看。下上翼面静压力之差$(p_1 - p_u)$与 ΔS 的乘积，即为微面积 ΔS 上产生的升力 $\Delta L(x)$，有（在小迎角 α 下）

$$\Delta L(x) = (p_1 - p_u)\Delta S \cos\alpha \approx (p_1 - p_u)\Delta S$$

$$= [(p_1 - p_\infty) - (p_u - p_\infty)] \Delta x \cdot 1$$

$$= (C_{p1} - C_{pu}) q_\infty \mathrm{d}x \cdot 1 = \Delta C_p(x) q_\infty \mathrm{d}x \cdot 1 \qquad (3-12)$$

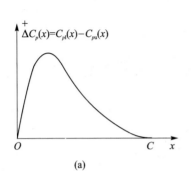

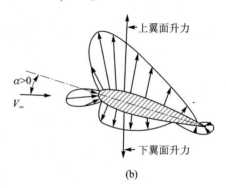

图 3.17

在图 3.17(a)上,已画出 $\Delta C_p(x) - x$ 的分布图, $\Delta C_p(x) > 0$。从前缘点 O 到后缘点 C 积分,则得翼型的升力 L,有

$$L = \int_O^C \Delta L(x) \mathrm{d}x \cdot 1 = q_\infty \int_O^C \Delta C_p(x) \mathrm{d}x \cdot 1 \qquad (3-13)$$

(3) 翼型升力公式和升力特性曲线

1) 翼型升力系数 C_L 的定义

按下式定义翼型升力系数 C_L,即

$$C_L = \frac{L}{q_\infty S} = \frac{L}{q_\infty C \cdot 1} = \frac{1}{C} \int_0^C \Delta C_p(x) \mathrm{d}x \cdot 1$$

$$= \int_0^1 \Delta C_p(\bar{x}) \mathrm{d}\bar{x}, \quad \bar{x} = \frac{x}{C} \qquad (3-14)$$

注意,升力系数 C_L 也是一个无量纲的量,式中,面积 $S = C \cdot 1$,而 C 是翼型弦长,参看图 3.13(b)。

2) 翼型升力公式

在一定来流 V_∞ 或 q_∞ 和迎角 α 情况下,由式(3-13)有

$$L = C_L q_\infty S = \frac{1}{2} \rho_\infty V_\infty^2 (C \cdot 1) C_L \qquad (3-15)$$

给定翼型和迎角 α、飞行高度 H 和速度 V_∞(即给定 q_∞ 大小)后,翼型上升力的大小,仅取决于升力系数 C_L 的大小。

3) 翼型升力特性曲线

给定翼型和来流情况(即给定 q_∞),翼型升力系数 C_L 随迎角 α 的变化而变化。C_L 随 α 变化的关系称作翼型的升力特性曲线。

参看图 3.18(a),圆头尖尾对称翼型在 $\alpha = 0$ 时,$\Delta C_p(x) = C_{p1}(x) - C_{pu}(x) = 0$;迎角 α 逐渐增大,$\Delta C_p(x)$ 增大,显然,C_L 亦将逐渐增加,如图 3.18(b)所示。

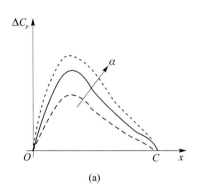 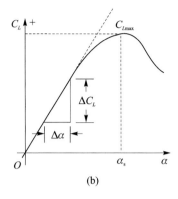

图 3.18

图 3.18(b)是把每个 α 下求得的升力系数 C_L 绘成的曲线,称作翼型的升力特性曲线,$C_L = C_l(\alpha)$。现对升力特性曲线作如下说明:

① 图上虚线是低速、无粘来流流过圆头尖尾对称翼型时的升力特性曲线(理论计算结果),它是一条直线。图上实线是风洞模型实验测量结果,是真实的结果。

② 对称翼型,$\alpha = 0$,$C_L = 0$。换句话说,如把升力等于零的迎角称作零升迎角,用 α_0 代表,则对称翼型的零升迎角 $\alpha_0 = 0$。

③ 在中、小迎角范围内,$C_L - \alpha$ 的变化关系为线性关系(图示实验值与理论值比较接近),即

$$C_L = C_{L\alpha} \cdot \alpha \qquad (3-16)$$

式中,$C_{L\alpha} = \Delta C_L / \Delta \alpha = dC_L / d\alpha$,称为翼型的升力线斜率,单位为 $1/(°)$ 或 $1/\mathrm{rad}$。一般其大小约为 $C_{L\alpha} = 0.1(°)^{-1} = 1.8\pi/\mathrm{rad}$。换句话说,每增加 $1°$,迎角升力系数增加 0.1。

④ 在大迎角范围,实验结果表明[见图 3.17(b)],迎角 α 增加,升力系数 C_L 增加变缓;当 $\alpha = \alpha_s$(称作失速迎角)时,$C_L = C_{L\max}$(升力系数达到最大值),$C_{L\max}$ 称作翼型的最大升力系数;当 $\alpha > \alpha_s$ 时,C_L 不升反而快速下降,这称作失速(stall)或失速分离。出现这种现象是由流体粘性造成的(后面详细说明)。

⑤ 注意,实际一般翼型的升力特性曲线,有四个特征参数,即零升迎角 α_0、升力线斜率 $C_{L\alpha}$、失速迎角 α_s 和最大升力系数 $C_{L\max}$,值得留意。具体情况后面详细介绍。

(4) 圆头尖尾对称翼型的俯仰力矩特性

在弦线任一微段 Δx 的微面积 $\Delta S = \Delta x \cdot 1$ 上,作用的升力为 $\Delta L(x)$,对翼型前缘点 O 取矩,为 $\Delta M(x)$,有[参看式(3-12)。注:俯仰低头力矩取负号]

$$\Delta M(x) = -\Delta L(x) \cdot x = -\Delta C_p(x) q_\infty \cdot dx \cdot 1 \cdot x$$

则整个翼型对前缘点的俯仰力矩为

$$M = -\int_O^C \Delta L(x) x = -\int_O^C \Delta C_p(x) q_\infty x \, dx \cdot 1 \qquad (3-17)$$

1) 翼型俯仰力矩系数 C_m 的定义

因为翼型俯仰力矩 M 的单位为牛·米(N·m)或磅力·英尺(lb·ft),为使俯仰力矩系数 C_m 也为无量纲的量,尚需取一个参考长度;在计算翼型时,这一参考长度就取弦长 C,故

$$C_m = \frac{M}{q_\infty SC} = \frac{M}{q_\infty C \cdot 1 \cdot C} = -\int_0^1 \Delta C_p(\bar{x}) \cdot \bar{x} \cdot d\bar{x} \cdot 1 \qquad (3-18)$$

式中,$\bar{x} = x/C$。

2) 翼型俯仰力矩公式

由式(3-18),有

$$M = C_m q_\infty SC = \frac{1}{2}\rho_\infty V_\infty^2 S \cdot C \cdot C_m \qquad (3-19)$$

3) 翼型俯仰力矩特性曲线

对于给定翼型和来流的情况,俯仰力矩取矩点确定(比如取在前缘 O 点处),俯仰力矩系数 C_m 随迎角 α 或 C_L 变化的曲线,称作翼型俯仰力矩特性曲线,参看图 3.19。

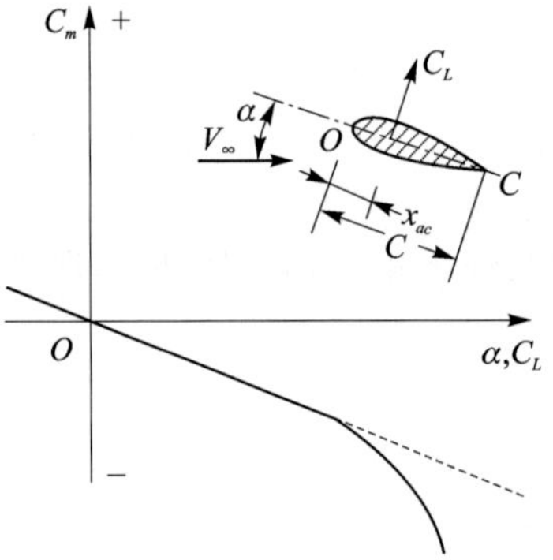

图 3.19

① 图 3.19 上的虚线为低速无粘时理论计算值;而实线是风洞模型实验测量结果。

② 对称翼型,$\alpha = 0$ 或 $C_L = 0$ 时,$C_m = C_{m0} = 0$。C_{m0} 称为翼型的零升力矩系数。

③ 在中、小迎角范围,$C_m-\alpha$ 或 C_m-C_L 的变化关系为线性关系(图 3.19 所示实验值与理论值比较接近),即(因为 $\alpha_0 = 0$,故 $\Delta C_L = C_L - C_{L_0} = C_L$)

$$C_m = -\left(\frac{dC_m}{dC_L}\right)C_L = -h_{ac} \cdot C_L$$

$$(3-20a)$$

而

$$h_{ac} = -(dC_m/dC_L) \qquad (3-20b)$$

式中,$h_{ac} = x_{ac}/C$,从图 3.19 上看,它代表的是 C_m-C_L 直线的斜率(绝对值)。分子是俯仰力矩系数,而分母为升力系数,其比值代表的是力臂;现斜率不变,表明升力的作用点不随迎角 α 或升力系数 C_L 的变化而变化。换句话说,翼型的升力以及升力增量作用点始终保持在同一弦向位置 x_{ac} 处,参看图 3.20。该点称作翼型的空气动力中心(Aerodynamic Center,AC)位置或称翼型焦点位置。这个概念和 h_{ac} 的大小都非常重要。

对于常用的翼型,理论计算表明,$h_{ac} = \frac{1}{4} = 0.25$(即翼型空气动力中心位置在距

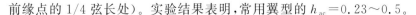

前缘点的 1/4 弦长处)。实验结果表明,常用翼型的 $h_{ac} = 0.23 \sim 0.5$。

在大迎角范围,$C_m - C_L$ 不再保持线性关系,见图 3.19。因此,$h_{ac} \neq \mathrm{const.}$。

(5) 翼型对弦线上任一参考点 $x = x_R$ 的俯仰力矩

参看图 3.20,现对 $x = x_R$ 点取矩,有

$$M_R = -L(x_{ac} - x_R)$$

式中,负号"$-$"用于升力 L 产生低头力矩的情况,化成系数有

$$C_{m_R} = \frac{M_R}{q_\infty SC \cdot 1} = -\frac{L(x_{ac} - x_R)}{q_\infty SC \cdot 1} = -C_L(h_{ac} - h_R) \tag{3-21}$$

式中,$h_R = x_R/C$ 是取矩点的相对位置大小。而 $C_{mR} - C_L$ 的变化在中小迎角范围内仍是线性关系,见图 3.21,其斜率为

$$C_{mC_L} = \frac{\mathrm{d}C_{mR}}{\mathrm{d}C_L} = -(h_{ac} - h_R) \tag{3-22}$$

可见,若 $h_R < h_{ac}$(取矩点在焦点位置前面),则 $C_{mC_L} < 0$;若 $h_R > h_{ac}$(取矩点在焦点位置后面),则 $C_{mC_L} > 0$;若 $h_R = h_{ac}$,则 $C_{mC_L} = 0$。

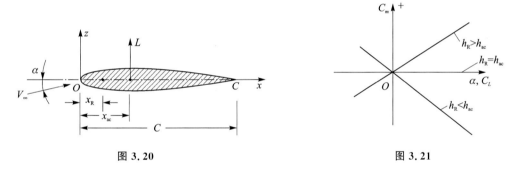

图 3.20　　　　　　　　　　　　　　　　图 3.21

注意,实际翼型在中、小迎角下的俯仰力矩特性曲线有两个特征参数:零升力矩系数 C_{m0}(现在因是对称翼型,故 $C_{m0} = 0$)和俯仰力矩系数随 C_L 变化的斜率,即 h_{ac},值得特别留意。

3.2.2　非对称翼型的绕流图画和空气动力

翼型的中弧线 $z_c(x) = 0$(即为翼型弦线),翼型为对称翼型;$z_c(x) \neq 0$,参看式(3-4)或图 3.10,翼型则为非对称翼型。翼型的中弧线对翼型的空气动力有巨大的影响。

1. 非对称翼型迎角 $\alpha = 0$ 的情况

参看图 3.22。虽然来流 V_∞ 方向与翼弦方向平行,$\alpha = 0$,但因为翼型上下翼面是非对称的,上下翼面的流动发生了改变。来流贴近前缘时,流线已经弯曲。前驻点已下移到下翼面 e 点处,然后来流继续沿上下翼面向后缘流去,并与前方流来的流线形

成流管。上翼面上最大速度点 2 相对前移,下翼面上最大速度点 $2'$ 相对后移。对比图 3.22(a)与图 3.16(a)后可知,整个流动情况与对称翼型 $\alpha > 0$ 的情况相似。在图 3.22(b)中,画出了沿翼面的 $C_p(x)$ 分布图,试与图 3.16(d)比较一下。

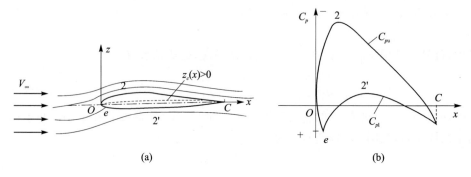

图 3.22

在图 3.22(b)上,C_{pl} 与 C_{pu} 所包围的面积即为 $\alpha = 0$ 时,非对称翼型所产生的 C_L,记为 $C_{L0} > 0$。当 α 增加时,上、下翼面 C_p 所包围的面积,或 $\Delta C_p(x) = C_{pl}(x) - C_{pu}(x)$ 增大,C_L 增加。非对称翼型的升力特性曲线的实验结果,参看图 3.23。在同一图上,还列出了对称翼型的升力特性曲线,以供比较。

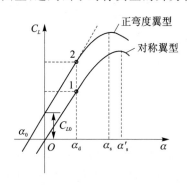

图 3.23

由图 3.23 可见,在中、小迎角范围内,有对称翼型:
$$C_L = C_{L\alpha} \cdot \alpha$$
非对称翼型:
$$C_L = C_{L\alpha}(\alpha - \alpha_0) \qquad (3-23)$$
显然,非对称翼型的零升迎角 $\alpha_0 \neq 0$,而是负值,即 $\alpha_0 < 0$,式(3-23)中,α_0 自带负号。此外,两者的 $C_{L\alpha}$ 近似相等。

可见,对于正弯度$[z_c(x) > 0]$、非对称翼型,在同一迎角 α 下,比如 $\alpha = \alpha_d$(见图 3.23),有 $C_{L2} > C_{L1}$。如果来流情况 V_∞ 或 q_∞ 相同,则产生的升力 $L_2 > L_1$。观察一下飞鸟的翅膀,你就会明白为什么它会是那种形状了。

剩下的问题是,在 $\alpha = \alpha_0$ 时,正弯度非对称翼型的绕流会是什么情况。虽然此时 $C_L = 0$(升力等于零),会不会还有其他空气动力呢?

2. 正弯度翼型 $\alpha = \alpha_0$ 的情况

(1) 非对称翼型上的两条参考线

1) 翼型的几何弦线

前面已介绍过,连接翼型前缘点 O 和后缘点 C 的连线,称为弦线。

2）翼型的零升力线

它是指当远前方来流 V_∞ 方向与弦线方向的夹角为 α_0 时的一条线,参看图 3.24,称为零升力线。这是一条虚拟线。此时,$C_L=0$。图示 $\alpha_0(<0)$ 为负值。如果将正弯度翼型反置,称为负弯度非对称翼型,则 $\alpha_0>0$。当然,这种情况实属少见。

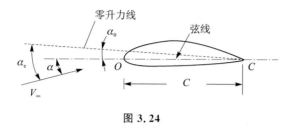

图 3.24

（2）翼型的几何迎角 α 与有效迎角 α_e

针对这样两条参考线而言,来流 V_∞ 方向与几何弦线的夹角 α 称为迎角,严格讲应称为几何迎角;来流 V_∞ 方向与零升力线的夹角用 α_e 表示,称为有效迎角。它们之间有下列关系存在,即

$$\alpha_e=\alpha-\alpha_0 \tag{3-24}$$

对称翼型,因 $\alpha_0=0$,故 $\alpha_e=\alpha$。

（3）$\alpha=\alpha_0(<0)$（或 $\alpha_e=0$）时的流动图画

当来流 V_∞ 沿正弯度翼型零升力线流向翼型时,$\alpha=\alpha_0<0$,流线向下弯曲,前驻点 e 出现在上翼面上,参看图 3.25(a);上翼面上的最大速度点 2 向后移。零流线绕过前缘沿下翼面流过时,下翼面上的最大速度点 2' 前移;在后缘点 c 处,两股气流汇合后向后流去。

（4）$\alpha=\alpha_0$ 时翼型上的空气动力

根据沿上下翼面流动速度 V 的变化,按伯努利方程和压力系数 C_p 的定义,得相应沿翼面的压力系数 C_p 的变化以及沿弦向 $\Delta C_p(x)=C_{pu}(x)-C_{pl}(x)$ 的变化示意图,请参看图 3.25(b)和(c)。

可见,当 $\alpha=\alpha_0$ 时,翼型上的 $C_L=0$;只是在翼型前段的 $\Delta C_p(x)<0$,产生了向下的升力;在翼型后段的 $\Delta C_p(x)>0$,产生了向上的升力,但两者大小相等,方向相反,正好相互抵消,合力等于零。但此时翼型受到的是一个空气动力力偶矩 $M_0<0$,是一个低头俯仰力矩,或称为翼型的俯仰负零升力矩的作用。这个概念十分重要,须好好体会。

正弯度翼型的零升力矩系数 C_{m0} 参看式(3-18)定义有

$$C_{m0}=\frac{M_0}{q_\infty C \cdot 1 \cdot C} \tag{3-25}$$

它的大小取决于翼型中弧线的形状及其相关的几何参数,如 $\bar{z}_{c,m}$、$\bar{x}_{c,m}$ 等,参看图 3.9、图 3.10 等。

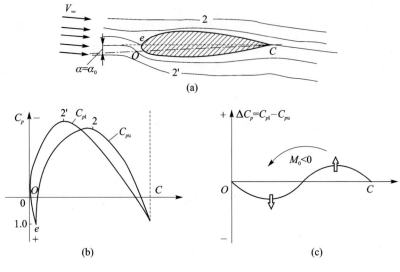

图 3.25

3. 正弯度翼型的俯仰力矩特性

当 $\alpha > \alpha_0$ 或有效迎角 $\alpha_e > 0$ 时,正弯度翼型的 $C_L > 0$,且随迎角 α_e 的增加而增大,见图 3.23。

因 $\alpha_e > 0$ 产生的升力,对翼型前缘点产生的俯仰力矩用 M 表示,其俯仰力矩系数的定义仍为

$$C_m = \frac{M}{q_\infty C \cdot 1 \cdot C} \qquad (3-26)$$

即与 C_{m0} 定义相同。

（1）正弯度翼型的俯仰力矩特性曲线

参看图 3.26,是正弯度翼型对前缘点的俯仰力矩系数 $C_m - C_L$ 的特性曲线。同时,在图上也画出了对称翼型的情况,可供对比。

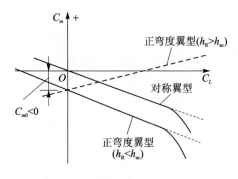

图 3.26

在中、小迎角范围内,正弯度翼型的 $C_m - C_L$ 成线性变化关系。它表明正弯度翼型随着迎角增加的升力,也是作用在同一弦向位置上。该点就是正弯度翼型的空气动力中心位置或称焦点位置,$h_{ac} = x_{ac}/C$ 也等于 1/4 或 0.25(理论值),与对称翼型的相同。

注意,正弯度翼型在 $C_L = 0$,$C_m = C_{m0}$ 下,零升力矩是一个力偶矩,没有固定的作用点位置,对翼型弦向各个位置都是一样大,一般就取焦点位置作为作用点。因此,当 $\alpha_e > 0$ 时,作用在焦点位置(AC)上的空气动力载荷,除了 C_L 外,还有 C_{m0},参看图 3.27。

这时,写出对翼型前缘点 o 的俯仰力矩系数 C_m,有

$$C_m = C_{m0} - C_L h_{ac} \tag{3-27}$$

对于翼弦上任一参考点 $x = x_R$ 取矩,参看式(3-21),有

$$C_{m_R} = C_{m0} - C_L(h_{ac} - h_R) \tag{3-28}$$

且

$$C_{mC_L} = \frac{\partial C_{m_R}}{\partial C_L} = -(h_{ac} - h_R) \tag{3-29}$$

与对称翼型相同,如果 $h_R > h_{ac}$(取矩中心弦向位置大于焦点位置),则有 $C_{mC_L} > 0$(斜率为正),见图 3.26 上虚线所示情况。想一想,这与图 3.21 相比较,有何不同?

当选择 $h_R = h_{ac}$ 时,在图 3.26 上应当如何绘制 $C_m - C_L$ 变化关系?

(2) 翼型的压力中心位置(Center of Pressure,CP)

1) 压力中心位置(CP)的定义

当 $\alpha_e \neq 0$ 时,作用在正弯度翼型翼面上所有压力分布 C_p 产生的空气动力合力的作用点,称作翼型的压力中心,其弦向位置用 x_{cp} 来表示,参看图 3.27。空气动力合力系数用 C_R 表示,在 x_{cp} 处,只有 C_R(大小上等于 C_L),无力偶 C_{m0};在 x_{ac} 处,有 C_L 和 C_{m0} 存在。

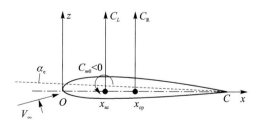

图 3.27

2) 压力中心 $h_{cp}(= x_{cp}/c)$ 的计算公式

前已述及,当 $\alpha_e \neq 0$ 时,翼面上的 C_p 分布由两部分组成:一是 $\alpha_e = 0$ 时产生的压力分布,它只产生零升力矩 C_{m0},没有升力(参看图 3.25);二是 $\alpha_e > 0$ 时产生的升

力 C_L,它的作用点在 x_{ac} 或 $h_{ac}=x_{ac}/C$ 处。这两部分空气动力(一个力偶和一个力的合成)的合力作用点,即是压力中心位置 x_{cp} 或用 $h_{cp}=x_{cp}/C$ 表示。参看图 3.27,作用在 x_{ac} 处的 C_L 和 C_{m0},对 x_{cp} 取矩应当有

$$M_0+L(x_{cp}-x_{ac})=0$$

同除以 $q_\infty SC$,得

$$C_{m0}+C_L(h_{cp}-h_{ac})=0$$

有

$$h_{cp}=h_{ac}-\frac{C_{m0}}{C_L} \tag{3-30}$$

3) 讨　论

在同一 C_L 下,有:

① 对于对称翼型,因 $C_{m0}=0$,故 $h_{cp}=h_{ac}$,即压力中心位置与焦点位置重合。

② 对于正弯度翼型,因 $C_{m0}<0$,故 $h_{cp}>h_{ac}$,即压力中心位置在焦点位置的后面。

③ 对于负弯度翼型,因 $C_{m0}>0$,故 $h_{cp}<h_{ac}$,即压力中心位置在焦点位置的前面。

在不同 C_L 下,h_{cp} 随 C_L 的变化情况如图 3.28 所示。

4) 思　考

在中小迎角范围内:

① 随着迎角或升力系数 C_L 的变化,压力中心位置 h_{cp} 是变化的;而空气动力中心或焦点位置 h_{ac} 始终保持不变。对吗?

② 若俯仰力矩取矩点位置 $h_R=h_{cp}$,则翼型对此点的 $C_m=0$;若 $h_R=h_{ac}$,则翼型对此点的 $C_m=C_{m0}$。对吗?

③ 作用在 h_{ac} 处的空气动力有 C_L 和 C_{m0};作用在 h_{cp} 处的空气动力只有 $C_R(=C_L)$。对吗?

④ 因为在压力中心 h_{cp} 处只有 C_R($=C_L$),就说压力中心是翼型升力作用点,对吗?

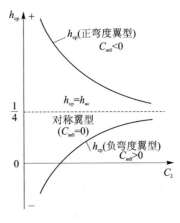

图 3.28

3.3　低速时空气粘性对翼型空气动力的影响

不计粘性影响,低速无粘气流流过翼型时的阻力 $D=0$。但是计及流体粘性时,粘性是翼型产生阻力的直接根源之一。粘性的直接影响将产生粘性摩擦阻力;间接影响还会出现粘性压差阻力。此外,特别在大迎角下粘性还会对翼型的升力和俯仰

力矩特性产生重大影响。本节来介绍这些问题。

3.3.1　翼型的粘性阻力特性

1. 光滑平板翼型表面流动附面层概念

（1）$\alpha = 0$ 时平板翼型（$\bar{t}_m = 0$）的情况

参看图 3.29(a)，不计粘性，当来流 V_∞、p_∞ 流过平板时，显然沿平板翼型上下翼面的流速 V、压力 p 都不会改变，$V = V_\infty$，$p = p_\infty$，也不会产生阻力。

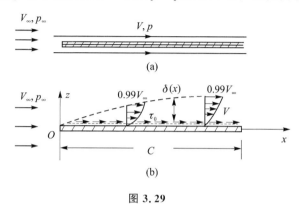

图 3.29

（2）$\alpha = 0$ 时平板附面层的概念

参看图 1.3 或图 3.29(b)，计及粘性，而且来流速度 V_∞ 比较大，或者说来流雷诺数 Re_∞ 比较大时，即

$$Re_\infty = \frac{\rho_\infty V_\infty C}{\mu_\infty} = \frac{V_\infty C}{\nu_\infty} > 0.1 \times 10^6 \qquad (3-31)$$

其中，C 是弦长。这时粘性作用的影响将局限在紧贴平板翼面的薄薄的一层流动层中。（图上只画出了平板翼面一边的情况，上下类同。）

平板翼面上，$V = 0$，在薄层边界上的流速 $V = 0.99V_\infty$。薄层边界外，称为外流区；薄层边界内，称为平板附面层流区。薄层或附面层边界的高度称为附面层厚度，用 $\delta(x)$ 表示；由前缘点 o 向后 $\delta(x)$ 一直缓慢增加。应当说明，图上只是示意，实际上附面层的厚度要小得多。

由于 $\delta(x)$ 很小，附面层内的横向速度梯度 $\Delta V / \Delta z$ 变化很大，故相邻流动层间流体粘性内摩擦应力 τ 变化也很大。但在附面层外，粘性作用就很小了，接近于无粘流动。

在附面层边界上，静压近似等于 p_∞，又因 $\delta(x)$ 很小，因此平板翼面上的压力 $p \approx p_\infty$。换句话说，在附面层内 $\Delta p / \Delta z \approx 0$。另外，还须说明，附面层边界线并不是流线，不要误解。

（3）平板上摩擦应力 τ_0 的分布和摩擦阻力 D_f

参看图 3.29，随着 x 的增大，$\delta(x)$ 增加，壁面上的 $\Delta V / \Delta z |_{z=0}$ 减小，所以平板上

的摩擦剪切力 τ_0 是前大后小。参看图 3.30,由式(1-8)知

$$\tau_0 = \mu \left(\frac{\Delta V}{\Delta z}\right)\bigg|_{z=0}$$

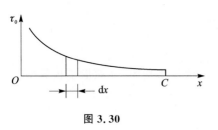

图 3.30

在 $\mathrm{d}x$ 微段上,微面积为 $\mathrm{d}x \cdot 1$,则平板的摩擦阻力 $\mathrm{d}D_f$ 有

$$\mathrm{d}D_f = 2\tau_0(x)\mathrm{d}x \cdot 1$$

故

$$D_f = 2\int_O^C \tau_0(x)\mathrm{d}x \cdot 1$$

平板翼型的摩擦阻力系数的定义是

$$C_{D_f} = \frac{D_f}{q_\infty S} = \frac{D_f}{q_\infty C \cdot 1} = \frac{2}{q_\infty}\int_0^1 \tau_0(\bar{x})\mathrm{d}\bar{x} \cdot 1 \qquad (3-32)$$

平板翼型摩擦阻力系数 $C_{D_f} - Re_\infty$ 的变化曲线(实验与理论分析结果),可参看图 3.31。

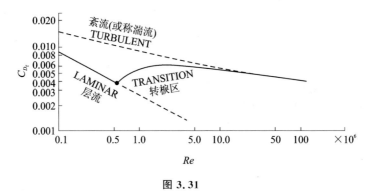

图 3.31

由图 3.31 可知,给定平板翼型弦长 C 后,随 V_∞ 或 $Re_{c\infty}$ 的增加,有平板层流附面层和紊流(或称湍流)附面层之分,在它们之间还有一个过渡区或转捩区存在,参看图 3.31。

自然,这种情况是针对光滑平板而言的。如果平板前缘部分翼面表面粗糙,则可能一开始就是紊流附面层了。这表明保持好机翼翼型前缘外形和光洁度的重要性,从而对飞机表面日常维护提出了高要求;否则,翼面的摩擦阻力将大大增加。

知道了平板翼型的 C_{D_f},由式(3-32)可得平板翼型的摩擦阻力 D_f 为

$$D_f = q_\infty S C_{D_f} \qquad (3-33)$$

2. 有厚度翼型表面附面层流动的特点

(1) 对称翼型 $\alpha = 0$ 的情况

① 无粘性时,来流 V_∞ 流向翼型时,沿翼面的流动情况以压力系数 C_p 分布图来说明,可参看图 3.14,现将图 3.14(c)转绘,如图 3.32 所示。

　　实验测定值(含有粘性影响)也画在同一图上,表明粘性影响主要表现在翼面的后区。从前驻点 O 到翼面最大速度点 2,粘性影响很小。从点 2 到后缘点 C,粘性影响逐渐加大。虚线为实验测量值,实线为无粘性的理论值。两者的差别表示了粘性对压力分布的影响。

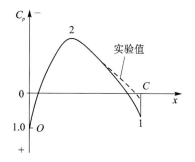

图 3.32

　　② 从 $O \to 2$,翼面流速 $V \uparrow$,而静压力 $p \downarrow$,C_p 负值增大,$\Delta p/\Delta S < 0$(ΔS 指沿翼面的路径),是顺压流动区,而 $\Delta p/\Delta S$ 称为压力变化梯度。反之,由 $2 \to C$,则 $V \downarrow$,$p \uparrow$,C_p 负值减小,$\Delta p/\Delta S > 0$,是逆压流动区。与平板翼型不同,$\alpha = 0$ 时,只有 $\Delta p/\Delta S = 0$ (等压流动区)。

　　③ 有粘性时,附面层沿翼面的流动将发生变化。顺压区,因 $V \uparrow$,$\delta(x)$ 将 $\downarrow$,使横向速度梯度 $\Delta V/\Delta z$ 增加,导致壁面上 τ_0 增大;逆压区,因 V 的减小,$\delta(x)$ 将增加,使 $\Delta V/\Delta z$ 减小,导致壁面上 τ_0 减小。但总效果是翼型的粘性摩擦阻力将增大。

　　④ 在一定飞行雷诺数 $Re_{c,\infty}$ 下,粘性的存在将出现附面层,改变绕翼型的流动,如①指出的那样,在翼型后缘附近,实测流速相对增大,而且后缘不再是驻点了。静压 p 下降,C_p 负值增加,还会出现压差阻力 $D_p \neq 0$。

　　⑤ 翼型的零升阻力 D_0 是指翼型升力等于零时因粘性存在产生的阻力。对于对称翼型而言,是指迎角 $\alpha = 0$ 时产生的阻力。对于非对称翼型是指有效迎角 $\alpha_e = 0$ 时产生的阻力,或 $\alpha = \alpha_0$ 时产生的阻力,它由两部分组成,即

$$D_0 = D_f + D_p \qquad (3-34)$$

式中,D_f 为粘性摩擦阻力。它的大小主要与翼型外表面积大小和附面层流动情况(是层流还是紊流)有关。

　　D_p 为粘性压差阻力。它的大小主要与翼型的最大相对厚度 $\bar{t}_m$ 有关。

(2) 翼型表面附面层的分离现象

　　① 如果翼型最大相对厚度 $\bar{t}_m$ 过大,因翼面上最大速度点 2 处的速度增大,相应静压力 p 下降,造成后段翼面逆压梯度 $\Delta p/\Delta S$ 大大增加,即使附面层流态已由层流转捩变成紊流,增大了附面层内的流动动能,仍不能抵抗逆压的作用,出现了附面层分离和"倒流"现象,参看图 3.33。回顾一下图 2.18,有助于理解这一现象的发生。

　　从图 3.33 上的 s 点(称为分离点)起,附面层内气流连同附面层外气流均离开翼面,向后流去。形成的分离区中静压力下降,且充满了漩涡,从而使粘性压差阻力 D_p 大大增加。

　　图 3.34 是一个光滑圆球的流动情况。它是一个非线体,粘性流体流过它,不可避免地将产生附面层分离现象。如果圆球直径不大,从前驻点 o 起沿球面将是层流附面层,向后流入逆压区后,出现层流附面层分离。球体后半部的分离区中充满漩

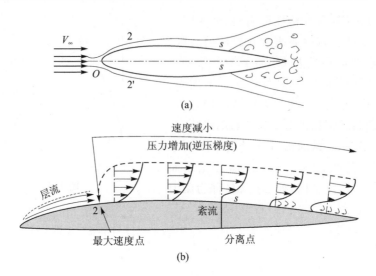

图 3.33

涡,并造成低压区,粘性压差阻力 D_p 大大增加。

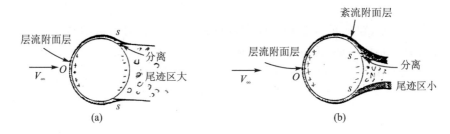

图 3.34

如果球面粗糙,见图 3.34(b),则将促使层流附面层提前转捩,变成紊流附面层,表面粘性摩擦阻力 D_f 将增大。但因紊流附面层内流速相对较大,有较多流动动能抵抗逆压梯度的作用。因而,分离点 s 后移,分离区范围将缩小。结果粘性压差阻力 D_p 大大下降,使粗糙面球体的总阻力 D_0 减小。

日常生活中,高尔夫球面的"凹陷"或"酒窝"和网球面上的绒毛等都是促成附面层由层流变成紊流以延迟分离从而减小球体总阻力 D_0 的实例。

② 迎角 $\alpha > 0$,无论是对称翼型还是非对称翼型,上翼面上的逆压区扩大,逆压梯度 $\Delta p/\Delta S$ 也增大,翼型的粘性压差阻力 D_p 增加,因而总阻力 D 也增加。参看图 3.35,有

$$D = D_0 + \Delta D_a$$

化成阻力系数,除以 $q_\infty C \cdot 1$,则

对于对称翼型,有

$$C_D = C_{D0} + \Delta C_{Da} \tag{3-35}$$

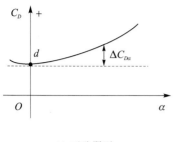

(a) 对称翼型   (b) 正弯度翼型

图 3.35

对于正弯度翼型,有

$$C_D = C_{Dd} + \Delta C_{D\alpha} \qquad\qquad (3-36)$$

见图 3.35(b),d 点是正弯度翼型的设计点,阻力系数 C_{Dd} 为最小值。α_0 是它的零升迎角($\alpha_0 < 0$),翼型 C_D-α 变化曲线称为翼型的阻力特性曲线。

3.3.2 粘性对翼型升力和力矩特性的影响

1. 翼型升力特性曲线的变化

关于对称翼型和非对称翼型的 C_L-α 升力特性曲线,已在图 3-23 上介绍过。当时讨论的重点在中小迎角范围的情形,粘性影响并不突出。但在大迎角范围,情况就发生了大变化。

参看图 3.36,随着迎角的增加,上翼面附面层由于逆压梯度的作用,先在后缘附近产生分离,减缓了升力系数 C_L 随迎角 α 增加的趋势,由直线变为曲线,但 C_L 仍是增加的。当 $\alpha = \alpha_s$ 时,分离点 s 前移到大约 1/3 弦长距离时,$C_L = C_{L\max}$;当 $\alpha > \alpha_s$ 时,上翼面后部呈现分离区,分离后 C_p 分布产生巨大变化,参看图 3.36(b),导致 C_L 下降。

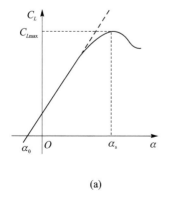

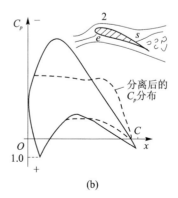

(a)   (b)

图 3.36

2. 影响翼型 $C_{L\max}$、α_s 的参数

（1）几何参数的影响

1）翼型弯度的影响

参看图 3.37。图上是 NACA4412 和 NACA0012 两个翼型的风洞模型实验结果。弯度 $\bar{z}_{c,m}$ 增加，$C_{L\max}$ 增大，但 α_s 减小。

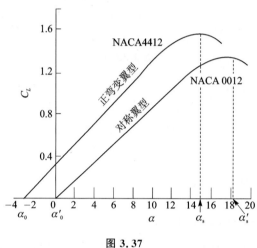

图 3.37

2）翼型厚度的影响

参看图 3.38。图上是 NACA4412 和 NACA4406 的风洞模型实验结果。厚度 $\bar{t}_m$ 增加，$C_{L\max}$ 增大，α_s 也增大。

由上可见，低速时，要想得到较好的升力特性，宜选用有一定厚度和弯度的翼型。

（2）来流雷诺数 Re_∞ 的影响

来流雷诺数 Re_∞ 的定义是：

$$Re_\infty = \frac{V_\infty c}{\nu_\infty} \qquad (3-37)$$

给定飞行高度，ν_∞ 一定，来流速度 V_∞ 增加，Re_∞ 增大。在图 3.39 上，是来流雷诺数变化对 $C_L - \alpha$ 曲线的影响。来流 Re_∞ 增加，$C_{L\max}$ 增大，α_s 也增大。就其物理原理来讲，流体微团在附面层中流动时，其惯性力与所具有的动量成比例。动量是质量与速度的乘积，mV；而 $m \sim \rho A V \sim \rho l^2 V$，故 $mV \sim \rho l^2 V^2$，l 是一个特征长度。流体微团在附面层中所受到的粘性摩擦力 $F_\tau \sim \tau_0 A \sim \mu \dfrac{V}{l} \cdot l^2 \sim \mu V l$。所以可以推知，

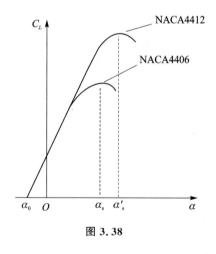

图 3.38

来流雷诺数 Re_∞ 的物理含义是流体微团所受惯性力与粘性力之比,即

$$Re = \frac{mV}{\tau_0 A} = \frac{\rho l^2 V^2}{\mu V l} = \frac{\rho V l}{\mu} = \frac{V l}{\nu}$$

而

$$Re_\infty = \frac{V_\infty l}{\nu_\infty}$$

所以,对于给定翼型,来流 V_∞ 增大,雷诺数 Re_∞ 增大,意味着附面层内流体微团的惯性力相对于流体微团所受粘性摩擦力增大,可用于抵抗逆压梯度的能力增强,从而延缓分离发生,故有增大 $C_{L\max}$ 和 α_s 的效果。

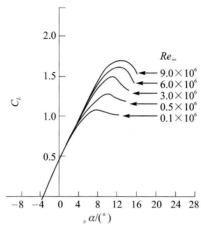

图 3.39

3. 翼型力矩特性曲线的变化

参看图 3.26 中 C_m-C_L 变化的情况。在中小迎角范围,粘性影响不大;直到较大迎角,它才逐渐显现。翼型上翼面附面层分离,导致 C_p 分布乃至 ΔC_p 分布发生巨变。C_m-C_L 不再成线性变化关系。翼型压力中心显著后移,俯仰力矩 C_m 负值增大。

3.4　低速时翼型空气动力特性小结

3.4.1　翼型的升力公式、俯仰力矩公式和阻力公式

1. 升力公式

$$L = q_\infty S C_L$$

式中

$$q_\infty = \frac{1}{2}\rho_\infty V_\infty^2, \quad S = C \cdot 1$$

$$C_L = C_{La}(\alpha - \alpha_0)$$

2. 俯仰力矩公式

对翼弦任一参考点 $x = x_R$ 取矩,有

$$M_R = q_\infty SCC_{mR} \tag{3-38}$$

式中

$$C_{mR} = C_{m0} - C_L(h_{ac} - h_R)$$

$h_R = x_R/C$,是力矩参考点的相对值。这种表示方法只适用于中小迎角范围,且 $C_{mR} - C_L$ 成线性变化的情况。在大迎角下,应直接用 $C_{mR} - C_L$ 曲线上的 C_{mR} 来计算 M_R 的大小。

3. 阻力公式

$$D = q_\infty SC_D \tag{3-39}$$

式中

$$C_D = C_{D0} + \Delta C_{D\alpha}$$

或(对有弯度翼型)

$$C_D = C_{Dd} + \Delta C_{D\alpha}$$

4. 影响翼型升力、力矩和阻力的六大因素

① 来流速度 V_∞(或空速 V_∞)。

② 来流的 ρ_∞ 或 σ(密度比),它们取决于飞行密度高度 H_ρ 的大小。

③ 参考平面面积 S,在讨论翼型时 $S = C \cdot 1$。

④ 翼型的几何形状或参数。它们隐含在空气动力系数 C_L、C_m 和 C_D 之中。

⑤ 来流的 μ_∞ 或 ν_∞,也取决于 H_ρ 的大小。

⑥ 迎角 α(AOA)。

其中

$$C_L = C_L(翼型外形,\alpha,Re_\infty)$$
$$C_m = C_m(翼型外形,\alpha,Re_\infty)$$
$$C_D = C_D(翼型外形,\alpha,Re_\infty)$$

3.4.2 翼型的阻力极曲线

前面已经介绍过,翼型升力特性曲线有如图 3.36 所示的 $C_L - \alpha$ 图形;翼型阻力特性曲线有如图 3.35 所示的 $C_D - \alpha$ 图形。在作翼型空气动力特性分析时,常把 C_D 表示为 C_L 的函数关系,即 $C_D = C_D(C_L)$,称为翼型的阻力极曲线。它的变化图形可参看图 3.40、图 3.41 等。注意,它的横坐标为 C_D,而纵坐标为 C_L。

1. 对称翼型的阻力极曲线

因对称翼型 $\alpha = 0$,$C_L = 0$,$C_D = C_{D0} = C_{Dmin}$,故当 $C_L > 0$,$C_D > C_{D0}$ 时,阻力极曲

线如图 3.40(a)所示。

对应任一个迎角 α,有一个 C_L 和 C_D,把不同 α 下的 C_D 与 C_L 绘成如图 3.40(a) 所示的曲线,即为翼型的阻力极曲线 $C_D = C_D(C_L)$。对应同一 α 下的 C_L 与 C_D 之比,用 $K = C_L/C_D$ 表示,称为翼型的升阻比,或称翼型的空气动力效率。把各个迎角 α 下的 K 绘成曲线,见图 3.40(b),称为翼型的升阻比曲线。图上点 2,对应于 $K = K_{\max}$ 点,相应的 $C_L = C_{L\text{opt}}$,对应的迎角 $\alpha = \alpha_{\text{opt}}$(称为最有利迎角)。从图 3.40(a)上看,点 2 正好是从原点 O 作阻力极曲线的切线所交之点,即 $K = K_{\max}$ 之点。

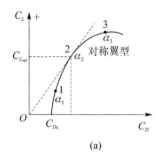
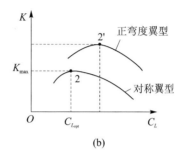

(a)　　　　　　　　　　(b)

图 3.40

2. 正弯度翼型的阻力极曲线

正弯度翼型,$\alpha = \alpha_0$,$C_L = 0$,$C_D = C_{D0}$;$\alpha = \alpha_d$,$C_L = C_{Ld}(>0)$,$C_D = C_{Dd} = C_{D\min}$,参看图 3.35。故它的阻力极曲线如图 3.41 所示。

同样相对厚度分布的对称翼型的阻力极曲线也画在同一图上,以供比较。

对于图 3.41 上的正弯度翼型,在不同 C_L 下的升阻比 K 变化,也画在图 3.40(b) 上了。与对称翼型的 K 值相比,$K_{\max}$ 增加,$C_{L\text{opt}}$ 也增大,故采用正弯度翼型的机翼或飞机,有利于低速或高空飞行。

3. 层流翼型的阻力极曲线

在前面提及过 NACA 6 系列层流翼型,它也分对称与非对称两类。比如 NACA 66 - 009,第一个数字 6 代表 6 系列;第二个数字 6 代表在设计升力系数 C_{Ld} 下,$\bar{x}_{p,\min} = 60\%$(指翼面上最低压力点位置在弦长 60% 处,意味着沿翼面的顺压梯度可达弦长的 60%,从而促使层流附面层得以保持);第三个数字 0 代表 $C_{Ld} = 0.0$;最后两个数字 09,代表翼型的最大相对厚度 $\bar{t}_m = 9\%$。该翼型有一个低阻力区,$\Delta C_L = \pm 0.1$,指 C_L 在 $-0.1 \sim +0.1$ 之间,出现低阻力区"drag bucket",参看图 3.42。在同一图上还画出了 NACA 0009 的阻力极曲线。在低阻区中,C_D 显著减小;当 $C_L > 0.1$ 时,由于转换点前移,层流段长度减

图 3.41

小，故 C_D 迅速增大。

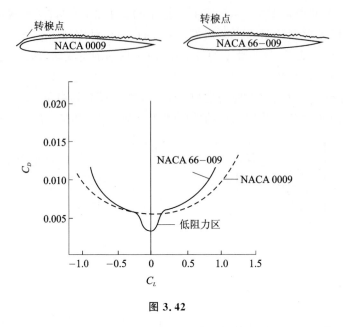

图 3.42

第二次世界大战中，美制 B-24 轰炸机曾采用过层流翼型，由于战场使用条件恶劣，不易保持机翼表面的光洁度，加上作战时翼面局部受损等原因，难以保持层流流态，故层流翼型的减阻效果不明显。

4. 飞行雷诺数 Re_∞ 的影响

来流雷诺数 Re_∞ 大小不同，将严重影响翼型阻力特性的变化。图 3.43 是一个翼型在不同 Re_∞ 下的测量结果。这表明通过模型实验来获取翼型空气动力数据时，

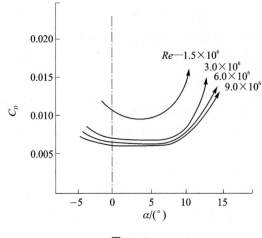

图 3.43

实验雷诺数大小的重要性。由实验模型取得的数据,必须通过雷诺数的修正,才能用于实际飞行雷诺数的计算中。

3.5　低速时气动操纵面翼型与襟翼翼型的空气动力

3.5.1　气动操纵面翼型的空气动力特性

1. 概　述

大家知道,飞机在空中飞行姿态的改变或保持,是依靠飞行员操纵飞机的升降舵面(elevator)、副翼(aileron)和方向舵面(rudder)以及油门杆来实现的。图 3.44 是喷气式客机的升降舵面、副翼和方向舵在飞机上的布置示意图。由图可知,它们都处于翼面的后缘部分,称后缘式操纵面。

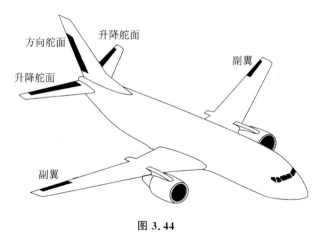

图 3.44

此处,暂不讨论油门杆的操纵问题。

升降舵面偏角的大小是依靠飞行员操纵驾驶杆前后移动来实现的,参看图 3.45。驾驶杆处于中立位置,升降舵面偏角 $\delta_e=0$;前推驾驶杆,舵面下偏,$\delta_e>0$;后拉驾驶杆,舵面上偏,$\delta_e<0$。

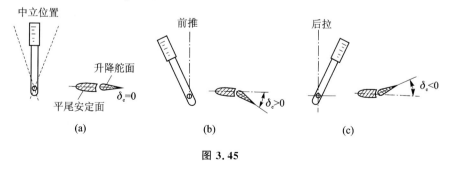

图 3.45

操纵驾驶杆左右移动,亦称为向左或向右"压杆",它可改变左右副翼的偏转角。方向舵面偏角则是依靠左脚蹬或右脚蹬的前后移动,俗称"蹬舵"来实现。

2. 后缘式气动操纵面的几何参数

(1) 升降舵面的几何参数

升降舵面是平尾后缘可转动的部分翼面,参看图3.46。其主要几何参数有:剖面几何形状,以及弦长比 C_e/C_H(一般为0.2~0.3);平面形状及面积比 S_e/S_H,S_e 是升降舵平面面积,S_H 是平尾的平面面积;以及升降舵的操纵力臂长度 l_e 等。

目前,民用飞机大多数是后缘式升降舵型式。军用飞机则有用全动平尾,即整个平尾都是升降舵面的情况。

(2) 副翼舵面的几何参数

参看图3.47。向左压杆,右副翼后缘向下偏转,$\delta_{a,R}>0$;而左副翼向上偏转,$\delta_{a,L}<0$;如果向右压杆,则反过来了,$\delta_{a,L}>0$,而 $\delta_{a,R}<0$。影响偏转副翼产生空气动力大小的几何参数有:剖面几何形状、弦长比 C_a/C、面积比和副翼的操纵力臂 l_a 等。

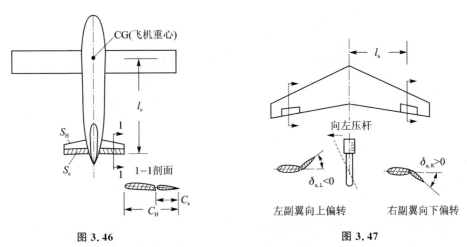

图3.46   图3.47

(3) 方向舵面的几何参数

参看图3.48。左脚蹬向前,俗称蹬左舵,方向舵面向左偏转,$\delta_r>0$;反之,蹬右舵,则 $\delta_r<0$。有影响的几何参数同样有:剖面形状、弦长比、面积比和方向舵的操纵力臂 l_r 等。

3. 后缘式气动操纵面的操纵效率和操纵效能

(1) 操纵效率 n

下面以对称翼型为例,来说明后缘式气动操纵面偏转产生空气动力的原理。

图3.49是低速来流 V_∞ 以 $\alpha=0$ 流过后缘式操纵面翼型的情况。

当 $\alpha=0,\delta=0$ 时,上下翼面流动对称,有 V 和 p 的变化,但 $\Delta C_p(x)=0$,参看

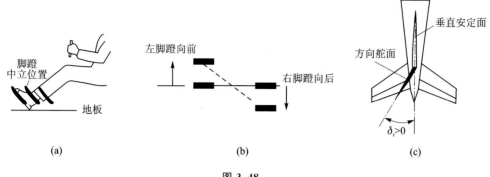

图 3.48

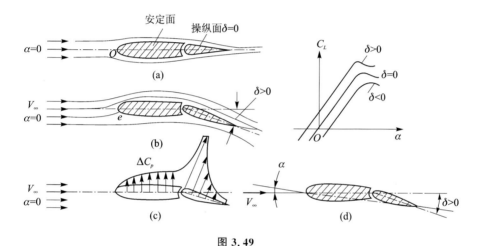

图 3.49

图 3.15。现在, $\alpha=0$, 但 $\delta>0$, 见图 3.49(b), 这时, 流动发生改变, 来流流线产生弯曲, 前驻点由 O 点移到下翼面 e 点处, 来流绕过前缘, 整个气流向下偏转。这时, 不仅舵面上产生 $\Delta C_p(x)>0$, 而且在平尾安定面上也产生了 $\Delta C_p(x)>0$, 从而产生因舵面偏转出现的升力 $\Delta C_{L\delta}>0$, 有

$$\Delta C_{L\delta}=\frac{\Delta C_L}{\Delta \delta}\delta=C_{L\delta}\cdot\delta \qquad (3-40)$$

显然, 这个升力系数增量 $\Delta C_{L\delta}$ 比没有 $\delta=0$(不偏转舵面), 整个翼型改变迎角 α(其大小与 δ 值相等)时产生的升力增量 $\Delta C_{L\alpha}=\frac{\Delta C_L}{\Delta \alpha}\Delta \delta=C_{L\alpha}\delta$ 来得小, 因为 $C_{L\delta}\ll C_{L\alpha}$。

操纵面效率 n 的定义如下:

$$n=\frac{\Delta C_{L\delta}}{\Delta C_{L\alpha}}=\frac{C_{L\delta}\delta}{C_{L\alpha}\alpha}=\frac{C_{L\delta}}{C_{L\alpha}} \qquad (3-41)$$

它的物理含义是每偏转一度 δ 角, 相当于改变 n 度迎角的大小。

一般, 低速时相对于升降舵而言, $n_e\approx\sqrt{C_e/C_H}$ 或者 $n_e\approx\sqrt{S_e/S_H}$。

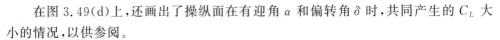

在图 3.49(d)上,还画出了操纵面在有迎角 α 和偏转角 δ 时,共同产生的 C_L 大小的情况,以供参阅。

(2) 操纵效能

以升降舵为例,当升降舵偏角为 δ_e 时产生的升力系数 $\Delta C_{L\delta}=C_{L\delta}\cdot\delta_e$,这个 $\Delta C_{L\delta}$ 对飞机重心位置取矩,参看图 3.46,有

$$\Delta M_\delta = \frac{1}{2}\rho_\infty V_\infty^2 S_H \cdot \Delta C_{L\delta} \cdot l_e$$

化成系数,这里取的参考面积为飞机机翼面积 S,参考长度为飞机机翼的平均空气动力弦长 C_A(关于 C_A 的定义将在 3.6 节介绍,这是一个重要的参考长度),故

$$\Delta C_{m\delta} = \frac{\Delta M_\delta}{q_\infty S C_A} = C_{L\delta}\cdot\delta_e\left(\frac{S_H}{S}\right)\left(\frac{l_e}{C_A}\right) \tag{3-42}$$

升降舵操纵效能 $C_{m\delta}$ 的定义如下:

$$C_{m\delta} = \frac{\Delta C_{m\delta}}{\Delta \delta_e} = C_{L\delta}\left(\frac{S_H}{S}\right)\left(\frac{l_e}{C_A}\right) \tag{3-43}$$

注意,在飞机中,升降舵偏转 δ_e 所产生的升力增量,因 S_H/S 比值较小,故对全机升力贡献不大。但是,因为升降舵操纵力臂 l_e/C_A 比较大,对飞机而言,偏转升降舵来改变飞机的俯仰力矩 M 大小,将是升降舵的主要功能,我们将在第 9 章仔细讨论这个问题。

3.5.2　襟翼翼型的空气动力特性

1. 襟翼(flap)的定义

在相同迎角下,用来增加翼型升力系数 C_L 的装置,简称"增升装置"(high lift devices)。注意,它不是增加升力的装置。为了降低飞机起飞时的离地速度 V_{LOF} 和着陆时的接地速度 V_T(详情参看第 8 章内容),必须按规定打开襟翼装置。

2. 襟翼翼型的分类

襟翼翼型可分为后缘式和前缘式两大类。

(1) 后缘式襟翼
参看图 3.50(a),有
① 简单式襟翼(plain flap)。
② 开裂式襟翼(split flap)。
③ 开缝式襟翼(slotted flap)。
图 3.50(a)上是单缝式襟翼,还有多缝式襟翼(有两道缝或三道缝的)。
④ 后退式富勒式襟翼(fowler flap)。

从增加升力系数的原理上看,简单式襟翼主要是增加翼型弯度,而开缝式襟翼还可利用襟翼与基本翼型间的缝隙,让下翼面具有高能量的气流通过缝隙吹向襟翼上

表面,延迟附面层的分离,从而达到增加 C_L 的效果。至于富勒式,它的后退还增大了襟翼乃至机翼的面积,从而达到增大升力系数 C_L 的目的。

上述四种襟翼,在相同的 C_f/C(弦长比)下(大小为 0.25),下偏角均为 $\delta_f = 30°$ 时风洞模型实验的结果,如图 3.50(b)所示,这是它们的增升(C_L)效果以及相应的阻力极曲线变化的情况。

注意,放下襟翼,在增加 C_L 大小的同时,阻力系数 C_D 也增大;还有翼型俯仰力矩特性,如零升力矩系数 C_{m0} 的变化(一般是负值增大,增大低头力矩)和压力中心 h_{cp} 的后移等。所以,襟翼类型的选择,要综合各种因素后才能确定下来。

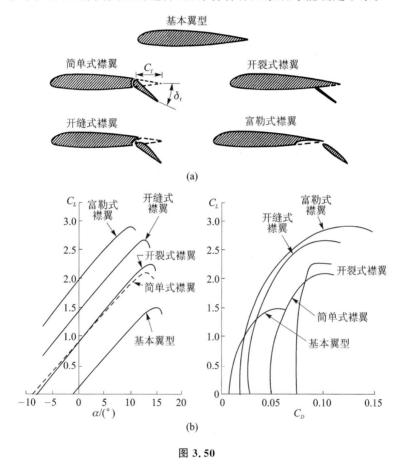

图 3.50

（2） 前缘式缝翼

前缘式缝翼细分有固定式和可伸缩式两种。

1） 固定式前缘缝翼

这种类型的前缘缝翼(slats)可参看图 3.51。前缘缝翼是一小条有弯度的翼型,安装在后掠机翼翼梢前缘部位,见图 3.51(a),它与主翼型之间形成一条缝隙,使下翼面高能量气流通过缝隙吹向上翼面,使主翼面上气流加速,从而延缓气流分离,参看图 3.51(b)。

由图 3.51(c)知,前缘缝翼确实增加了 $C_{L\max}$,但同时增大了 α_s(失速迎角)。

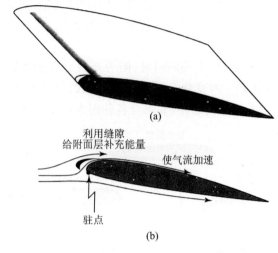

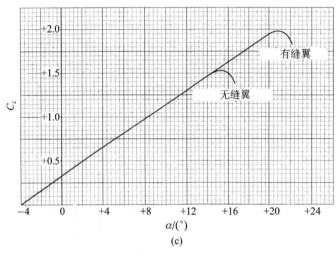

图 3.51

某些专门的低速飞机采用了这类缝翼。比如在某些短矩起落飞机(STOL)中也有采用。因为这类飞机在大迎角下做低速飞行的概率高,故有助于提高飞行性能与安全性。

2)可伸缩式前缘缝翼

固定式前缘缝翼的最大缺点是在中、小迎角下,缝隙作用不大,只会增大阻力,因此,出现了可伸缩式前缘缝翼。参看图 3.52,它一般又可分为自动(通过电动系统或液压系统)打开型和人工打开型。在图 3.52(c)和(d)上,绘出了打开缝翼对 C_p 分布的影响,可供参阅。

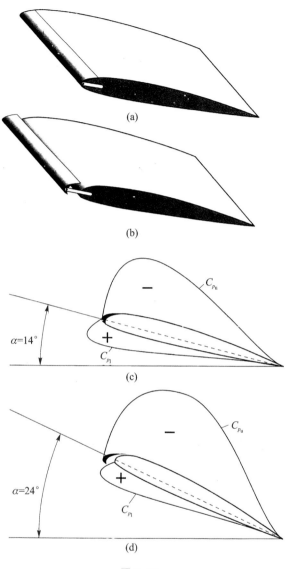

图 3.52

(3) 前缘式襟翼

它们类同前缘缝翼,但没有特定设计的缝隙,故没有前缘缝翼那样好的增升效果和延缓分离效果。但至少因弯度的增加仍有增大失速迎角 α_s、$C_{L\max}$ 和减小低头力矩的效果。其细分有(参看图 3.53):

① 简单克鲁格前缘襟翼(Krueger flap),见图 3.53(a)。

② 前缘下垂(drooped leading edge),见图 3.53(b)。

③ 可变弯度的克鲁格前缘襟翼(variable Krueger flap),见图 3.53(c)。

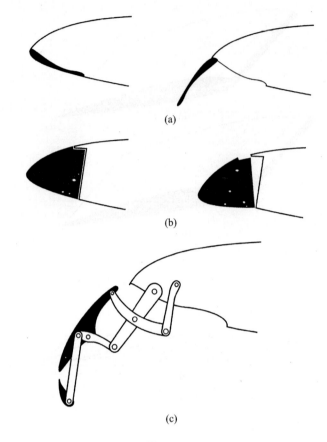

图 3.53

它们多应用于后掠机翼上,位于发动机与机翼翼根之间。

(4) 附面层控制装置

还有另一类增升装置,称为附面层控制装置。它依靠"吸"或"吹"来控制附面层在翼面上的分离时机,从而达到增大 $C_{L\max}$ 和 α_s 的目的,参看图 3.54。

采用"吸除"上翼面的附面层的方案,需要另安装泵等"吸气"设备。采用"吹除"方法,可利用飞机上发动机的高压气源来完成,可见后者方案优于前者方案,"吸除"的增升效果可参看图 3.54(c)示意图。

吹除襟翼上附面层的方法,在军用飞机上有采用,称为"吹气"襟翼。

(5) 前、后缘襟翼组合型式

将前、后缘襟翼组合在一起,是最佳的组合型式,广泛应用在民用旅客运输机上,请参看图 3.3。

在图 3.55 上,列举了现代旅客运输机在起飞、巡航和着陆状态下,飞机的前、后缘襟翼的工作状态的示意图,可供仔细阅读和分析。

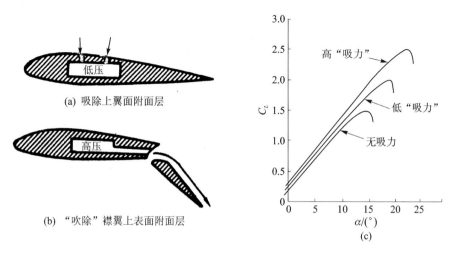

(a) 吸除上翼面附面层

(b) "吹除"襟翼上表面附面层

(c)

图 3.54

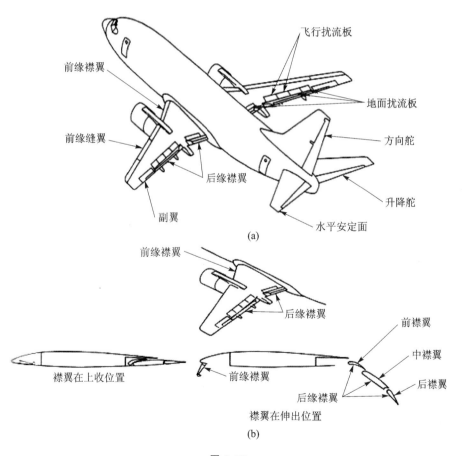

(a)

襟翼在上收位置

襟翼在伸出位置

(b)

图 3.55

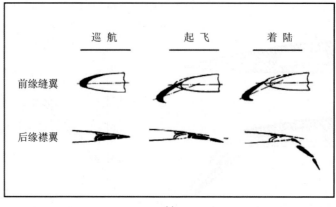

(c)

图 3.55(续)

3.6 低速时机翼的空气动力特性

前面介绍的翼型的空气动力特性,是理解机翼乃至全机空气动力特性的基础,非常重要,必须掌握。

但翼型并不是一个真正的机翼。我们必须修正以下几个方面的影响后,才能真正获得机翼的空气动力特性。

(1) 机翼展弦比 $A(=b^2/s)$ 的影响

机翼的翼展长度 b 为有限长度,或者说机翼的展弦比 A 为有限值。而翼型的展翼 $b \to \infty$(参看图 3.13),故它是 $A \to \infty$ 的假想机翼。

(2) 机翼梢根比 $\lambda(=C_t/C_r)$ 的影响

参看图 3.8,若机翼翼梢弦长 C_t 小于机翼翼根弦长,则 $\lambda < 1.0$。如果是矩形机翼,则 $\lambda = 1.0$。

(3) 后掠角 Λ 的影响

为了高速飞行,机翼前缘线一般都有后掠角,$\Lambda_0 > 0$,或 $\Lambda_{1/4} > 0$,参看图 3.8。

(4) 机翼展向扭转角的影响

下面依次来说明它们的影响或作用。

3.6.1 机翼展弦比 A 的影响

1. 矩形直机翼的绕流图画

图 3.56 是来流 V_∞ 以迎角 $\alpha > 0$ 流向矩形直机翼的情况。

① 由于出现翼梢,上下翼面上的压力得以沟通,见图 3.56(a),出现了展向流动。

再见图 3.56(b),沿上下翼面向后流动的气流方向也跟着发生变化,上翼面上的流动方向向翼根偏斜,而下翼面上的流动方向向翼梢偏斜;当在后缘处汇合时,产生一个新现象,出现了翼梢漩涡(wing tip vortex)和后缘漩涡(trailing edge vortex)。

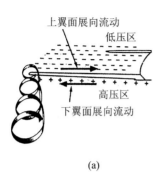
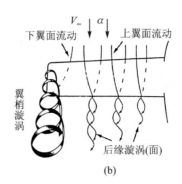

图 3.56

翼梢漩涡和后缘漩涡统称为机翼的尾涡系。一个单独的尾涡称为点涡,有点像在河水中观察的漩涡,会引起周围河水跟着旋转,称为"诱导作用",它会改变气流的速度大小和方向。点涡连成的面称为尾涡面。图 3.57 是尾涡的手绘图形,它们的出现将改变整个机翼的流动。

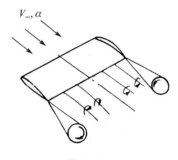

图 3.57

② 尾涡面的出现,将改变机翼展向各个剖面上的流动,在图 3.58 上,对比了一段翼型($A \rightarrow \infty$)和机翼(A 为有限值)上的 C_p 分布情况后可知,整体上讲,机翼上翼面的 C_{pu} 负值连同下翼面的 C_{pl} 正值都减小了,$\Delta C_p = C_{pl} - C_{pu}$ 也减小了;沿展向呈内大外小的分布。这预示在相同来流情况(V_∞,α)下,机翼升力系数 C_L 以及升力 L 都会减小。

③ 形成的尾涡系不仅改变了整个机翼的流动,减小了机翼的升力,而且还出现一个新阻力项,即使无粘也会存在。换个角度讲也一样,形成的尾涡具有能量,它是机翼向前运动中必须克服的一个新阻力对气流做功的结果。这个新阻力称做机翼(漩涡)诱导阻力 D_i,它是翼型流动中不存在的阻力项。

④ 当机翼后形成的尾涡系向后流去时,将会影响后置平尾的流动。如飞机为鸭式布局,像歼 10 飞机那样,则鸭翼拖出来的尾涡将影响后置主机翼的流动。

作为一个整体来看,飞机拖出来的尾涡系还会对后面飞越的飞机产生严重影响。图 3.59 是大型飞机的尾涡系对飞入的小型飞机产生的干扰示意图。因此,为了确保飞行安全,在繁忙的机场空域必须实行空中交通管制,飞机之间必须保持一定的空中间距才行。

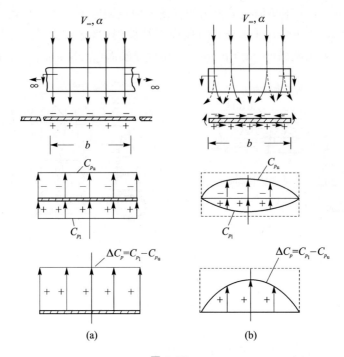

图 3.58

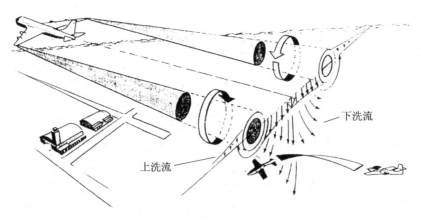

下洗流

上洗流

图 3.59

2. 矩形直机翼的空气动力特性

(1) 矩形直机翼的升力特性曲线

参看图 3.58(b)，是来流 V_∞ 以 $\alpha > 0$ 流向矩形直机翼时的情形，与翼型相比，必须计入尾涡系的影响。参看图 3.60(a)，沿矩形直机翼展向方向看，尾涡的强度分布和所产生的诱导下洗速度 v_i 分布，有如图 3.60(b)、(c)所示的情况。下洗速度 v_i 的存在将改变机翼展向各个剖面上的迎角和空气动力 AF 的大小与方向。以 $A-A$ 剖面为例,因有下洗速度 v_i,有效迎角 $\alpha_e = \alpha - \Delta\alpha_i$,而 $\Delta\alpha_i \approx v_i/V_\infty$,参看图 3.60(d);越靠近翼梢,$\Delta\alpha_i$ 越大,有效迎角 α_e 减小得越多。因此,在同一 V_∞、α 下,机翼与翼型相比,机翼的升力系数 C_L 将减小。参看图 3.58、图 3.60(d)和图 3.61 等。

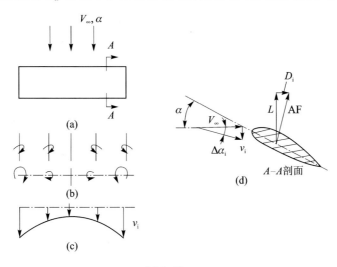

图 3.60

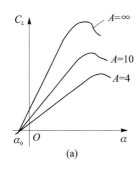

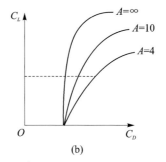

图 3.61

在中、小迎角下,有

$$C_{Lw} = C_{L\alpha}(\alpha - \alpha_0) \qquad (3-44)$$

而

$$C_{L\alpha} = (C_{L\alpha})_\infty \left(\frac{A}{A+2}\right) \qquad (3-45)$$

式中,$C_{L\alpha}$ 为机翼的升力线斜率($\Delta C_L/\Delta\alpha$),而 $(C_{L\alpha})_\infty$ 为机翼翼型的升力线斜率。粗估时可取 $(C_{L\alpha})_\infty \approx 0.1(°)^{-1}$,参看图 3.61(a)。

比如矩形直机翼 $A=8$,则机翼的 $C_{L\alpha}$ 比翼型的 $(C_{L\alpha})_\infty$ 下降 20% 左右。

（2）矩形直机翼的阻力极曲线

由于出现尾涡系，机翼将额外产生新阻力，即漩涡诱导阻力。除了上述所讲从能量角度去理解外，也可以从漩涡产生下洗，改变了机翼各个剖面的有效迎角，从而改变各个剖面上产生空气动力（AF）的大小与方向上去理解。参看图 3.60（d），AF 的分量 D_i 就是诱导阻力，化成阻力系数为

$$C_{Di} = \frac{D_i}{q_\infty S} \tag{3-46}$$

它的大小与机翼升力系数 C_L^2 成正例，与机翼展弦比 A 成反比。

机翼的总阻力系数 C_D，有

$$C_D = C_{D0} + C_{Di} \tag{3-47}$$

式中，C_{D0} 是机翼升力系数 $C_L = 0$ 时的阻力系数，称为零升阻力系数，由粘性摩擦阻力和粘性压差阻力组成。它主要取决于所选取的翼型的几何形状。

C_{Di} 是机翼升力系数 $C_L \neq 0$ 时的阻力系数，称为诱导阻力系数，主要是漩涡诱导产生的阻力系数。

矩形直机翼的阻力极曲线形状如图 3.61（b）所示。

目前采用矩形直机翼的飞机，一般为超轻型低速民用飞机。如北京航空学院（北京航空航天大学前身）研制的蜜蜂 3C 型飞机，参看图 3.1（b），它的 $A = 5.6$，这种机翼的优点是制造简单。

3.6.2　机翼梢根比 λ 的影响

低速飞机上的机翼大多采用梯形直机翼，参看图 3.1（a）。梯形直机翼是指机翼 1/4 弦长点连线（称为 1/4 弦线）垂直于翼根截面（也称为机翼的左右对称平面）的机翼，参看图 3.62。$C_r > C_t$，梢根比 $\lambda = C_t/C_r < 1.0$。

采用梯形直机翼的目的，主要是为了减小机翼诱导阻力 D_i 或 C_{Di}。机翼梢根比 λ 可由 1.0（这时为矩形直机翼）减小到 0.0。理论与实践表明，机翼尾涡强度分布由翼梢向翼根剖面转移，从而改变沿展向的下洗分布，改变沿展向各个剖面升力系数

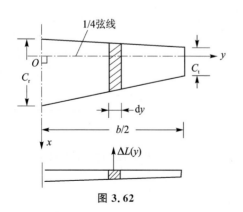

图 3.62

C_l 的分布乃至机翼展向升力 $\Delta L(y)$ 的分布，参看图 3.63。机翼展向升力分布 $\Delta L(y) = C_l(y) q_\infty \cdot C(y) dy$。正是通过调整 $C_l(y)C(y)$ 的大小来改变 $\Delta L(y)$ 分布的。

过去，低速飞机的机翼曾经采用过弦长沿展向呈椭圆形的直机翼，称作"椭圆形平面形状机翼"，参看图 3.63（b）中的图（1）。在相同展弦比 A 和迎角 α 下，它的展向升力分布接近椭圆形

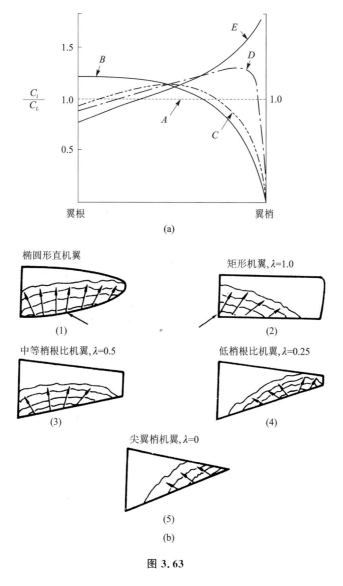

图 3.63

分布,或展向的 C_l 分布等于常数(见图 3.63(a)上的 A 线),故诱导阻力比其他平面形状机翼的都要小;当然,在制造工艺上比其他平面形状的要求高得多,后来,它逐渐被梯形直机翼所替代。因为,选用 $\lambda = 0.25 \sim 0.33$ 的梯形直机翼,则基本上可收到"椭圆形平面形状机翼"的减阻效果。图 3.63(b)中,图(2)、图(3)、图(4)和图(5)机翼所对应的展向各个剖面升力系数 C_l 分布,分别对应于图 3.63(a)上的 B 线、C 线、D 线和 E 线。

另外,在图 3.63(b)上,还绘制了图示各个机翼在大迎角下,上翼面最先开始分离的展向位置。你能否联系图 3.63(a)上的 C_l 分布,对此情况作出分析?

3.6.3　机翼后掠角 $\Lambda_{1/4}$ 的影响

① 机翼采用后掠角,参看图 3.64,其主要目的是为了改善机翼高速时的阻力特性(详情见第 5 章相关内容)。它对机翼低速空气动力特性并无好处。

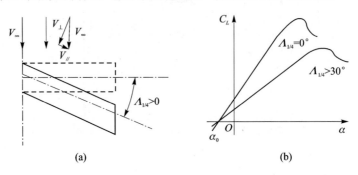

图 3.64

② 采用后掠角,对低速时机翼的升力特性影响最大。来流虽为 V_∞,现将 V_∞ 分解为垂直与平行 1/4 弦线的两个分量: $V_\perp = V_{eff} = V_\infty \cos \Lambda_{1/4}$(称为法向分速或有效分速), $V_\parallel = V_\infty \sin \Lambda_{1/4}$(它平行于 1/4 弦线,称为切向分速)。显然,切向分速 $V_\parallel$ 不会影响绕机翼法向剖面的流动。有影响的是法向分速或有效分速 V_{eff} 的大小,因 $V_{eff} < V_\infty$,是造成机翼升力或 C_L 下降的主要原因。

自然,采用后掠角后,后缘尾涡强度分布也会变化,漩涡强度高的向翼根方向移动,引起展向下洗分布及大小发生变化,促使机翼展向升力分布偏离最小诱导阻力分布状态,故也使机翼诱导阻力增大。大迎角下,还会促使外翼翼梢部分先开始分离。

3.6.4　机翼展向扭转角的影响

1. $\Lambda_{1/4} = 0$ 的梯形直机翼情况

参看图 3.62 和图 3.65(a)。现翼梢剖面弦线与翼根剖面弦线重合在同一个平面上,则称机翼展向无扭转情况。现将翼梢剖面弦线前缘向下扭转,两根弦线之间的夹角称为扭转角,用 i_t 表示。参看图 3.65(b), $i_t > 0$,称为外洗扭转(twist washout)。对比图(a)与图(b)知, $i_t > 0$ 后,同一个机翼的零升迎角将减小, $\alpha_0' < \alpha_0$。注意,图上只是示意, i_t 与 α_0、α_0' 都是夸大了画的。

2. $\Lambda_{1/4} > 0$ 的梯形后掠机翼情况

如果是梯形后掠机翼,则翼梢剖面的 1/4 弦点向后挪动,参看图 3.65(c)(图形被夸大了)。当此机翼升力等于零($\alpha = \alpha_0'$, $C_L = 0$)时,翼根与翼梢部分的升力正好相互抵消,但机翼的零升力矩系数将出现因外洗扭转而产生的额外增量 $\Delta C_{m0} > 0$。这个结果是采取外洗扭转追求的目标之一,非常重要。

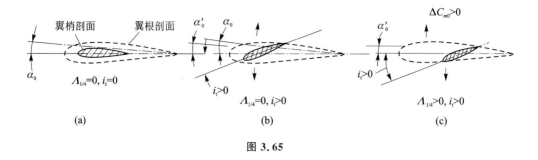

图 3.65

3.6.5   梯形后掠机翼的空气动力特性

现代民用旅客运输机大多采用梯形后掠机翼($\lambda<1.0,\Lambda_{1/4}>0$)。前面已介绍过它的升力和诱导阻力(外加外洗扭转引起的 $\Delta C_{m0}\neq0$)的情况,还剩下两个问题有待介绍:一个是它的俯仰力矩特性,另一个是在大迎角下的气动特性(翼梢分离问题)。

1. 梯形后掠机翼的平均空气动力弦长 C_A(MAC)及其位置

(1) 不同机翼的比较

参看图 3.66,有三个机翼:

① 矩形直机翼($\lambda=1.0,\Lambda_{1/4}=0$);

② 矩形后掠机翼($\lambda=1.0,\Lambda_{1/4}>0$);

③ 梯形后掠机翼($\lambda<1.0,\Lambda_{1/4}>0$)。

它们的机翼面积 S、翼展 b 乃至展弦比 $A(=b^2/S)$ 即使均相等,在相同的来流 V_∞,α 下,产生的升力 L 会一样大吗?当然不一样大,化为升力系数 $C_L=L/q_\infty S$,自然也不一样,不会遇到什么问题。但转到讨论机翼的俯仰力矩(绕 Oy 的力矩)时,问题就出来了。

就矩形直机翼而言,见图 3.66(a)。展向各剖面上的升力产生了俯仰力矩,首先遇到选择力矩参考点问题。此时当然选择机翼翼根剖面前缘点(它也是展向各个剖面的前缘点)求得 M,化成俯仰力矩系数 $C_m=M/(q_\infty S C_{参考})$,又会遇到参考弦长 $C_{参考}$ 如何选取的问题,但因 $\lambda=1.0$,所以选 $C_{参考}=C$ 即可,合情合理。换句话说,机翼俯仰力矩系数的取矩点放在翼根剖面的前缘 O 点处,参考弦长即为 C。由此求得机翼的空气动力中心(焦点位置)$h_{ac}=x_{ac}/C$,或压力中心位置 $h_{cp}=x_{cp}/C$,它们均是由 O 点量取的。

但是,对于矩形后掠机翼而言,$C_{参考}=C_r=C_t$,没有问题。而俯仰力矩参考点选择在哪儿呢?选择在翼根剖面前缘点或者翼梢剖面前缘点显然都不太合适。看来,如果选择半个翼面面心处的弦长前缘点作为俯仰力矩参考点,就比较合适。

对于梯形后掠机翼而言,不仅有选择参考长度(用哪根弦长)问题,还有选择俯仰力矩参考点问题同时存在。目前,解决这一问题的方案就是选择该机翼的平均

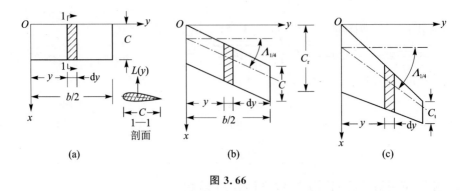

图 3.66

空气动力弦长 C_A（MAC）作为参考弦长，而机翼俯仰力矩参考点就取在 C_A 的前缘点处。

梯形后掠机翼平均空气动力弦长（Mean Aerodynamic Chord，MAC）C_A 的定义是

$$C_A = \frac{\int_0^{\frac{b}{2}} C(y)\mathrm{d}yC(y)}{\int_0^{\frac{b}{2}} C(y)\mathrm{d}y} \tag{3-48}$$

参看图 3.66，$\mathrm{d}S = C(y)\mathrm{d}y$（微元面积），$\mathrm{d}S \cdot C(y)$ 是微元面积矩。对于矩形直机翼或矩形后掠机翼，因 $C(y) = C = \text{const.}$，所以，由式（3-48）知，$C_A = C$。对于梯形后掠机翼，因有

$$C(y) = C_r\left[1 - \frac{2y}{b}(1-\lambda)\right] \tag{3-49}$$

代入式（3-48），积分可得

$$C_A = \frac{2}{3}C_r\left(\frac{1+\lambda+\lambda^2}{1+\lambda}\right) \tag{3-50}$$

机翼的平均空气动力弦长 C_A 离开翼根剖面的展向距离 y_A 由下式确定，即（参看图 3.66）

$$y_A = \frac{\int_0^{\frac{b}{2}} C(y)y\mathrm{d}y}{\int_0^{\frac{b}{2}} C(y)\mathrm{d}y} \tag{3-51}$$

代入式（3-49），积分可得

$$y_A = \left(\frac{b}{6}\right)\left(\frac{1+2\lambda}{1+\lambda}\right) \tag{3-52}$$

对于矩形直机翼或矩形后掠机翼来说，梢根比都等于 1.0，代入式（3-50）和式（3-52），得 $C_A = C_r$ 和 $y_A = \frac{1}{4}b$。可见，它就是机翼半个翼面面心处的弦长和展

向位置。对于现在常用的梯形后掠机翼来说也是如此。根据这一性质,确定梯形后掠机翼 C_A 前缘点的位置(它也是机翼俯仰力矩的取矩点)可用两种方法。

(2) 确定 C_A 前缘点位置的方法

① 已知 y_A、机翼前缘后掠角 Λ_0,参看图 3.67。由下式求:

$$x_A = y_A \tan \Lambda_0$$

再由 x_A、y_A 定 a 点即得。

② 用几何作图法,见图 3.67。在翼根后缘向后延长 C_t 长度;在翼梢前缘向前延长 C_r 长度,连接图上的 22′线,它与半个翼面 1/2 弦线相交之点即为面心。故 C_A 弦长及其展向位置也都确定下来了。

机翼还有一个平均几何弦长 C_g,即

$$C_g = \frac{C_r + C_t}{2} = \frac{1}{2} C_r (1 + \lambda) \quad (3-53)$$

显然,当 $\lambda = 1.0$ 时,$C_A = C_g$;但当 $\lambda < 1.0$ 时,$C_A > C_g$。两者不要混淆。

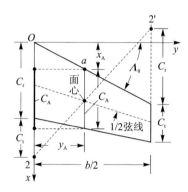

图 3.67

通常,在飞机使用手册中,将 C_A 的位置平移到翼根处,见图 3.67,并以到机头参考点的距离给出 C_A 前缘点的位置。该点也是计算和给出飞机重心位置的参考点,非常重要,详见第 6 章有关内容。

总之,机翼的平均空气动力弦长 C_A 是由机翼平面形状所决定的俯仰力矩系数的参考弦长,而机翼和飞机的俯仰力矩的取矩点选在 C_A 前缘点处(纵向位置)。

2. 梯形后掠机翼的俯仰力矩特性

参看图 3.68,作用在展向各剖面上的升力系数为 $C_l'(y)$,它的作用点为 $x_{ac}'(y)$;此外,还有各个剖面上的零升力矩系数 $C_{m0}'(y)$。显然:

机翼的升力系数,有

$$C_L = \frac{2}{S} \int_0^{\frac{b}{2}} C_l'(y) C(y) \mathrm{d}y \quad (3-54)$$

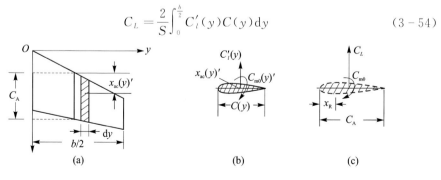

(a)　　　　　(b)　　　　　(c)

图 3.68

机翼的空气动力中心位置,有

$$x_{ac} = \frac{2}{S} \int_0^{\frac{b}{2}} C_l'(y) C(y) \mathrm{d}y \cdot x_{ac}(y)' \qquad (3-55)$$

机翼的零升力矩系数,有

$$C_{m0} = \frac{2}{SC_A} \int_0^{\frac{b}{2}} C_{m0}'(y) C(y) \mathrm{d}y \cdot C(y) \qquad (3-56)$$

因此,整个机翼对 C_A 前缘点的俯仰力矩系数,有(参看图 3.68(c))

$$C_m = C_{m0} - C_L(x_{ac}/C_A) = C_{m0} - C_L h_{ac} \qquad (3-57)$$

式中

$$h_{ac} = x_{ac}/C_A \qquad (3-58)$$

注意,式(3-57)在形式上与前述翼型的表达式(3-27)一致,但各项内容均指机翼的数据,完全不是一回事。

同样,对机翼 C_A 弦上参考点 x_R 处的俯仰力矩系数,有

$$C_m = C_{m0} - C_L(h_{ac} - h_R) \qquad (3-59)$$

形式上也与式(3-28)相同。

$$C_{mC_L} = \frac{\partial C_m}{\partial C_L} = -(h_{ac} - h_R)$$

$$(3-60)$$

机翼俯仰力矩特性图形见图 3.69。在中、小迎角下,对于不同 h_R 的情况,有不同的图形。图示为 $C_{m0} < 0$ 的情形。

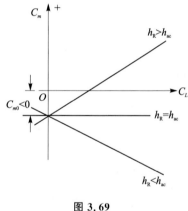

图 3.69

3. 梯形后掠机翼的翼梢分离

前面介绍过,随着迎角 α 的增大,上翼面的附面层在粘性摩擦力与逆压梯度双重作用下,会由后缘开始逐渐分离,并向前扩展,使翼型以及机翼空气动力特性变差。

梯形后掠机翼,由于后掠会出现展向流动,上翼面附面层更易向翼梢流动与堆积,参看图 3.70。它是梯形后掠机翼上翼面分离区发展的趋势图形,非常明显,附面层是逐渐由翼梢向内侧发展的。其中(a)为大迎角下附面层的展向流动,(b)为翼梢开始分离,(c)为分离区扩展,(d)为分离区向内扩展。

这种趋势因梢根比 λ 的作用,使后缘尾涡强度内移,使翼梢剖面局部迎角增大,参看图 3.63,双重因素影响的叠加更加促使翼梢或外翼部分先分离,升力下降,诱导阻力上升,还会出现较大的抬头俯仰力矩。翼梢或外翼部分离,还会严重影响到副翼的操纵效能,从而产生飞行安全隐患。

因此,必须采取众多的措施来改善梯形后掠机翼翼梢分离的状况,参看图 3.71,有

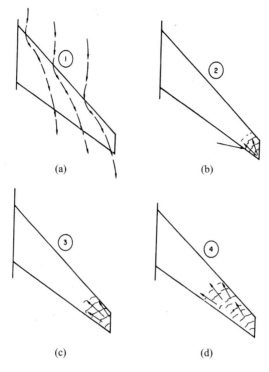

图 3.70

① 在上翼面上安装翼刀(wing fence)，一定程度上可阻断附面层的展向流动，见图 3.71(b)。

② 翼梢下反(modified wingtip)，见图 3.71(c)。

③ 翼梢小翼(winglet)，见图 3.71(d)。

④ 翼梢油箱(wing tip tank)，见图 3.71(e)。

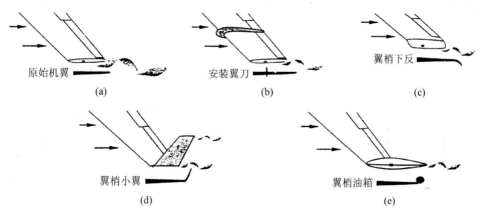

图 3.71

图上均显示采取措施后,翼梢漩涡强度减小,都取得了一定的效果。

⑤ 涡流发生器(vortex generator),见图 3.72。

⑥ 机翼外洗扭转(twiet wash-out),参看图 3.65,$i_t>0$,有助于减缓翼梢分离。

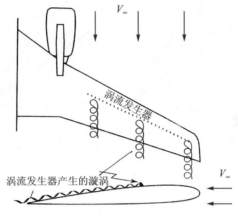

图 3.72

还有一些措施不一一列出了。上述措施对改进翼梢分离的状况,对改进机翼升力、诱导阻力和俯仰力矩特性都有一定的效果。

3.7 低速时飞机的空气动力特性

3.7.1 飞机的升力特性

1. 飞机的升力公式

$$L = q_\infty S C_L \tag{3-61}$$

而

$$C_L = C_L(\text{飞机外形}, \alpha, Re_\infty, \cdots) \tag{3-62}$$

式中,$q_\infty = \dfrac{1}{2}\rho_\infty V_\infty^2$;参考面积 S 一般用毛机翼面积。参看图 3.1(a),将机翼前缘线和后缘线延伸到机身轴线后,得到的机翼称为毛机翼(即把机身的宽度计入到机翼翼展长度之中,即符号 b 代表的含义)。只计外露机翼的称为净机翼,其面积用 S_w 表示。

2. 飞机各个部件升力的贡献

(1) 大展弦比机翼的飞机(民用飞机)

目前,民用旅客运输机大多属于此类,$A \geqslant 5\sim 6$,$\Lambda_{1/4}=0\sim 25°$,$\lambda \leqslant 1.0$。它的升力由三部分组成,即

$$L = L_W + L_B + L_T \tag{3-63}$$

式中，L_W 为机翼提供的升力；L_B 为机身提供的升力；L_T 为平尾提供的升力。

化成系数，有

$$C_L = \frac{L}{q_\infty S} = C_{LW} + C_{LB}\frac{S_C}{S} + C_{LH}\frac{S_H}{S} \tag{3-64}$$

式中，C_{LB} 为机身的升力系数，用机身最大横截面积 S_C 为参考面积；C_{LH} 为平尾的升力系数，用平尾毛面积 S_H 作为参考面积。

需要说明的是，C_{LH} 虽小，对全机升力贡献不大，但对飞机俯仰力矩的影响大，需要特别注意。

（2）小展弦比机翼的飞机（军用飞机）

相对而言，这时机翼对全机升力的贡献比例下降，而平尾、机身的贡献比例上升。特别是机翼和机身间的相互干扰作用将增大飞机的升力。有

$$L = L_W + L_B + \Delta L_{WB} + L_T \tag{3-65}$$

化成系数，有

$$C_L = \frac{L}{q_\infty S} = C_{LW}\frac{S_W}{S} + C_{LB}\frac{S_C}{S} + \Delta C_{LWB}\frac{S_W}{S} + C_{LH}\frac{S_H}{S} \tag{3-66}$$

式中，C_{LW} 是指净机翼的升力贡献，参考面积为净机翼平面面积 S_W。ΔC_{LWB} 为机翼、机身相互干扰产生的升力。

3. 飞机的升力特性曲线

飞机的 $C_L - \alpha$ 特性曲线变化趋势与机翼乃至翼型的情况相似，开始是线性变化关系，随着迎角 α 的增大，因附面层的增厚乃至分离等原因，C_L 增加减缓，最终也会出现失速分离，参看图 3.73。

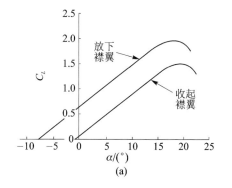

(a)

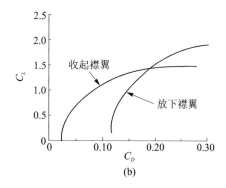

(b)

图 3.73

图 3.73 上绘出了飞机放下襟翼时飞机升力特性曲线的变化；同时，也列出了飞机阻力极曲线 $C_D = f(C_L)$ 的变化情形。注意，放下襟翼，飞机升力系数增大，但飞机的升阻比 $K = C_L/C_D$ 却是减小的，你能从图上看出这一点来吗？

还有一点要提醒的是,飞机的迎角量度的参考线。一般选用机身轴线为参考线,参看图 3.74。

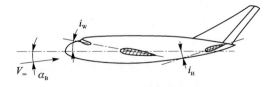

图 3.74

机翼和平尾相对于此参考线的夹角,称为它们的安装角(angle of incidence)。机翼安装角是指机翼翼根剖面弦线与机身轴线之间的夹角,用 i_w 表示,图示 $i_w > 0$;平尾安装角是指平尾翼根剖面弦线与机身轴线之间的夹角,用 i_H 表示。图示,$i_H < 0$。所以

$$\left.\begin{aligned} \text{飞机迎角} \quad & \alpha = \alpha_B \\ \text{机翼迎角} \quad & \alpha_W = \alpha_B + i_W \\ \text{平尾迎角} \quad & \alpha_T = \alpha_B + i_H - i_{iH} \end{aligned}\right\} \tag{3-67}$$

式中,i_{iH} 是机翼尾涡系拖到平尾处产生的下洗,使平尾处的迎角进一步减小的量,称作平尾处的下洗角。平尾升力贡献较小也有此种原因。在飞机气动布局中,应当给予考虑,称为翼尾干扰效应。

3.7.2 飞机的阻力特性

1. 飞机的阻力公式

$$D = q_\infty S C_D = q_\infty S (C_{D0} + C_{Di}) \tag{3-68}$$

而

$$C_D = C_D(\text{飞机外形}, \alpha, Re_\infty \cdots) \tag{3-69}$$

式中,$C_D = C_{D0} + C_{Di}$;C_{D0} 是飞机的零升阻力系数,C_{Di} 是飞机的诱导阻力系数。

2. 飞机各个部件阻力的贡献

按阻力产生的主要原因来分,有以下两类。

(1) 零升阻力 D_0

$$D_0 = D_f + D_p + D_{int} + D_{leakage} \tag{3-70}$$

化成系数,除以 $q_\infty S$ 后,有

$$C_{D0} = C_{Df} + C_{Dp} + C_{Dint} + C_{Dleakage} \tag{3-71}$$

各项阻力的含义如下:

1) 粘性摩擦阻力系数 C_{Df}

飞机各个部件都有贡献,其中,以机身和机翼为主,它们表面摩擦面积最大。C_{Df}

大小的关键在于各个部件外形是否"流线化"、表面光洁度的高低，以及希望附面层尽量保持层流状态等。这对飞机平时的维护提出了高要求。

2）粘性压差阻力系数 C_{Dp}

飞机各个部件都有贡献，其中，也以机身和机翼为主。飞机和机身表面上的各个突出物（如天线等）都会增大粘性压差阻力。当飞机起飞和着陆时，放下的起落架和打开的襟翼都会大大增加 C_{Dp}。因此，必须按操作要求进行操控，避免节外生枝。

3）干扰阻力系数 C_{Dint}

当飞机各个部件组合在一起时，如机翼和机身组合在一起，或者平尾和立尾与机身组合在一起时，在接合部位会形成扩散形通道，从而形成逆压区，导致表面附面层过早分离，促使因干扰而产生的压差阻力大增，这个增量称为干扰阻力，用 C_{Dint} 表示，参看图 3.75。

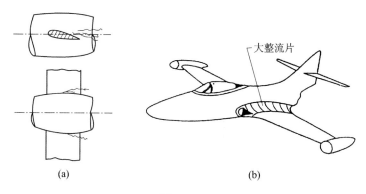

图 3.75

因此，在翼身接合部，平尾、立尾机身接合部等需要加装整流片（fillet）来整流，消除扩散形通道，减小逆压梯度，从而消除或减弱附面层的分离，减小干扰阻力。

4）漏气阻力系数 $C_{Dleakage}$

飞行中，机身舱内的静压力高于机身外部的静压力。通过如舱门或窗口密封不严实的"缝隙"，空气由内向外溢出，将干扰机身外部附面层流动，由层流变成紊流或者导致局部分离现象的发生，从而增大粘性阻力。早年有报道，B727 飞机因漏气阻力（因舱门与窗口密封不严实），一年一架飞机将多消耗 71 000 kg 的燃油量，不可小视。

（2）诱导阻力 D_i

$$D_i = D_{iW} + D_{iB} + D_{iH} + \cdots \qquad (3-72)$$

化成系数，有

$$C_{Di} = C_{DiW} + C_{DiB} + C_{DiH} + \cdots \qquad (3-73)$$

飞机的诱导阻力是与产生升力相关的阻力。其中，主要是机翼的诱导阻力 C_{DiW}（或称为漩涡阻力）。它直接与机翼翼梢出现漩涡和后缘拖出后缘涡系相关。飞机拖出的漩涡系能量是飞机克服阻力对它们做功的结果。同时反过来它们也改变了机翼，以及机身和尾翼的流动，从而改变它们的阻力大小。

一般，飞机的诱导阻力系数 C_{Di}，有

$$C_{Di} = A_l C_L^2 \qquad\qquad (3-74)$$

式中，A_l 称为飞机的诱导阻力因子，它不是机翼的展弦比 A，但两者有紧密的关系。

对于大展弦比民用飞机，在中小迎角下，有

$$A_l = \frac{0.318}{A \cdot e} \qquad\qquad (3-75)$$

这表明，$A_l \propto 1/A$；展弦比 A 增加，飞机的诱导阻力因子 A_l 减小，A_l 与 A 成反比例关系。如 $A \to \infty$，则不会出现翼梢涡和后缘漩涡系，也不会有诱导阻力出现。式中，"e"称为飞机诱导阻力修正系数，用来考虑除展弦比 A 外的其他平面形状因素的影响，故 $e \leqslant 1.0$。

对于小展弦比军用飞机，在中小迎角下，有

$$A_l \approx 1/C_{La} \qquad\qquad (3-76)$$

式中，C_{La} 是飞机的升力线斜率值。

3.7.3　飞机的阻力极曲线

与翼型或机翼相同，飞机阻力系数 C_D 随飞机升力系数 C_L 变化的曲线，称为飞机的阻力极曲线，即

$$C_D = C_D(飞机外形，C_L，Re_\infty \cdots) \qquad\qquad (3-77)$$

参看图 3.73，低速时(比如来流马赫数 $Ma_\infty = 0.2 \sim 0.5$)，升力特性曲线和阻力特性曲线随 Ma_∞ 的变化都相应有改变，这称为空气压缩性影响，详情将在第 5 章中介绍。$C_L - \alpha$ 曲线中，C_L 先随 α 成线性变化；在大 α 区，因产生附面层(主要是机翼附面层)的分离乃至失速，出现了 C_{Lmax} 和 α_s。

C_D 从 C_{D0} 开始，随着 C_L 的增大而迅速加大，这是出现诱导阻力 C_{Di} 的结果。

因此，飞机的阻力系数 C_D 或飞机的阻力极曲线方程，按式(3-68)、式(3-74)可表示为

$$C_D = C_{D0} + A_l C_L^2 \qquad\qquad (3-78)$$

若已知飞机的升力系数 C_L，A_l 和 C_{D0}，则可确定此时 C_D 的大小。

在同一迎角下，飞机升力系数 C_L 与飞机阻力系数 C_D 之比，称作飞机的升阻比，即

$$K = C_L/C_D \qquad\qquad (3-79)$$

该比值对飞机飞行性能有很大的影响，详情将在第 7 章中介绍。

3.8　飞机的俯仰力矩特性

正如前述，作用在各个部件上的升力对整个飞机而言，将产生俯仰力矩 M。如

同讨论机翼时的情况一样,首先遇到的问题是:

① 飞机俯仰力矩的取矩点选择在何处? 在分析飞机在空中运动或飞行时,俯仰力矩取矩点选择在飞机的重心位置上最为合适。飞机重心位置是指飞机上各个部件、设备、人员包括民用运输飞机上的乘客及其行李、货物的重力合力的作用点。它的位置特别是纵向位置是保证飞行安全的关键因素。那么飞机重心具体位置是如何给出的呢? 一般在飞机使用手册中,是以飞机机翼的平均空气动力弦长 C_A 前缘点在飞机上的位置为基准参考点,来量度飞机重心的位置的。这将在第 6 章中细讲。

② 飞机俯仰力矩 M 化成俯仰力矩系数 C_m 时,要用到一个参考长度 C_{ref},现在都仍选用飞机机翼平均空气动力弦长 C_A 作参考长度。

③ 至于飞机俯仰力矩系数 C_m 的表达式,其大小取决于哪些因素等,我们将在第 9 章中详细讨论。在此就不细说了。

第 **4** 章

流体沿流管的高速流动

4.1 概 述

在第 1 章中,介绍过空气具有可压缩性,并可以通过声波在其中的传播速度、声速 c 的大小,来判断可压缩性的程度。随后还介绍了小扰动产生的小扰动波在空气中传播的情形。当小扰动源以不同速度运动时,小扰动波传播影响的范围显著不同,从而引入了流动马赫数 Ma 的概念。它的大小预示着空气压缩性影响的大小。

至此,并没有具体介绍由于空气密度 ρ 的改变,会带来什么流动变化。本章将回答这个问题。空气压缩性对飞机空气动力特性的影响,将在第 5 章介绍。

4.2 空气沿流管高速流动时的连续方程

参看图 4.1。空气沿图示流管流动,不同于图 2.8,当时考虑的是 $\rho_1 = \rho_2$,因此,根据质量守恒定律,有

$$V_1 A_1 = V_2 A_2 = VA = \text{const.}$$

现在,因 $\rho_1 \neq \rho_2$,故应修正为

$$\rho_1 V_1 A_1 = \rho_2 V_2 A_2 = \rho VA = \text{const.} \tag{4-1}$$

这时,知道流管截面积 A 的变化,由式(4-1)并不能确定流速 V 的变化。

对式(4-1)取对数,有

$$\ln(\rho VA) = \ln \rho + \ln V + \ln A = \ln(\text{const.})$$

对上式求导数,有

$$\frac{\mathrm{d}\rho}{\rho} + \frac{\mathrm{d}V}{V} + \frac{\mathrm{d}A}{A} = 0 \tag{4-2}$$

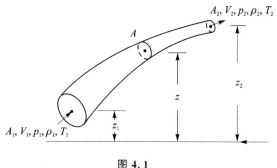

图 4.1

式（4-1）和式（4-2）分别称为空气沿流管高速流动的连续方程的积分形式和微分形式。

4.3　空气沿流管高速流动时的能量方程

4.3.1　高速流动时的能量方程

参看图 4.1，单位时间流过流管任一截面积 A 的质量为 $\dot{m}=\rho VA$，它同样具有的机械能量为位能 $\dot{m}gz$、动能 $\dfrac{1}{2}\dot{m}V^2$ 和流动功 $pAV=\dfrac{p}{\rho}\dot{m}$ 之和，即 $\dot{m}gz+\dfrac{1}{2}\dot{m}V^2+\dfrac{p}{\rho}\dot{m}$。与低速流动不同的是，气流速度 V 的变化，还将引起空气温度的变化。温度的改变将引起空气内能（热能）的变化，即 $\dot{m}U=\dot{m}c_V T$，U 为空气单位质量所具有的内能，c_V 称为气体的比定容热容，T 是流动截面上空气的静温（热力学温标）。

假定空气沿流管高速流动时，与侧壁和外界无任何功与能量的交换，根据能量守恒与转换定律，有

$$\dot{m}_2 gz_2+\frac{1}{2}\dot{m}_2 V_2^2+\frac{p_2}{\rho_2}\dot{m}_2+\dot{m}_2 c_V T_2=\dot{m}_1 gz_1+\frac{1}{2}\dot{m}_1 V_1^2+\frac{p_1}{\rho_1}\dot{m}_1+\dot{m}_1 c_V T_1$$

因 $\dot{m}_1=\dot{m}_2$，故得

$$gz_2+\frac{1}{2}V_2^2+\frac{p_2}{\rho_2}+c_V T_2=gz_1+\frac{1}{2}V_1^2+\frac{p_1}{\rho_1}+c_V T_1 \tag{4-3}$$

或者可改写一下，有

$$\left(gz_1+\frac{1}{2}V_1^2+\frac{p_1}{\rho_1}\right)-\left(gz_2+\frac{1}{2}V_2^2+\frac{p_2}{\rho_2}\right)=U_2-U_1=c_V(T_2-T_1) \tag{4-4}$$

上面式（4-3）与式（4-4）是空气沿流管高速流动时的能量方程，一是表明各截面上的总能之和应保持不变；二是表明流动过程中，若截面上空气机械能量减小，则空气内能（热能）增加。

4.3.2 高速流动时能量方程的各种形式

① 可压、无粘、定常、忽略位能项,则有

$$\frac{1}{2}V_1^2 + \frac{p_1}{\rho_1} + c_V T_1 = \frac{1}{2}V_2^2 + \frac{p_2}{\rho_2} + c_V T_2 \tag{4-5}$$

② 因为有气体状态方程式(1-6),$p/\rho = RT$;又因气体常数 $R = c_p - c_V$,c_p 是气体的比定压热容,c_V 是气体的比定容热容;$\gamma = c_p/c_V$ 称为比热比,空气的 $\gamma = 1.4$,故利用这些关系,可把式(4-5)改写成

$$\frac{1}{2}V_1^2 + c_p T_1 = \frac{1}{2}V_2^2 + c_p T_2 \tag{4-6}$$

和

$$\frac{1}{2}V_1^2 + \frac{c_1^2}{\gamma-1} = \frac{1}{2}V_2^2 + \frac{c_2^2}{\gamma-1} \tag{4-7}$$

式中,c 是气体的声速。有关声速,参看第 1 章相关内容。

或

$$\frac{1}{2}V_1^2 + \frac{\gamma}{\gamma-1}\frac{p_1}{\rho_1} = \frac{1}{2}V_2^2 + \frac{\gamma}{\gamma-1}\frac{p_2}{\rho_2} \tag{4-8}$$

由式(4-6)知,沿流管流速 $V\uparrow$,气温 $T\downarrow$;反之,$V\downarrow$,$T\uparrow$。由于气温 T 变化,声速也会跟着变化,见式(4-7)或式(1-18),若 $V\uparrow$,则 $c\downarrow$;反之,若 $V\downarrow$,则 $c\uparrow$。这些基本变化关系,对于理解高速流动的变化规律很重要。

从式(4-8)看,一个式子三个变量,知速度 V 变化,尚不能判断气体密度 ρ 或压力 p 如何变化,尚须补充新的关系才行,本章稍后来解决此问题(参看 4.4 与 4.5 节)。

4.4 可压、无粘气流的总参数和静参数

4.4.1 气流的总温 T_t

参看图 4.2。来流 V 流向物体(比如机翼)时,流速会减慢。图示 e 点为前驻点,$V_e = 0$。沿一条流线的流动亦满足能量方程。由式(4-6)有,$V_1 = V$,$T_1 = T$;$V_2 = V_e = 0$(前驻点),$T_2 = T_t$;减速为绝热过程,则有

$$c_p T_t = \frac{1}{2}V^2 + c_p T$$

或

$$T_t = T + \frac{V^2}{2c_p} \tag{4-9}$$

上式是机翼前缘附近翼面上驻点处的温度 T_t(称为总温,total temperature)的计算公式。因空气的比定压热容 $c_p \approx 1\ 000\ \text{J/(kg·K)}$,故式(4-9)可改为

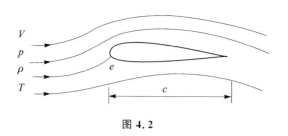

图 4.2

$$T_t = T + \frac{V^2}{2\,000} \qquad\qquad (4-10)$$

又因 $c \approx 20\sqrt{T}$ [见式(1-19)]，故 $c^2 = 400T$；而来流马赫数 $Ma = V/c$ [见式(1-21)]，故式(4-10)变为

$$\frac{T_t}{T} = 1 + 0.2Ma^2 \qquad\qquad (4-11)$$

式(4-11)是来流总温 T_t 的计算公式，十分重要。

① 应用到飞行之中。如飞行高度上的气温 $T = T_\infty$（OAT），飞行马赫数 $Ma_\infty = V_\infty/c_\infty$，它是飞行速度(真空速)$V_\infty$ 与该飞行高度上的声速 c_∞（取决于气温 T_∞）之比，则飞行中机翼翼面上驻点处的总温 $T_{t,e}$ 为

$$T_{t,e} = (1 + 0.2Ma_\infty^2)T_\infty \qquad\qquad (4-12)$$

在飞机手册上，称 $T_{t,e}$ 为全温（TAT）。比如，在飞行高度 $H = 11$ km 上，以 $Ma_\infty = 5.0$ 平飞，从 ISA 表上可知，$T_\infty = 216.5$ K，代入式(4-12)，有 $T_{t,e} = 1\,299$ K $= 1\,026$ ℃。

所以，高马赫数飞行，会出现所谓"热障"问题，因为制造飞机的金属材料在高温下的强度会剧烈下降。这就是制造高速飞机的材料由铝合金变为钛合金乃至不锈钢的原因。

美国航天飞机（space shuttle）再入大气层时，Ma_∞ 可达 20，你估计 $T_{t,e}$ 可高达多少？

总温 $T_{t,e}$ 或全温的大小也是控制喷气式发动机的参数之一，值得引起注意。

② 飞行马赫数的测量。高速飞机上有总温表，显示 $T_{t,e}$ 的大小；也有静温表，显示 T_∞ 或 OAT 的大小。这两个测量值连同揭示它们之间关系的式(4-12)，就是制作飞行马赫数 Ma_∞ 测量仪表的基础。

高速飞行时，飞行马赫数 Ma_∞ 的大小是需要知道的第一要素。

4.4.2　气流的总压 p_t

在讨论无粘、不可压流体流动时，介绍过气流的总压（total pressure），用符号 P_0 表示，它等于流体的静压 p 与动压力 $1/2\rho V^2$ 之和，即满足伯努利方程式(2-6)。

现在讨论的是无粘、可压流体，流体密度 ρ 是可以变化的。定义气流的总温时，

只要求当 $V \to 0$ 时,是绝热过程(与外界无功和热交换),得到的气温称为总温 T_t。在定义气流总压时,还需要增加一个条件,即连续减速(减速过程不能出现"激波"现象,即突跃式减速的情况,详情见第 5 章)到 $V \to 0$ 所得到的压力称为气流的总压,用符号 p_t 表示。

这时(指连续减速),压力 p 和密度 ρ 之间有一个关系存在,即

$$p = \text{const.} \rho^{\gamma} \tag{4-13}$$

但因 $\rho = p/RT$ [见式(1-6)],故 $\rho^{\gamma} \propto p^{\gamma}/T^{\gamma}$,按式(4-13)有,$p \propto p^{\gamma}/T^{\gamma}$,得 $T \propto p^{\frac{\gamma-1}{\gamma}}$,故

$$\frac{T_t}{T} = \left(\frac{p_t}{p}\right)^{\frac{\gamma-1}{\gamma}} \tag{4-14}$$

利用式(4-11),得(空气 $\gamma = 1.4$)

$$\frac{p_t}{p} = (1 + 0.2Ma^2)^{\frac{\gamma}{\gamma-1}} = (1 + 0.2Ma^2)^{3.5} \tag{4-15}$$

上式就是高速气流连续减速(无"激波"出现)时驻点处的总压计算公式。或改写为

$$p_t = (1 + 0.2Ma^2)^{3.5} p \tag{4-16}$$

在飞行中,$Ma = Ma_{\infty}$,$p = p_{\infty}$(飞行压力高度 H 上的静压力),比如机翼翼面上驻点处压力,即总压(或称全压)$p_{t,e}$ 有

$$p_{t,e} = p_{\infty}(1 + 0.2Ma_{\infty}^2)^{3.5} \tag{4-17}$$

高速飞行中,测量真空速 V_{∞},往往是通过测得的 Ma_{∞} 和 OAT 去推得的,不能用低速伯努利方程去求。

4.4.3 气流的总密度 ρ_t

在无粘、可压、速度连续变化的过程中,有总温 T_t、总压 p_t;根据式(1-6),当然还有驻点处的总密度 ρ_t(total density),它有

$$\rho_t = (1 + 0.2Ma^2)^{2.5} \rho \tag{4-18}$$

高速气流沿流管流动时,从能量方程式(4-6)知,若流速 $V \uparrow$,则 $T \downarrow$,因而 c 也下降,故 $Ma \uparrow$;又因总温 T_t、总压 p_t 和总密度 ρ_t 保持为常值,故由式(4-11)、式(4-16)和式(4-18)可知,$V \uparrow$,$Ma \uparrow$,将导致沿流管的密度 ρ 和静压 p 均下降;反之,$V \downarrow$,则 $T \uparrow$,$c \uparrow$,$Ma \downarrow$,则 $p \uparrow$,$\rho \uparrow$。换句话说,沿流管做高速流动,只要是绝能、连续变化过程,则流速增加,压力和密度都将减小;反之,流速减小,则压力和密度都将增加,但不是同一比例罢了。一般压力变化的比例要大一些。

4.5 空气沿流管高速流动的动量方程

参看图 4.3,流管水平放置,不计位能项。沿流管取一横截面积为 A,流过该截

面的流速为 V，空气密度为 ρ，空气压力为 p；dt 时间内，$dS = Vdt$，见图中的"控制体"，$\dot m = \rho A\,dS = \rho A V\,dt$；受力情况是，其沿运动方向的合力为 $F = pA - (p + dp)(A + dA) + \left(p + \dfrac{p}{2}\right)dA$。其中，最后一项为侧面压力的合力分量。将合力 F 的右端项展开，略去二阶小量后，有 $F = -dpA$。

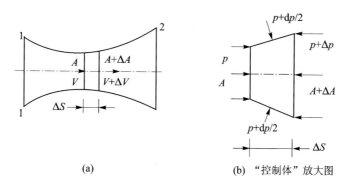

(a)　　　　　　(b)　"控制体"放大图

图 4.3

因此，按照牛顿第二定律 $F = \dot m a = \dot m \dfrac{dV}{dt}$，有

$$\rho A V\,dt \cdot \frac{dV}{dt} = -dpA$$

得

$$V\,dV + \frac{dp}{\rho} = 0 \qquad\qquad (4-19)$$

式（4-19）称为可压、无粘空气沿流管做连续、定常流动时（不计位能项）的动量方程（微分形式）。

4.6　流速和流管横截面积变化的关系

4.6.1　低速、无粘流动的关系式

参看第 2 章，有连续方程

$$VA = \text{const.}$$

它的微分形式，有

$$\frac{dV}{V} + \frac{dA}{A} = 0 \qquad\qquad (4-20)$$

可见，$A\uparrow$，$V\downarrow$；反之 $A\downarrow$，$V\uparrow$。知 A 则可推得流速 V 的变化。再利用伯努利方程，如式（2-8），则可以知道 $V\uparrow$，$p\downarrow$；反之，$V\downarrow$，$p\uparrow$。通过改变流管的横截面

积,则可控制各截面上的 V 和 p 的大小。请参阅第 2 章 2.5.2 小节中文氏管的例子。

4.6.2　高速、无粘流动的关系式

此时,连续方程变为

$$\rho VA = \mathrm{const.}$$

或

$$\frac{\mathrm{d}\rho}{\rho} + \frac{\mathrm{d}V}{V} + \frac{\mathrm{d}A}{A} = 0$$

由于此时空气密度 ρ 是改变的,知道 A 如何改变,但无法判断 V 怎么变化。

现补充关系式(4-19),并利用式(1-18)的 $c^2 = \mathrm{d}p/\mathrm{d}\rho$(声速公式),有

$$V\mathrm{d}V + \frac{\mathrm{d}p}{\rho} = V\mathrm{d}V + \frac{\mathrm{d}p}{\mathrm{d}\rho}\frac{\mathrm{d}\rho}{\rho} = V\mathrm{d}V + c^2\frac{\mathrm{d}\rho}{\rho} = 0$$

上式同除以 V^2,得

$$\frac{\mathrm{d}V}{V} + \frac{1}{Ma^2}\frac{\mathrm{d}\rho}{\rho} = 0 \qquad\qquad (4-21)$$

或者

$$\frac{\mathrm{d}\rho}{\rho} = -Ma^2\frac{\mathrm{d}V}{V} \qquad\qquad (4-22)$$

由此式可以看出:

① $\mathrm{d}V\uparrow$,$\mathrm{d}\rho\downarrow$;或者 $\mathrm{d}V\downarrow$,$\Delta\rho\uparrow$。用文字表述:"加速,体积膨胀,密度减小;减速,体积收缩,密度增加"。无论横截面上 $Ma<1.0$(亚声速流动)或 $Ma>1.0$(超声速流动),趋势均如此。

② 但是,若 $Ma>1.0$,$\mathrm{d}V/V$ 增加 1%,$\mathrm{d}\rho/\rho$ 的减小将大于 1%;若 $Ma<1.0$,$\mathrm{d}V/V$ 仍增加 1%,则 $\mathrm{d}\rho/\rho$ 的减小将小于 1%。换句话说,在数量上是不一样的,不按同一比例变化。

③ 将式(4-22)代入式(4-2),则有

$$-Ma^2\frac{\mathrm{d}V}{V} + \frac{\mathrm{d}V}{V} + \frac{\mathrm{d}A}{A} = 0$$

得

$$(Ma^2 - 1)\frac{\mathrm{d}V}{V} = \frac{\mathrm{d}A}{A} \qquad\qquad (4-23)$$

这个关系式十分重要,它揭示了不同马赫数 Ma 下,流速 V 变化与流管横截面积 A 之间的关系。

(1) 低速管流

因不可压,$Ma\to0$(因为 $c\to\infty$),由式(4-23)有

$$\frac{\mathrm{d}V}{V} = -\frac{\mathrm{d}A}{A} \qquad (4-24)$$

可见，$\mathrm{d}V$ 与 $\mathrm{d}A$ 异号，$\mathrm{d}A>0$，则 $\mathrm{d}V<0$；反之，$\mathrm{d}A<0$，则 $\mathrm{d}V>0$。扩张管道，$\mathrm{d}A>0$，$\mathrm{d}V<0$；反之，收缩管道，$\mathrm{d}A<0$，则 $\mathrm{d}V>0$。这个结论在第 2 章已经讨论过了。

（2）亚声速管流

因 $Ma\neq0$ 但 $Ma<1.0$，故有

$$(Ma^2-1)\frac{\mathrm{d}V}{V}=\frac{\mathrm{d}A}{A}$$

仍因 $Ma^2-1<0$，故 $\mathrm{d}V$ 与 $\mathrm{d}A$ 仍是异号，所以变化趋势与低速相同。要 $\mathrm{d}V>0$，则要 $\mathrm{d}A<0$；反之，要 $\mathrm{d}V<0$，则需 $\mathrm{d}A>0$，尽管这时空气的密度是变化的。参看图 4.4。

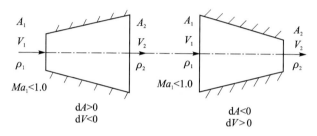

图 4.4

（3）超声速管流

管中各横截面上的 $Ma>1.0$。由式（4-23）知，$\mathrm{d}V$ 与 $\mathrm{d}A$ 同号。参看图 4.5，与低速和亚声速流动完全不同。超声速气流要加速，$\mathrm{d}V>0$，则要求 $\mathrm{d}A>0$ 才行。超声速气流要减速，$\mathrm{d}V<0$，则要求 $\mathrm{d}A<0$（管道横截面要收缩）。

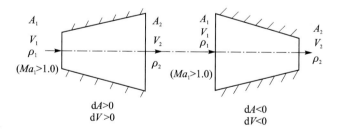

图 4.5

这是什么原因造成的呢？请参阅式（4-22），去查找物理原因吧！

总之，不能根据低速、亚声速管流规律和日常生活经验去推断超声速管流中的流动规律。这一点很重要。

4.7 实用例子

4.7.1 涡轮喷气发动机的进气道和尾喷管

亚声速喷气式旅客运输机所采用的涡轮喷气式发动机前端有一个重要的部件叫作进气道(intake),参看图4.6。

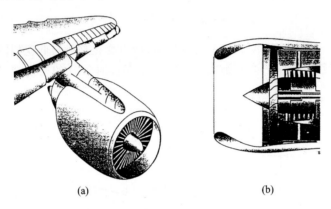

(a)   (b)

图 4.6

进气道是为发动机压气机提供空气质量流量用的,目前由选用该型号发动机的飞机设计单位来进行设计。它应当满足发动机的质量流量(称为内流)要求,它的外流阻力(进气道外部流动阻力)应当越小越好。

发动机压气机尺寸决定了进气道出口尺寸,而进气道进口尺寸是小于出口尺寸的。因此,它的内部管道是一个扩张管道。

发动机压气机进口的流动马赫数 Ma 依型号而定,一般为 $0.2 \sim 0.5$,它由压气机转速来决定。无论亚声速喷气式飞机的飞行马赫数有多大,进气道内部的流动一定是亚声速的减速流动,是一个减速增压的过程。

试问,如果压气机进口马赫数 $Ma = 0.5$,而飞机飞行马赫数 $Ma < 0.5$,进气口截面上的马赫数大致是多大? 进气口前面来流的流管会是什么形状?

涡轮喷气发动机尾部部件,称为尾喷管(nozzle),它是用来加大气流速度的。流进发动机内部的气流,经过进气道减速、压气机增压、燃烧室加温;高压高温气流对涡轮做功后,截面上的气流马赫数 $Ma < 1.0$,要想通过尾喷管加速气流,可采用收缩形管子,这类喷管叫声速喷管,出口截面上的 $Ma_j = 1.0$,参看图4.7。

如果采用了收缩形喷管,无论如何加大进口压力 p_r,喷管出口气流速度都能够超过声速,即出口马赫数 $Ma_j > 1.0$ 吗?

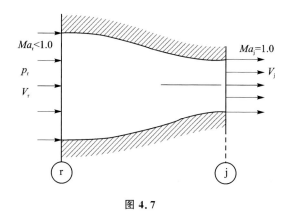

图 4.7

4.7.2　火箭发动机的尾喷管

图 4.8 是火箭发动机尾部的部件,称为尾喷管。请注意它的形状,它是一个先收缩、后扩张的管道。

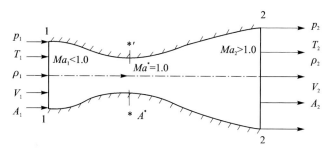

图 4.8

这种尾喷管叫作拉瓦尔喷管(Laval Nozzle)。它的管形与 2.5.2 小节中的文氏管管形相同,但作用完全不同。现在是可压缩流体的流动,在收缩管道部分,$A\downarrow$,$V\uparrow$,$Ma\uparrow$,$p\downarrow$,$T\downarrow$,$\rho\downarrow$;到达最窄横截面积 A^* 处,称为喉道面积,$Ma^*=1.0$。从喉道起,声速气流进入扩张管道部分,$A\uparrow$,$V\uparrow$,$Ma\uparrow$,直到出口截面,$Ma>1.0$,($V_2>a_2$),气流变为超声速气流了。

火箭发动机利用拉瓦尔管增大出口截面马赫数($Ma_2>1.0$),来达到增大推力的目的。

另外,这种喷管也用在超声速风洞实验设备上,用来研究超声速飞行时,作用在超声速飞机上的空气动力大小,为飞机设计提供原始气动数据。参看图 4.9,这是一个称作暂冲式超声速风洞的示意图,以供参阅。

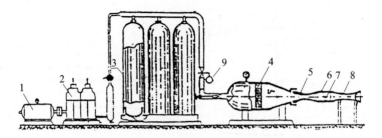

1—电动机;2—空气压缩机;3—贮气罐;4—整流格;5—超声速喷管;
6—试验段;7—模型;8—扩压段;9—快速阀门

图 4.9

第 5 章

飞机的高速空气动力特性

5.1 超声速气流中的激波和膨胀波现象

5.1.1 超声速气流中的激波现象

1. 激波(shock wave)定义

激波是一种强压缩波面(strong compression wave),界面厚度非常薄(大约为 10^{-4} cm),是当超声速气流遭遇突跃式减速要求时产生的一种流动现象。激波波前一定是超声速气流,$Ma = V/c > 1.0$;流过激波后,流速 $V\downarrow$,压力 $p\uparrow$,温度 $\uparrow$,声速 $c\uparrow$,而 $Ma\downarrow$,总压 $p_t\downarrow$,但总温 T_t 保持不变。

2. 产生激波的条件

① 尖头尖尾半菱形翼型产生的激波

图 5.1 是迎角 $\alpha = 0$ 的尖头尖尾半菱形翼型,在来流为超声速 $Ma_\infty > 1.0$ 的情况下产生激波的示意图。先看前缘点 O 产生的小扰动波,因来流 $V_\infty > c_\infty$,故小扰动局限于以 μ_∞ 角为半顶角的马赫锥内,可参看图 1.10。

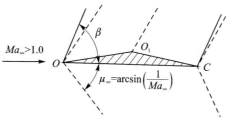

图 5.1

对下翼面而言,来流方向与翼面平行,气流无阻挡向后流去。对上翼面而言,翼面方向对来流形成了"阻挡",提出了改变方向和减速的要求;但小扰动信息不能前传给来流,故超声速来流只能在前缘点 O 处产生一道斜激波(oblique shock wave),通过激波来调整气流的方向和速度的大小。斜激波斜角 β(见图 5.1)$>\mu_\infty$。注意,马赫波不是激波。就下翼面而言,它仅仅是一个小扰动,波前波后气流参数不变。就上翼面而言,气流参数将发生改变。

② 激波波前气流 Ma 必须大于 1.0 才会产生激波,图 5.1 激波前气流 Ma 就是来流 Ma_∞;但产生激波并非一定要求来流 $Ma_\infty>1.0$。换句话说,来流 $Ma_\infty<1.0$,但翼面上也会出现局部超声速区和激波,详情可参看 5.3.2 小节。这种情况称作"反压"要求产生激波条件。

③ 产生激波的条件是:

a. 激波前为超声速气流。

b. 要求超声速气流方向改变并减速或直接减速。前者简称"方向决定激波",后者简称"反压决定激波"。

3. 激波的分类

(1) 正激波(normal shock wave)

① 波前 $Ma_1>1.0$,气流方向与激波面相互垂直。参看图 5.2,或者说 $\beta=\dfrac{\pi}{2}$。

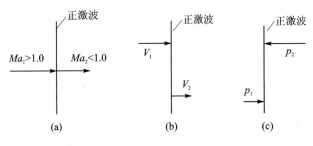

图 5.2

② 波前 $Ma_1>1.0$;过正激波,$Ma_2<1.0$。

③ 气流参数,过正激波,有 $\Delta V<0$,$\Delta Ma<0$,$\Delta p>0$,$\Delta\rho>0$,$\Delta T>0$,$\Delta c>0$;而气流总参数,$\Delta T_t=0$(总温不变),$\Delta p_t<0$(总压下降),$\Delta\rho_t<0$(总密度下降)。

(2) 斜激波(oblique shock wave)

① 波前 $Ma_1>1.0$,气流方向与激波面不垂直,有激波角 $\beta<\dfrac{\pi}{2}$(参看图 5.1)。

② 波前 $Ma_1>1.0$,过斜激波后,Ma_2 仍大于 1.0,但有 $Ma_1>Ma_2>1.0$。

③ 过斜激波,气流参数和总参数的变化趋势与过正激波的相同;在同一波前马赫数下,数量上均会减小一些。

大家知道,某些低超声速军用飞机上的进气道是简单式进气道,参看图 5.3(a)。

它只是一个管道横截面积增大的管道。

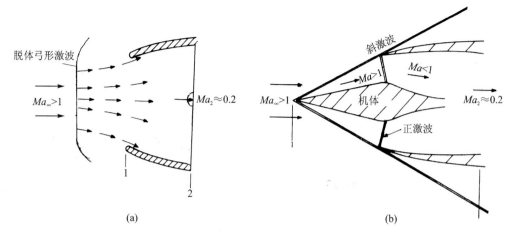

(a)   (b)

图 5.3

　　飞机做低超声速飞行时,$Ma_\infty > 1.0$,但压气机进口横截面上的 $Ma_2 < 1.0$,压气机进口横截面上的 $p_2 \gg p_\infty$(飞行高度上大气的压力),这正是"反压要求"产生激波的实例。来流在进入进气道进口前,会产生脱体弓形激波。正对进气道进口截面的是"正激波",波后变为亚声速气流。图 5.3(a)上绘出了气流流入进气道流管示意图,波后为亚声速气流,一直减速、增压,直到满足压气机进口的压力和速度要求。

　　当超声速飞行马赫数较高时,采用简单式进气道产生正激波来减速,进口气流的总压损失(即 Δp_1 下降)太大,从而会减小发动机的有效推力(详情可参看发动机原理书)。为此,出现了中心锥式进气道,见图 5.3(b)。中心锥顶部产生圆锥斜激波,先让超声速来流减速,然后在进气道进口处,还有一道正激波使圆锥斜激波后的超声速气流进一步降为亚声速气流,然后流入进气道内继续减速增压,来满足压气机进口流速和压力的要求。此种中心锥式进气道又称二激波系进气道。它可以降低总压损失,提高发动机的有效推力。

(3) 附体激波(attachment shock wave)与脱体激波(detachment shock wave)

依据激波与物体的相对位置,分附体激波,见图 5.3(b);脱体激波,见图 5.3(a)。

4."音爆"(sonic boom)现象

"音爆"是在日常生活中可能遭遇到"激波"现象的实例。

当飞机在低空做超声速飞行时,飞机各个部件上都会产生复杂的激波系和膨胀波系(后者在后面即将介绍),在离开飞机的地面上,人们感受到的综合效应是飞机头部有一个强激波、飞机尾部有一道尾激波,中间是一系列的膨胀波。当飞机头部激波扫过空气时,空气压力陡增,通过膨胀波压力下降到低于大气压力;然后经过尾部激波压力又陡增到大气压力。这样的波系和压力变化,会从飞机附近一直传到地面上。

图 5.4 是所述波系示意图以及造成的压力变化犹如 N 字形状的情况。被上述波系扫过的人们会听到两声爆炸的声响——"蓬"、"蓬"巨响。压力陡增或陡减的程度取决于飞行马赫数 $Ma_\infty(>1.0)$ 的大小、飞机的尺寸和离地面的高度。人们耳膜能承受的 Δp 大约为 64 Pa；当 Δp 增大到 196 Pa 时，就能对地面建筑物造成破坏。为防止"音爆"扰民和对地面建筑物造成破坏，超声速飞机是不允许在居民区做低空、超声速飞行的。

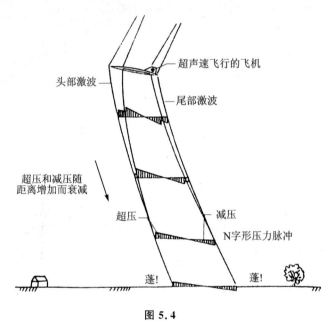

图 5.4

5.1.2　超声速气流中的膨胀波现象

1. 膨胀波(expansion wave)定义

膨胀波是一种微弱膨胀波面，是当超声速气流遭遇到加速要求时产生的一种流动现象。膨胀波前一定是超声速气流 $Ma>1.0$，经过膨胀后，流速 V 增加，压力 p 下降；波后马赫数 Ma 进一步增大。

2. 产生膨胀波的条件

参看图 5.5(a)，超声速气流 $Ma_1>1.0$ 沿物面流动时，在物面 O 点处有一个斑点，它会对来流产生马赫波，波角 $\mu_1=\arcsin(1/Ma_1)$。通过马赫波后，气流参数会变化吗？不会变化，$Ma_2=Ma_1>1.0$。

在图 5.5(b)上，在物面 O 处外折一个微小的 $\Delta\delta$ 角，也将形成小扰动，出现马赫波，波角 $\mu_1=\arcsin(1/Ma_1)$。但是，波后物面留出了一个可膨胀的空间，参看式(4-23)或图 4.5，气流将加速，$\Delta V>0$，$\Delta Ma>0$，$\Delta p<0$。这时，这个马赫波具有

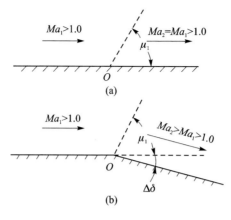

图 5.5

了膨胀加速作用的功能,故称为膨胀波了。

产生膨胀波要有两个条件: $Ma_1>1.0$ (超声速); $\Delta\delta>0$ (或 $dA>0$),让出空间使气流加速。

3. 超声速气流绕外凸曲线壁的膨胀波

参看图 5.6。来流为 $Ma_1>1.0$,由 o_1 点到 o_4 点为一段外凸曲线壁,总外折转角 $\delta=\Delta\delta_1+\Delta\delta_2+\Delta\delta_3+\Delta\delta_4$,每段直壁都外偏转一个微小角度。于是在各折转点都会产生膨胀波。超声速气流沿外凸曲线壁将连续加速,其气流参数将变化如下:

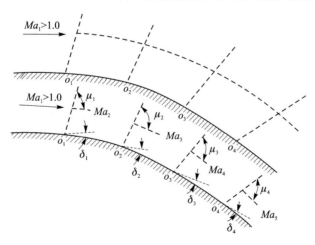

图 5.6

① $1.0<Ma_1<Ma_2<Ma_3<Ma_4$ (加速);

② $\mu_1>\mu_2>\mu_3>\mu_4$ (形成扇形);

③ $V_1<V_2<V_3<V_4$ (加速);

④ $p_1>p_2>p_3>p_4$ (减压);

⑤ $\rho_1 > \rho_2 > \rho_3 > \rho_4$（膨胀）。

但后面的流动不会影响前面的流动,想想为什么?

4. 超声速气流绕外折直壁的膨胀波

来流为超声速 $Ma_1 > 1.0$,壁面在 O 点处折转角为 δ,参看图 5.7。这时,出现了以 O 点为中心的一个集中的"扇形膨胀波"区。它相当图 5.6 所示的情况,因后面的流动不影响前面的流动,折线壁依次由 $o_4 \to o_3, o_3 \to o_2, o_2 \to o_1$,最终形成折转角为 δ 的集中"扇形膨胀区"。来流超声速气流 $Ma_1 > 1.0$,通过扇形膨胀波区连续加速、膨胀、减压。

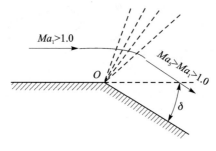

图 5.7

5. 小 结

① 超声速气流绕外凸线壁或绕外折直壁的流动是膨胀加速流动,各道马赫波都是膨胀波。

② 通过膨胀波系时气流参数的变化是:$\Delta V > 0, \Delta p < 0, \Delta \rho < 0, \Delta T < 0, \Delta c < 0, \Delta Ma > 0$;但总参数不变,即总温、总压和总密度均保持常数。

③ 重新回顾一下图 5.1,并将较真实的情况补绘在图上,参看图 5.8。在前缘点 O 处,上翼面产生斜激波"1",下翼面产生马赫波;在顶点 O_1 处,产生"扇形膨胀波区"。在后缘点 C 处,上翼面的气流经过扇形膨胀波区加速减压后,$p_3 < p_1$,故在后缘点 C 处产生因反压要求产生的斜激波"2",达到压力的平衡。

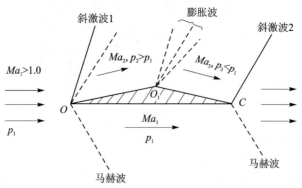

图 5.8

5.2　超声速时翼型的空气动力特性

5.2.1　翼型的厚度波阻力和厚度波阻力系数

1. 圆头尖尾对称翼型

(1) 低速、无粘、α＝0 时的情况

在低速、无粘、α＝0 时,绕圆头尖尾翼型的流动,在 3.2.1 小节中介绍过,参看图 3.13。现只转绘图 3.13(c),以便同超声速情况作比较。

参看图 5.9。低速无粘来流 V_∞ 流向翼型时,气流逐渐减速,前缘点 o 处为驻点,压力系数 $C_p=1.0$;在翼面上最大速度点 e 处,C_p 负值最大;在后缘点 c 处,形成后驻点,有 $C_p=1.0$。但前后压力分布的合力恒等于零,即阻力 $D=0$。这被称为"达伦贝尔悖论"。

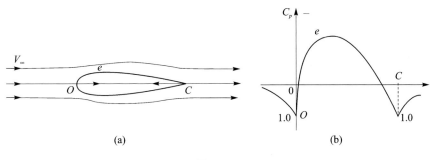

图 5.9

(2) 超声速、无粘、α＝0 的情况

参看图 5.10。这时,在翼型头部前方出现弓形离体激波,正面面对的是正激波。来流流过正激波后,在前缘点 o 前面形成一个局部亚声速区($Ma<1.0$);然后从 o 点驻点开始,沿翼面一直膨胀加速;在超声速区中有一系列散开的膨胀波助气流加速到

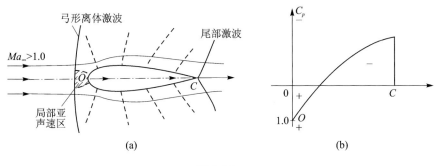

图 5.10

后缘处相会时,因流动方向不一致,导致必须产生后缘尾部激波来促使气流方向转向,以同方向一致离开后缘而去。

这时,翼型前后都出现压力阻力分量,它们的合力称为厚度波阻力,或零升波阻力。厚度波阻力用 $D_{w.t}$ 表示,则有

$$D_{w.t} = \frac{1}{2}\rho_\infty V_\infty^2 SC_{D_w} = q_\infty SC_{D_{w,t}} \qquad (5-1)$$

式中,C_{D_w} 称为翼型厚度波阻力系数。

在高速情况下,动压力 q_∞ 可用飞行马赫数 Ma_∞ 来表示,有

$$q_\infty = \frac{1}{2}\rho_\infty V_\infty^2 = \frac{1}{2}\rho_\infty (a_\infty Ma_\infty)^2 = \frac{1}{2}\rho_\infty \left(\gamma \frac{p_\infty}{\rho_\infty}\right) Ma_\infty^2$$

$$= \frac{\gamma}{2}p_\infty Ma_\infty^2 \qquad (5-2)$$

式中,$\gamma = c_p/c_V$,p_∞ 为飞行高度上的静压力。

所以,式(5-1)也可改写成

$$D_{w.t} = \frac{1}{2}\rho_\infty V_\infty^2 SC_{D_{w,t}} = \frac{\gamma}{2}p_\infty Ma_\infty^2 SC_{D_{w,t}} \qquad (5-3)$$

2. 尖头尖尾对称翼型

参看图 5.11,这是一个菱形翼型的超声速流动情况。

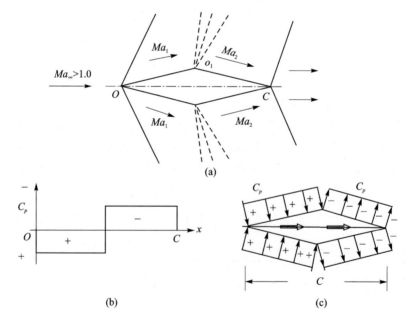

图 5.11

超声速来流 $Ma_\infty > 1.0$,在前缘点 O 处产生斜激波;在 o_1 点处产生扇形膨胀波

系;在后缘点 C 处产生斜激波。翼面上的压力系数 C_p 分布见图 5.11(b)与(c)。迎来流翼面压力增加,背来流翼面压力下降,故将产生厚度波阻力或零升波阻力 $D_{w,t}$,或厚度波阻力系数 $C_{D_{w,t}}$。

按照理论分析知,菱形翼型的厚度波阻力系数有

$$C_{D_{w,t}} = \frac{4}{B}\bar{t}_m^2 \qquad\qquad (5-4)$$

式中,$B = \sqrt{Ma_\infty^2 - 1}$,$\bar{t}_m = t_m/c$ 是翼型的最大相对厚度,参考式(3-2)。

可见,为了减小厚度波阻力,必须尽量减小翼型的 $\bar{t}_m$。

3. 几种翼型厚度波阻力系数 $C_{D_{w,t}}$ 的比较

表 5.1 是以菱形翼型厚度波阻力系数 $C_{D_{w,t}}$ 为基准,在相同来流 Ma_∞、相等 $\bar{t}_m$ 下,给出的各种翼型厚度波阻力系数比值 K_w 的比较,供参阅。它表明,不仅 $\bar{t}_m$ 影响巨大,而且外形也十分重要。

表 5.1　几种翼型厚度波阻力系数比较

翼 型	简 图	比值 K_w
菱　形		1.0
四角形		$1/[4\bar{x}_{t,m}(1-\bar{x}_{t,m})]$
六角形		$1/\left(1-\dfrac{a}{c}\right)$
双弧形		4/3
圆头尖尾型		2.5～4.0

5.2.2　翼型的升力系数和迎角波阻力系数

超声速飞机机翼的翼型,其相对厚度 $\bar{t}_m$ 都比较小,或者采用对称翼型,因此翼型升力的产生可用平板翼型($\bar{t}_m = 0$)来加以说明。

1. 平板翼型的流动图画

超声速来流 $Ma_\infty > 1.0$、以 $\alpha > 0$ 流向平板翼型时的流动图画参看图 5.12。

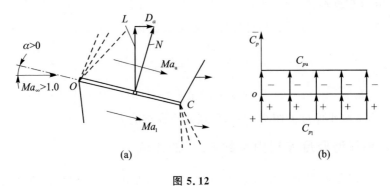

(a)　　　　　　　　(b)

图 5.12

来流撞上前驻点 O 后才产生变化。通过在 O 点处产生扇形膨胀波,上翼面的气流加速、减压;通过在 O 点处产生的斜激波,下翼面气流减速、增压;在后缘点 C 处,上、下分别产生斜激波和扇形膨胀波,使得上下两股气流以相同压强和方向向后流去。

2. 平板翼型的升力系数和升力公式

参看图 5.12(b),翼面上的压力系数 C_p 分布是均匀分布,上翼面 $C_{pu} < 0$;下翼面 $C_{pl} > 0$,$\Delta C_p = C_{pl} - C_{pu} > 0$,产生法向力 N。因迎角很小时,升力 $L \approx N$,按理论分析升力系数 C_L 有

$$C_L = \frac{4}{B} \alpha \qquad (5-5)$$

式中,$B = \sqrt{Ma_\infty^2 - 1}$。而平板翼型的升力 L,有

$$L = \frac{1}{2} \rho_\infty V_\infty^2 S C_L = \frac{\gamma}{2} p_\infty Ma_\infty^2 S C_L \qquad (5-6)$$

按式(5-5),对 α 求导,得升力线斜率,用 C_{La} 表示,有

$$C_{La} = \frac{\mathrm{d}C_L}{\mathrm{d}\alpha} = \frac{4}{B} \qquad (5-7)$$

绘成图形,参看图 5.13。

图 5.13(a)是 C_L-α 的关系曲线。显然,零升力迎角 $\alpha_0 = 0$。图 5.13(b)是 C_{La}-Ma_∞ 的关系曲线。$Ma_\infty \uparrow$,$C_{La} \downarrow$。

与低速时的圆头尖尾对称翼型相比较,可参看图 3.15,差别很大。比如,低速时翼型的 $C_{La} \approx 0.1(°)^{-1}$;在 $Ma_\infty = 2.0$ 时,由式(5-7)可知,平板翼型的 $C_{La} = 2.3 \text{ rad}^{-1} = 0.04(°)^{-1}$,后者比前者下降 60%。你从物理原因上能理解这种变化吗?

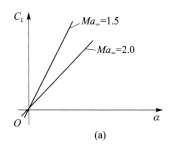
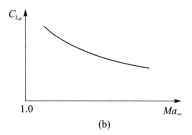

图 5.13

3. 平板翼型的迎角波阻力和迎角波阻力系数

超声速、无粘来流,以 $\alpha > 0$ 流向平板翼型时,参看图 5.12。因上下翼面压力差产生的空气动力为法向力 N,它垂直于翼面,所以,升力 $L \approx N\cos\alpha = N$,但它在来流方向有分量,称为迎角波阻力,有

$$D_{W,a} = N\sin\alpha = L \cdot \alpha$$

所以

$$C_{D_{W,a}} = \frac{D_{W,a}}{\frac{1}{2}\rho_\infty V_\infty^2 S} = C_L \cdot \alpha$$

由式(5-5)有

$$C_{D_{W,a}} = \frac{4}{B}\alpha^2 \tag{5-8}$$

5.2.3　翼型的俯仰力矩特性(气动中心和压力中心)

1. 翼型的空气动力中心 x_{ac} 或 $h_{ac} = x_{ac}/c$

前面讨论过,低速来流时,翼型的 $x_{ac} = 0.25c$ 或 $h_{ac} = 1/4(0.25)$,升力集中在翼型前部,参看第 3 章 3.2 节。

超声速来流时,由平板翼型情况可知,参看图 5.12,$x_{ac} = 0.5c$ 或 $h_{ac} = 1/2$ (0.5)。对于一般薄翼型也是如此,$h_{ac} \approx 0.5$,即升力沿弦线近似是均匀分布的。

2. 翼型的压力中心 x_{cp} 或 $h_{cp} = x_{cp}/c$

无论是低速情况还是超声速情况,压力中心 x_{cp} 或 $h_{cp} = x_{cp}/c$ 的定义都是一样的。它与空气动力中心(或焦点位置)的关系也是相同的,即式(3-27),有

$$h_{cp} = h_{ac} - \frac{C_{m0}}{C_L} \tag{5-9}$$

在超声速情况下,翼型的零升力矩系数 C_{m0} 的大小,取决于翼型最大相对弯度 $\bar{z}_{c,m}$ 与最大相对厚度 $\bar{t}_m$ 的乘积,是一个高阶小量,与低速情况不同。为了减小超声速

的翼型的厚度波阻力,翼型的 $\bar{t}_m$ 较小,$\bar{z}_{c,m}$ 更是小量,所以,$C_{m0} \approx 0.0$,故 $h_{cp} \approx h_{ac}$。

3. 翼型的俯仰力矩特性

针对翼型弦线上任一参考点 x_R 或 $h_R = x_R/c$ 的俯仰力矩系数 C_{mR},仍参见式(3-28),即

$$C_{mR} = C_{m0} - C_L(h_{ac} - h_R) \qquad (5-10)$$

只是此时应代入的是超声速时的 C_L、h_{ac} 和 C_{m0} 的数据,可得超声速时的 C_{mR}。

5.2.4 翼型的阻力特性

在超声速来流中,在 $\alpha = 0$ 时翼型有厚度波阻力;$\alpha \neq 0$ 时,还会产生迎角波阻力。考虑到粘性时,还会产生粘性摩擦阻力和粘性压差阻力。因此,在超声速时翼型的总阻力 D 有

$$D = D_{W,t} + D_{W,a} + D_v \qquad (5-11)$$

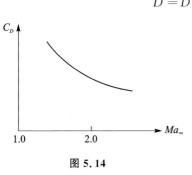

图 5.14

式中,D_v 是粘性阻力。换成系数,上式除以 $q_\infty S$ 或 $\gamma/2 p_\infty Ma_\infty^2 S$,有

$$C_D = C_{D_{W,t}} + C_{W,a} + C_{Dv} \qquad (5-12)$$

式中,C_{Dv} 是粘性阻力系数,C_D 是翼型的总阻力系数。

翼型的 C_D 随来流马赫数 Ma_∞ 的变化而变化,参看式(5-4)、式(5-8)等,有如图 5.14 所示的情形。

5.3 亚声速与跨声速时翼型的空气动力特性

5.3.1 亚声速时翼型的空气动力特性

一般把来流马赫数 $Ma_\infty = 0.4 \sim 0.75$ 之间的流动称为亚声速流动。在上一章已经介绍过,当考虑到空气可压缩性影响时,流速 V 增加,流动马赫数 Ma 增加,空气密度 ρ 下降,空气压力 p 下降且比低速时下降的比例要大一些;反之,流速 V 下降,流动马赫数 Ma 减小,空气密度 ρ 增加,空气压力 p 增大且比例要大一些。因此,翼型在亚声速流动区的空气动力特性与低速时不同。

1. 空气可压缩性压力系数 C_p 修正公式

参看图 3.17,现改绘为图 5.15。这是低速来流流过 $\alpha > 0$ 的对称翼型的沿翼面 $\Delta C_p = C_{pl}(x) - C_{pu}(x)$ 的分布图。当考虑到空气压缩性的影响时,翼面上各点 C_p 将按称为普兰特-葛劳渥的公式进行修正,即

$$C_{pc} = \frac{C_{pic}}{\sqrt{1 - Ma_\infty^2}} \qquad (5-13)$$

式中，C_{pic} 是低速时的压力系数，Ma_∞ 为来流的马赫数，C_{pc} 是修正压缩性影响后的压力系数值。

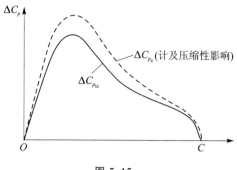

图 5.15

在图 5.15 上，已按此式画出了计算得出的 ΔC_{pc} 分布图(示意图)。

2. 亚声速时翼型的升力、俯仰力矩和阻力特性

由亚声速时的 C_{pc} 和 ΔC_{pc} 分布可知：

① 亚声速翼型的升力系数有

$$C_{Lc} = \frac{C_{Lic}}{\sqrt{1 - Ma_\infty^2}} \qquad (5-14)$$

② 亚声速时翼型的焦点位置和对前缘点的俯仰力矩系数

$$(h_{ac})_c = (h_{ac})_{ic} \qquad (5-15)$$

$$C_{mc} = \frac{C_{mic}}{\sqrt{1 - Ma_\infty^2}} \qquad (5-16)$$

③ 在亚声速时，如果不考虑粘性阻力随 Ma_∞ 变化的改变，则翼型的亚声速阻力系数有

$$C_{Dc} = C_{Dic} \qquad (5-17)$$

5.3.2 跨声速时翼型的空气动力特性

1. 翼型的临界马赫数 Ma_{cr}

在给定翼型外形和迎角 α 的条件下，随着来流速度 V_∞ 和来流马赫数 Ma_∞ 的增加，绕上翼面的速度，如最大速度 e 点处的流速 V_e 也会跟着增大，参看图 5.16。考虑到压缩性的影响，该点处空气温度 T_e 也跟着下降，局部声速 a_e 也下降，故 e 点处的 Ma_e 增大。只要 $Ma_e < 1.0$，则来流仍属于亚声速流动。

随着 V_∞ 或 Ma_∞ 继续增加，Ma_e 也跟着增加，如刚好 $Ma_e = 1.0$，这时这个来流

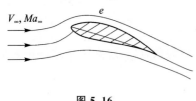

图 5.16

马赫数就称为给定翼型和迎角 α 下的临界马赫数,即

$$Ma_{cr} = Ma_\infty \quad (Ma_e = 1.0)$$

$$(5-18)$$

当来流马赫数 $Ma_\infty > Ma_{cr}$ 时,该翼型在 e 点附近一个小范围区域内,局部马赫数 Ma 都大于 1.0;换句话说,会出现一个局部超声速区。这时,这个流动状态称为该翼型在该迎角 α 下的跨声速流动(或称混合流动状态,大部分为亚声速流动区,局部为超声速区)。注意,来流 $Ma_\infty > Ma_{cr}$,但 $Ma_\infty < 1.0$。

2. 翼型 Ma_{cr} 的变化规律

(1) 给定迎角,变外形

比如,在给定迎角条件下,增大翼型的最大相对厚度 $\bar{t}_m$,参看图 5.17(a),$\bar{t}_m$ 增加,翼型的 Ma_{cr} 减小。为什么?

(2) 给定外形,变迎角

翼型外形一定,增大迎角,参看图 5.17(b),对于普通翼型,Ma_{cr} 都是下降的。为什么?

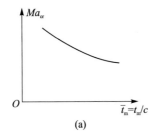

图 5.17

(3) 超临界翼型的 Ma_{cr}

为了适应现代民用航空飞机提高巡航马赫数 Ma_∞ 的要求,比如,B747 飞机的巡航马赫数已提高到 0.88,翼型以及机翼的阻力不要因为进入跨声速飞行($Ma_\infty > Ma_{cr}$)而增加过多,出现了超临界翼型。参看图 5.18,它的几何特点是有比较平坦的上翼面和较大的前缘半径,减缓了上翼面前部的加速作用,这自然会使翼型产生的升力有所下降。为了弥补这一不足,超临界翼型的下翼面后部增加了"正弯度"(reflex camber),用增加下翼面后部的升力来弥补上翼面产生升力的不足。

普通翼型与超临界翼型在跨声速流动时的流动图参看图 5.19(a),超临界翼型的效益或效果参见图 5.19(b)。

由图 5.19(b)知,在相同的 $\bar{t}_m$ 下,超临界翼型的 Ma_{cr} 增加;在相同的临界马赫数 Ma_{cr} 下,超临界翼型 $\bar{t}_m$ 可以大一些,这为机翼外形设计提供了方便。

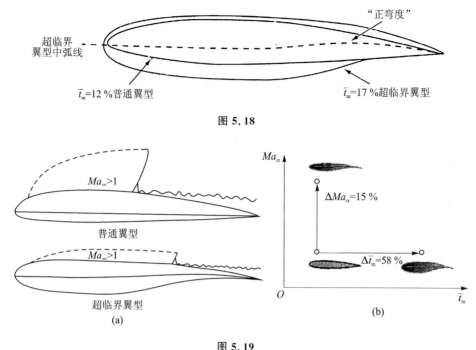

图 5.18

图 5.19

3. 翼型跨声速流动的发展变化过程

过去,低亚声速飞机使用的普通翼型用于跨声速飞行,会产生复杂的流动现象,会产生局部激波,激波和附面层间的干扰引起气流分离,翼型的空气动力特性发生了巨大变化。它们是不适合跨声速飞行的。但是,它们在跨声速流动区产生的现象和发展过程,对于了解跨声速区产生的问题和如何解决问题很有帮助。

图 5.20 是一个亚声速翼型在 $\alpha > 0$ 下,以不同来流马赫数流过时产生的图像。

① 图示翼型在给定 $\alpha(>0)$ 下,知其临界马赫数 $Ma_{cr} = 0.65$。图 5.20(a)中,现来流马赫数为 $Ma_\infty = 0.6$。所以,上翼面最大速度点 e 处,局部马赫数 $Ma_e < 1.0$。故它是纯亚声速流动。翼型的 C_L 按压缩性修正,如图 5.21 所示,随 Ma_∞ 的增加,C_L 增大。

② 当 $Ma_\infty = 0.7(>Ma_{cr})$ 时,就进入跨声速流动区了,见图 5.20(b)。在最大速度点 e 的邻域出现了局部超声速区,并有结尾正激波或 λ 形激波出现。局部超声速区在上翼面上的出现使压力 p 下降,翼型的 C_L 和 C_D 都增大,参看图 5.21。

③ 当 $Ma_\infty = 0.9$ 时,随 Ma_∞ 的继续增加,上翼面局部超声速向前和向后扩展,会使 C_L 继续增加;但因结尾 λ 形激波强度增大,也会使上翼面附面层产生局部分离,从而减缓后扩速度。与此同时,在下翼面上的最大速度点附近,也会出现局部超声速区。随着 Ma_∞ 的增加,下翼面局部超声速区向后扩展速度大于上翼面的向后扩展速度,导致翼型的 C_L 下降,但 C_D 却继续增加,见图 5.20(c)。

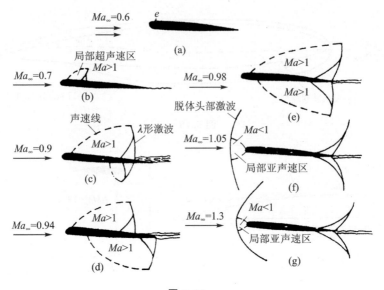

图 5.20

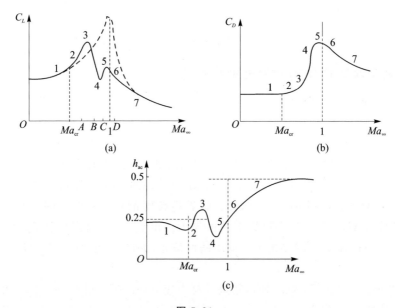

图 5.21

④ 当 $Ma_\infty = 0.94$ 时，下翼面局部超声速区结尾激波先于上翼面的结尾激波到达后缘。翼型的 C_L 大大下降，见图 5.20(d) 和图 5.21(a)。

⑤ 当 $Ma_\infty = 0.98$ 时，上翼面局部超声速结尾激波终于也到达后缘，见图 5.20 (e)。翼型的 C_L 有所回升，见图 5.21(a)。

⑥ 当 $Ma_\infty = 1.05$ 时，来流为超声速气流了。这时流场中只有在翼型头部前缘

处出现脱体弓形激波,在前缘附近出现"局部亚声速"区,其他区域均为超声速区,见图 5.20(f)。

⑦ 当 $Ma_\infty = 1.3$ 时,前缘附近"局部亚声速"迅速缩小。全流场基本为纯超声速流场,跨声速流动区结束。

4. 翼型跨声速流动小结

在给定翼型和迎角 α 的情况下,跨声速流动的变化过程可归纳成四个阶段。

(1) 第一阶段

由 $Ma_\infty = Ma_{cr}$ 到 $Ma_\infty = Ma_A (> Ma_{cr})$ 之间,即在 $Ma_{cr} < Ma_\infty < Ma_A$ 之间的流动。当 $Ma_\infty = Ma_A$ 时,在下翼面最大速度点 e' 处刚好 $Ma_{e'} = 1.0$。换句话说,只有上翼面有局部超声速区和结尾激波,下翼面全为亚声速流动。这时,随 Ma_∞ 的增加,C_L 一直增加,参看图 5.21(a)。

(2) 第二阶段

在 $Ma_A < Ma_\infty < Ma_B$ 之间的流动。当来流马赫数 $Ma_\infty = Ma_B$ 时,下翼面局部超声速区与结尾激波后移到达后缘点。流动特点是上下翼面都有局部超声速区和结尾激波,但下翼面局部超声速区扩展速度快于上翼面的情况。Ma_B 点的位置见图 5.21(a),随 Ma_∞ 的增加,C_L 迅速下降。

(3) 第三阶段

在 $Ma_B < Ma_\infty < M_C$ 之间的流动。当 $Ma_\infty = Ma_C$ 时,上翼面的局部超声速区和结尾激波也终于到达后缘点。Ma_C 点的位置见图 5.21(a),随 Ma_∞ 的增加,C_L 有所回升。

(4) 第四阶段

在 $1.0 < Ma_\infty < Ma_D$ (或 Ma_{det}) 之间的流动。这时来流已为超声速,但出现脱体弓形激波,翼型前缘附近有局部亚声速区存在。一旦 $Ma_\infty > Ma_D$,脱体弓形激波附体,流动变为"纯超声速流动"了。

换句话说,在给定翼型和迎角 α 的情况下,当 $Ma_{cr} \leqslant Ma_\infty \leqslant Ma_D$ (或 Ma_{det}) 时,才是此情况下的跨声速流动区。Ma_D 或 Ma_{det} 称为翼型激波脱体马赫数(detachment Mach number)。

5. 翼型跨声速空气动力特性变化的情况

图 5.21 是某翼型在给定迎角 α 的情况下,在整个来流马赫数 Ma_∞ 范围(低速、亚声速、跨声速和超声速)内,C_L-Ma_∞、C_D-Ma_∞、焦点位置 h_{ac}-Ma_∞ 的变化情况。

在图 5.21 上分别标出了与图 5.20 在气动特性变化曲线上相对应的位置,以便阅读与分析。如(c)对应点 3,(d)对应点 4,其他类推。

值得特别指出的是,在翼型 C_D-Ma_∞ 曲线中,当 $Ma_\infty > Ma_{cr}$,刚进入跨声速区时,阻力系数 C_D 的增大并不明显。但当 $Ma_\infty > Ma_{DR}$ 时,翼型阻力系数 C_D 开始明显增大。Ma_{DR} 称作翼型的阻力发散马赫数。一般 $Ma_{DR} \approx (1.1 \sim 1.15) Ma_{cr}$。

此外,该翼型的 $h_{ac} - Ma_\infty$ 变化,也十分剧烈。它与上下翼面局部超声速的出现时机、位置不同,随 Ma_∞ 变化而发展并与移动速度不一致直接相关。这样的翼型显然不适用于跨声速飞行。

6. 关于五个马赫数

根据上述,出现了五个马赫数:
① 来流马赫数 Ma_∞;
② 翼面上某点处的局部马赫数 Ma;
③ 翼型的临界马赫数 Ma_{cr};
④ 翼型的激波脱体马赫数 Ma_D 或 Ma_{det};
⑤ 翼型的阻力发散马赫数 M_{DR}。

请注意它们的定义,以及 Ma_∞ 与 Ma、Ma_{cr}、Ma_{det}、Ma_{DR} 之间有什么关联,流动现象有什么变化等。请大家自己总结一下。

5.4 高速飞机的外形和空气动力特性

为了安全、有效地实现高速飞行,特别是跨声速或超声速飞行,现代高速飞行的飞机,包括现代喷气式民用客机,必须在飞机几何外形上采取一些有效措施,来改善飞机的高速空气动力特性。首先必须减小阻力,然后,需要有良好的力矩特性,为飞机飞行的稳定性和可操纵性提供基础。

5.4.1 选用薄翼型或高速翼型

1. 选用薄翼型

采用最大相对厚度 $\bar{t}_m$ 较小的翼型,可以增大 Ma_{cr},降低阻力增大的速率,对改善升力特性也有好处,参看图 5.22。

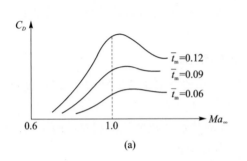
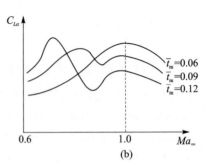

图 5.22

在图 5.23(a)上,还列出了三架军用飞机的 $\bar{t}_m$ 的变化。P-51 是第二次世界大战时著名的螺旋桨式战斗机(最大平飞速度 $V_{max}=700$ km/h),到朝鲜战争中的 F-86($V_{max}=946$ km/h),以及后来的 F-104 超声速战斗机,时间跨度达 20 多年,$\bar{t}_m$ 的变化很大,F-104 的 $\bar{t}_m=0.03$ 相当薄了,俗称"razor-thin"。在图 5.23(b)中,是一些有代表性的飞机随着设计飞行马赫数 Ma_∞ 的增加,机翼翼型的最大相对厚度 $\bar{t}_m$ (顺来流方向)一直在减小的情况。高速飞行选用薄翼型是大势所趋。

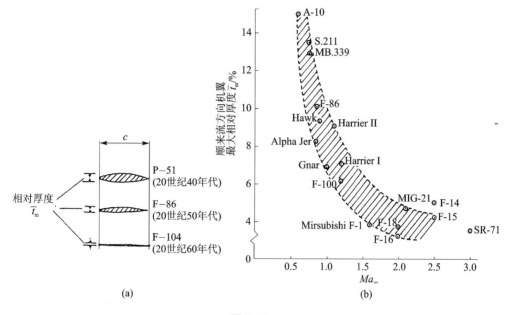

图 5.23

当然,采用薄翼型的缺点在低速飞行时特别明显。机翼的最大升力系数 C_{Lmax} 比较小。对于 F-104 来说,飞机着陆速度非常高,对训练不足的飞行员容易产生着陆飞行事故;此外,还会给飞机机翼的结构强度和刚度设计带来困难;由于机翼内部空间小,难以安排机翼油箱,对飞机留空时间也会产生巨大影响。

2. 选用高速翼型

为了适应高速飞行的需要,在古典翼型的基础上,研究人员改进发展了层流翼型,参看 3.1.2 小节,主要几何特点是把最大厚度位置由传统的 $\bar{x}_{tm}=0.30$ 向后移到 $0.4\sim0.5$。这样确定收到了增大翼型 Ma_{cr} 和减小粘性阻力的效果。但一旦 $Ma_\infty>Ma_{cr}$ 或 $Ma_\infty>Ma_{DR}$ 后,阻力增加很快。于是出现了超临界翼型,参看图 5.18、图 5.19 等。比如 B757 飞机机翼的翼型就采用了超临界翼型,使机翼的空气动力特性得到改善。

5.4.2   采用后掠机翼和小展弦比机翼

在高速来流情况下,采用后掠机翼,从升力特性看,Λ_0 增加,$C_{L\alpha}$ 下降,C_{Lmax} 也下降,失速迎角 α_s 却增大。但是,机翼的阻力特性、零升阻力系数 C_{D0} 却大为改善,参看图 5.24。增大 Λ_0,C_{D0} 不仅减小,而且随 Ma_∞ 增加的增加率也大为下降。阻力发散马赫数 Ma_{DR} 增加。

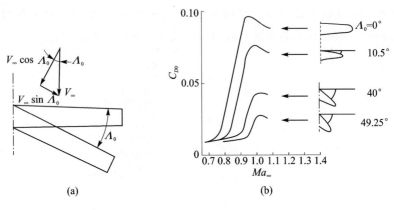

图 5.24

阻力特性大为改善的原因如下:

① 因为有效来流速度 $V_{eff} = V_\infty \cos \Lambda_0 < V_\infty$,因而机翼的临界马赫数 Ma_{cr} 增加。在相同展弦比、翼型、迎角情况下,如梯形直机翼的临界马赫数为 $Ma_{cr,z}$,则梯形后掠机翼的 $Ma_{cr,\Lambda}$ 有

$$Ma_{cr,\Lambda} = Ma_{cr,z} / \sqrt{\cos \Lambda_0} \qquad (5-19)$$

比如,梯形直机翼的 $Ma_{cr,z} = 0.8$,现 $\Lambda_0 = 30°$,则按式(5-19)可得 $Ma_{cr,\Lambda} = 0.86$。

② 后掠机翼如 $Ma_\infty > Ma_{cr,\Lambda}$ 之后,在上翼面出现局部超声速区和结尾激波时,参看图 5.25,相对于来流方向而言是斜激波,因而局部结尾激波强度相对减弱。

③ 此外,在图 5.24 上的数据,还附带有机翼展弦比减小的减阻贡献。展弦比 A 减小,将使上翼面结尾激波强度下降,增加减阻效果。

采用梯形后掠机翼,遇到的最大问题是俯仰力矩在较大迎角下的"自动上仰"现象,参看图 5.26。在 $\alpha > \alpha_1$ 之后,随 α 的增加,产生自动上仰的俯仰力矩。其原因是上翼面附面层因后掠出现展向流动,在翼梢部分堆积,提前产生了翼梢的分离,参看图 3.70。

在图 5.27 上,对已经服役的一些后掠机翼飞机,按其在低速大迎角下的俯仰力矩特性表现(自动上仰力矩大小及其飞行中对飞机稳定性和操纵性的影响程度),按机翼的展弦比 A 和 1/4 弦线后掠角 $\Lambda_{1/4}$ 数据,画出了两个边界线。在 d 线上方,反映自动上仰现象出现早,上仰力矩很大,操纵平衡飞机很困难,称之为不稳定区;在 S 线下方,基本上不会出现自动上仰现象,操纵平衡飞机比较顺手。从图上数据看,大多数飞机都处在 d 线与 S 线之间,在可控制的范围内。

为了改善"自动上仰"的趋势,在后掠机翼上采取了许多改进措施来改善"翼梢分离"问题,请参阅 3.6.5 小节或图 3.71、图 3.72 等。

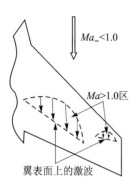

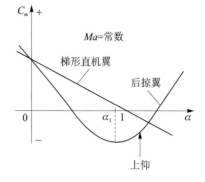

图 5.25   图 5.26

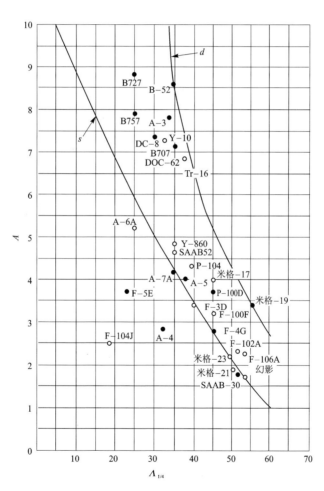

图 5.27

5.4.3 高速飞机的空气动力特性

1. 亚声速飞机的空气动力特性

参看图 5.28,这是一架双发螺旋桨式亚声速运输机的三面图。该飞机为正常式、上单翼气动布局。机翼基本上是一个梯形直机翼,展长 29.2 m,机身长 24.218 m。

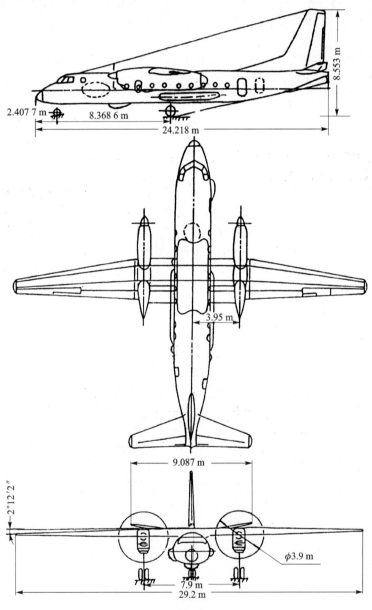

图 5.28

机翼面积 74.98 m²，机翼展弦比 $A=11.7$。机翼平均最大相对厚度为 15% 左右。平尾由水平安定面和后缘式升降舵组成。

该飞机的升力特性和阻力极曲线见图 5.29。在中小迎角下，随飞行马赫数 Ma_∞ 增大，升力系数 C_L 增大；但飞机的 $C_{L\max}$ 和失速迎角 α_s 随 Ma_∞ 的增大均减小，飞机的零升阻力系数 C_{D0} 由 0.03 增加到 0.04 左右，飞机的最大升阻比 $K_{\max}$ 由 16 下降到 13.3 左右。

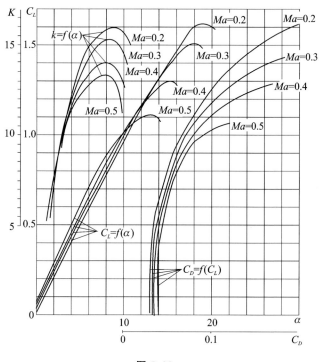

图 5.29

2. 跨声速飞机的空气动力特性

参看图 5.30，这是一架双发喷气式（涡轮风扇发动机）高亚声速或跨声速旅客运输机的三面图。该飞机为正常式、下单翼气动布局。机翼为梯形后掠翼，后掠角 $\Lambda_{1/4}=25°$。机翼展长 38 m，机身长 47.4 m，机翼面积 181 m²，机翼展弦比 7.98，机翼梢根比 $\lambda=0.237$。机翼平均最大相对厚度 11.4% 左右。机翼翼型采用了超临界翼型，平尾为全动平尾。

该飞机的升力和阻力极曲线，参看图 5.31。一定迎角下，随飞行马赫数 Ma_∞ 增大，升力系数 C_L 增大，飞机的零升阻力系数 C_{D0} 也是增大的。该机的不同来流马赫数 Ma_∞ 与该马赫数下的最大升阻比 $K_{\max}$ 的乘积 $Ma_\infty K_{\max}$ 的曲线见图 5.31(c)。由该图可知，$Ma_\infty K_{\max}=13.84$，相应此时的 $Ma_\infty=0.793$，而 $K_{\max}=17.45$。

从图 5.28 和图 5.30 上所示的两架飞机来看，喷气式旅客机无论在外形尺寸上

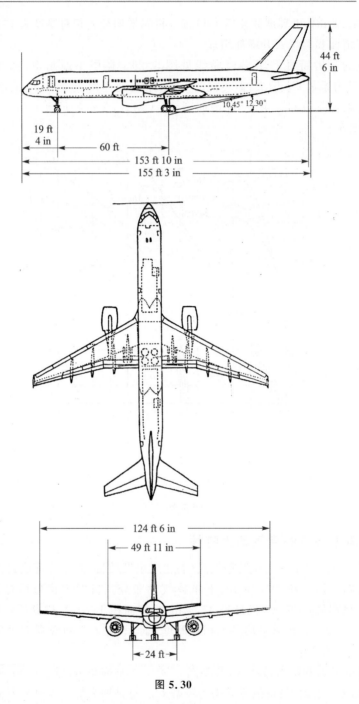

图 5.30

还是在最大起飞重量上都远大于螺旋桨式运输机。然而后者的空气动力特性,比如最大升阻比 K_{max} 等都远高于前者,这主要是缘于机翼外形设计的改进,如翼型类型、平均最大相对厚度、展弦比和后掠角的精心选择等。

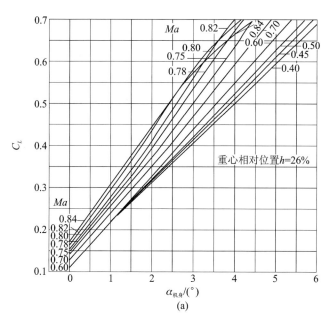

(a)

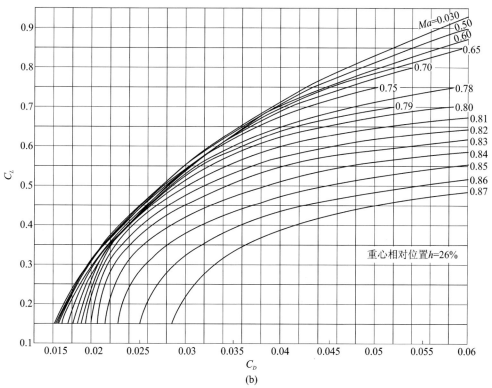

(b)

图 5.31

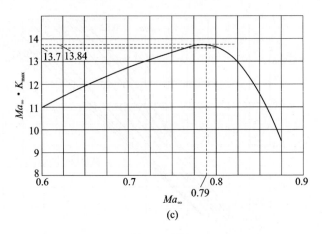

(c)

图 5.31(续)

第**6**章

飞机飞行性能分析需要的其他原始数据

6.1 飞机的重量和重心位置

6.1.1 飞机重量和重心位置的重要性

飞机的重量和重心位置是保障飞行安全的关键环节。飞机重量中的商载大小（对于民用旅客运输飞机是指乘客重量及行李重量的总和,货运飞机是货物的总重）直接影响到航空公司的运营收益。飞机重量中的燃油重量与飞行的航程、商载大小和飞行方案直接相关。携带的燃油量应以满足飞行需要为准,过多装载油量,不仅会增加运营成本,而且也可能危及飞行安全。

飞机载重的安置,包括旅客座位的安排、货物在货舱中的安放等,需要按有关规定确定。每次航班出发前,需要仔细检查,一定要保证飞机全重或总重大小不得超过规定,特别是全重的重心位置必须在使用手册规定的前限和后限之间,才能确保飞行的安全。

图 6.1 是一架军用飞机在一次飞行任务中重心的纵向位置（指沿机身轴线方向）变化示意图。它是以该飞机机翼平均空气动力弦长 C_A 前缘点为原点（关于 C_A 请参看第 3 章 3.6.5 小节或图 3.68）来度量飞机重心的位置 x_{CG}（向后为正值）的,或 $h = x_{CG}/C_A$,它代表重心位置离原点的距离占 C_A 的比例,称为重心相对位置。在图 6.1 上也画出了该飞机重心前限和后限的大小,为 22 ％～27 ％。图上表明,在这一次飞行任务中,飞机的 h 始终保持在前限和后限之间。

从该图上看,你估计该飞机炸弹舱位置应当在飞机前部还是后部?

对于民用运输飞机,对飞机重心 h 也有同样的要求。图 6.2 是一架通用航空小型客机起飞前飞行员在安排乘客的坐位。从图上看,飞行员的建议主要顾及到什么

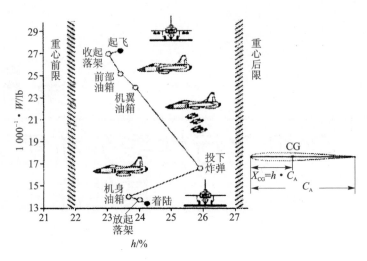

图 6.1

问题?(注意,该飞机的行李舱在飞机后部。)

图 6.2

6.1.2 飞机的重量及其限制

1. 飞机设计时的各种重量及其限制

此处列举的各种重量及其限制只考虑到飞机自身内部结构强度、空间条件,并未涉及到飞机使用时的外部环境条件等限制对飞机重量的影响,例如机场跑道长度的限制、在高原机场的起飞等,这些因素会限制商载、燃油量大小等。

(1) 飞机使用空重 DOW(Dry Operating Weight)的定义

1)小型通用运输机

它的 DOW 是指飞机结构、发动机以及相关系统的重量,外加油箱中不可用燃油、系统中的滑油、液压油、飞机上的临时配重等,绝对不包括飞行员、商载和可用燃油的重量。这个重量还有其他叫法,如 OEW(Operating Empty Weight),或 SEW(Standard Empty Weight)等。

2) 大、中型波音系列运输机

它的 DOW 是上述内容的 DOW 再加上此次航班的机组成员、乘务员以及配餐设备和食品重量等。故这时的 DOW 也被称为 APSW(Aircraft Prepared for Service Weight)。

$$DOW = APSW \tag{6-1}$$

3) 大、中型空客系列运输机

它的 DOW 被称为 BOW(Basic Operating Weight),其定义与小型通用运输机相同,即

$$DOW = BOW \tag{6-2}$$

注意,波音系列飞机与空客系列飞机的使用空重是不相同的。

(2) 飞机最大结构商载 MSP(Maximum Structural Payload)

它是指由飞机内部空间和结构强度决定的最大商载。考虑到飞机的航程,飞机还有一个设计商载 DP(Design Payload)。显然,有 DP<MSP。

(3) 飞机最大燃油重量 MFL(Maximum Fuel Load)

它是由飞机上油箱最大装储能力所决定的燃油重量。

(4) 飞机最大无油重量 MZFW(Maximum Zero Fuel Weight)

$$MZFW = DOW + MSP \tag{6-3}$$

(5) 飞机最大滑行重量 MTW(Maximum Taxi Weight)

它又称最大停机坪重量 MRW(Maximam Ramp Weight)。

(6) 飞机最大起飞重量 MTOW(Maximum Take-Off Weight)

MTW 减去滑行用燃油重量即为 MTOW。这是飞机结构强度决定的最大起飞重量。

(7) 飞机最大着陆重量 MLW(Maximum Landing Weight)

① 小型通用运输机,MLW=MTOW;

② 大中型运输机,MLW<MTOW。

对于大中型运输机,一旦起飞后发生异常,并不能立即返回起飞机场着陆,为什么?

(8) 飞机最大可装卸重量 MDL(Maximum Diposable Load)

$$MDL = MTOW - DOW \tag{6-4}$$

注意,一般 MDL<MSP+MFL。换句话说,不可能同时满足 MSP 和 MFL 的装载要求,否则将超出飞机 MTOW 的限制。

2. 实 例

以 B737-300 飞机为例,说明它的各个重量限制,以及它们之间的相互关系。

$$DOW = 72\ 540\ lb(32\ 900\ kg)$$
$$MSP = 33\ 960\ lb(15\ 400\ kg)$$
$$MFL = 38\ 880\ lb(17\ 650\ kg)$$
$$MZFW = 106\ 500\ lb(48\ 300\ kg)$$
$$MTW = 137\ 500\ lb(62\ 350\ kg)$$
$$MTOW = 137\ 000\ lb(62\ 150\ kg)$$
$$MLW = 114\ 000\ lb(51\ 700\ kg)$$
$$MDL = 64\ 460\ lb(29\ 250\ kg)$$

请检查上述 8 个重量的定义以及它们之间的关系是否与叙述相符合。

6.1.3 一次航班飞行中飞机的各个重量与重量限制检查

1. 一次航班飞行中飞机的各个重量

① 由给定机型和飞机机尾编号,从飞机手册中可查得该飞机的 DOW、MSP、MFL、MZFW、MTOW 和 MLW 等重量限制数据。

② 一次航班飞行中可知的相关重量数据还有:

PL——此次航班的商载(Pay Load),一般 PL≤DP。

FL——此次航班起飞时的燃油重量(飞机加装燃油重量扣除滑行用油重量。如 B737-300,滑行用油量一般约为 500 lb)。加装燃油重量与商载大小,与预计飞行的航程长短、飞行方案有关。

TFL——此次航班航线飞行所用燃油重量。

显然,此次航班飞行的备份燃油重量为 FL - TFL>0。

③ 相应于此次航班飞行的其他重量还有:

$$ZFW = DOW + PL \quad (无油重量)$$
$$TOW = ZFW + FL \quad (起飞重量)$$
$$LW = TOW - TFL \quad (着陆重量)$$

2. 一次航班飞行前的重量检查

必须满足下列关系式,才能允许起飞:

$$ZFW \leqslant MZFW \tag{6-5}$$
$$TOW \leqslant MTOW \tag{6-6}$$
$$LW \leqslant MLW \tag{6-7}$$

3. 一次航班的商载余量检查,以便在起飞前作适当调整,来增加运营经济效益

(1) 最大起飞重量的决定因素

一次航班允许的最大起飞重量,由下列三个重量中的最小值决定:

① 一次航班的 MTOW；

② 一次航班的 MZFW+FL；

③ 一次航班的 MLW+TFL。

(2) 一次航班允许的商载大小

从(1)项中挑出允许的最大起飞重量后,减去本次航班飞机的使用空重 DOW 和本次航班实际载油量 FL,即得本次航班允许的商载 APL。

(3) 一次航班飞行的商载余量

由上述所决定的 APL,减去此次航班实际 PL,得尚可装载的商载余量。如有可能,可在起飞前调整。

6.1.4　飞机的重心、重心位置与内部装载(配平)

1. 飞机的重心与重心位置

飞机的重心 CG(Center of Gravity),有时也称为质心,是指飞机各个部分重力的合力 W 的作用点,参看图 6.3(a)。显然,飞机各个部分的重力对该点取矩,则合力矩应恒等于零。换句话说,如果能在重心处安装一个吊环,用吊车将飞机吊起,飞机保持图示水平姿态而不会变化,则说明重力作用处于平衡状态。

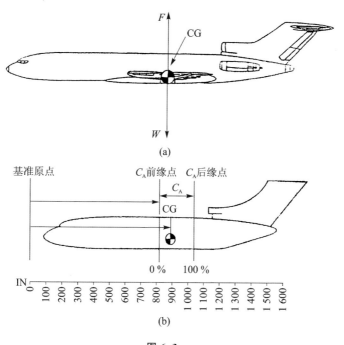

图 6.3

飞机的重心(CG)在飞机上的位置,主要是纵向位置 x_{CG}(参看图 6.1),还有上下位置 z_{CG} 和横向位置 y_{CG},参看图 6.3(a)。但由于飞机左右几何对称,左右内部装载应当保证左右重力相等,故 $y_{CG}=0$,上下位置 z_{CG} 也应近似为零。所以说飞机重心位置指的是 x_{CG} 的大小或 $h=x_{CG}/C_A$ 的大小。实际上,对飞机飞行安全与飞行性能最为关心的是,飞机纵向重心位置一定要处于飞机平均空气动力弦长(MAC)或 C_A 的范围内,见图 6.3(b)。

图 6.4 是一架飞机在不同飞行重量下允许的重心变化范围图,称为该飞机的重心包线图(center of gravity envelope)。

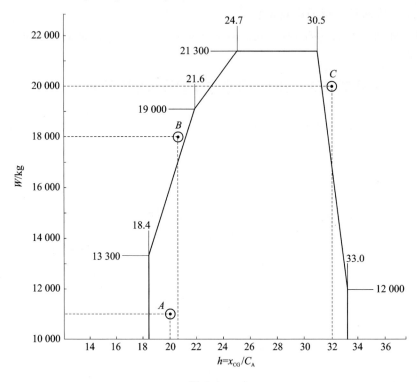

图 6.4

由图 6.4 可知,当飞机 $W=10\ 000$ kg 时,重心的前限 $h_{min}=18.4\ \%$,重心后限 $h_{max}=33\ \%$。这时飞机的重心位置应当满足 $18.4\ \% < h < 33\ \%$ 的要求。从图上知,若 $W=11\ 000$ kg,其重心位置 $h=20\ \%$,见图上的 A 点位置,表明重心位置符合重心包线图的要求。当 $W=18\ 000$ kg 时,重心位置 $h=20.5\ \%$(图上用 B 点表示),表明它已超过重心前限了,不符合要求,必须调整内部装载情况。图上的 C 点情况也是不允许的,已经越过重心后限了。

所以,在一次航班飞行中飞机重量大小以及由装载情况所决定的重心位置,必须满足对重量大小的限制,而且重心位置必须在重心包线图内才能允许起飞。

2. 在给定机型和总重 W 的情况下,飞机重心位置 x_{CG} 或 h 的计算方法

① 首先确定飞机使用空重 DOW 的重心位置 x_{dow},参看图 6.5。比如可用称重

方法(在地秤上进行),按下列公式计算确定:

$$W = W_1 + W_2 = \sum W_i$$

$$W_1 = N_1, \quad W_2 = N_2$$

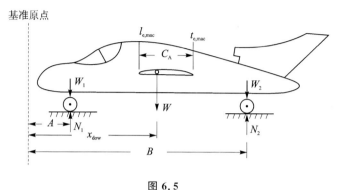

图 6.5

而

$$x_{dow} = \frac{W_1 A + W_2 B}{W_1 + W_2} = \frac{\sum M_i}{\sum W_i} \qquad (6-8)$$

即"用总重除以总力矩得重心位置",而 h_{dow} 有

$$h_{dow} = \frac{x_{dow} - x_{le,mac}}{C_A} \quad (\%) \qquad (6-9)$$

图 6.5 中, $l_{e,mac}$, $t_{e,mac}$ 表示 C_A 弦的前缘点和后缘点位置。

② 装上商载 PL($W_3 + W_4 + \cdots$)得飞机无油重量 ZFW。对应于商载 W_3 和 W_4 等重量的重心位置分别为 x_3 , $x_4 \cdots$ (已知),于是,飞机无油重量 ZFW 的重心位置 x_{zfw} 有

$$x_{zfw} = \frac{W_{dow} \times x_{dow} + W_3 \times x_3 + W_4 \times x_4 + \cdots}{W_{dow} + W_3 + W_4 + \cdots} \qquad (6-10)$$

而

$$h_{zfw} = \frac{x_{zfw} - x_{le,mac}}{C_A} \quad (\%) \qquad (6-11)$$

③ 装上燃油 FL($=W_6 + W_7 + \cdots$),得飞机的起飞重量 TOW。对应于前油箱中的燃油重 W_6 和后油箱中的燃油重量 W_7 等的重心位置分别为 x_6 , x_7 , $\cdots$,故飞机起飞时的重心位置 x_{CG} 有

$$x_{CG} = \frac{W_{zfw} \times x_{zfw} + W_6 \times x_6 + W_7 \times x_7 + \cdots}{W_{zfw} + W_6 + W_7 + \cdots} \qquad (6-12)$$

而

$$h = \frac{x_{CG} - x_{le,mac}}{C_A} \quad (\%) \qquad (6-13)$$

④ 计算飞机重心位置的统一简洁公式如下：

$$x_{CG} = \frac{M_1 \pm \sum \Delta M_i}{W_1 \pm \sum \Delta W_i} \qquad (6-14)$$

式中，W_1 和 M_1 代表 DOW 情况下或某个重量下的重量和对基准原点(datum 点)的力矩；而 $\sum \Delta W_i$ 和 $\sum \Delta M_i$ 分别代表加或减商载和燃油重量以及相应的力矩贡献总合，参看式(6-10)、式(6-12)等。加号(+)用于增加重量的情况，减号(-)用于减小重量的情况，以达到控制重心位置的目的，满足内部装载配平的要求。

3. 应用举例

① 已知某飞机的 $W_{dow}=1\,340$ lb，$x_{dow}=51.6\times10^3$ in，商载 $W_3=320$ lb，$x_3=11.2\times10^3$ in；$W_4=300$ lb，$x_4=21.6\times10^3$ in；燃油重量 $W_5=240$ lb，$x_5=11.6\times10^3$ in。求该飞机的 $x_{CG}=?$

解 列表如下(见表 6.1)：

表 6.1 飞机重量参数(1)

项　目	重量/lb	力臂/in	$1\,000^{-1}$·力矩(力矩指数)
W_{dow}	1 340	51.6×10^3	69 144
W_3	320	11.2×10^3	3 584
W_4	300	21.6×10^3	6 480
W_5	240	11.6×10^3	2 784
W	2 200	37.3×10^3	81 992

按式(6-14)有

$$x_{CG} = (81\,992\times10^3/2\,200)\ \text{in} = 37.3\times10^3\ \text{in}$$

② 已知某飞机在 $W_1=7\,000$ lb 时，飞机重心的位置 $x_1=79$ in。该飞机重心后限不得超过 $x_{CG}=80.5$ in。现打算再增加重量 $W_Z=200$ lb，求不会使飞机重心位置超出后限的 $x_2=?$

解 列表如下(见表 6.2)：

表 6.2 飞机重量参数(2)

项　目	重量/lb	力臂/in	$1\,000^{-1}$·力矩(力矩指数)
W_1	7 000	79	553
W_2	200	—	—
W	7 200	80.5	579.6

按式(6-14)，有 $\Delta M_2=579.6-553=26.6$
故

$$x_2 = (26.6/200\times1\,000)\ \text{in} = 133\ \text{in}$$

③ 已知某飞机在 $W_1 = 7\,800$ lb 时,重心位置 $x_1 = 81.5$ in,已超出重心后限 80.5 in。现需要从飞机后货舱 150 in 移动多大重量($W_2 = ?$)的货物到前货舱 30 in 处,就能满足重心后限的要求?

解　由式(6 - 14)知,移动货物不会影响总重,故 $\pm \sum \Delta W_i = 0$,但力矩项 $\pm \sum \Delta M_i$ 会发生变化。向前移动重量取负号,向后移动重量取正号,现有

$$x_{CG} = \frac{M_1 \pm \sum \Delta M_i}{W_1} \tag{6 - 15}$$

按本题意列表如下(见表 6.3):

表 6.3　飞机重量数据(3)

项　目	重量/lb	力臂/in	$1\,000^{-1} \cdot$力矩(力矩指数)
W_1	7 800	81.5	635.7
W_2	—	−120	—
W	7 800	80.5	627.9

按式(6 - 15),有

$$627.9 \times 10^3 = 635.7 - 120 \times W_2$$

得

$$W_2 = 65 \text{ lb}$$

④ 练习题:已知某飞机 $W_1 = 6\,400$ lb 时,重心位置 $x_1 = 80$ in,又知该机重心后限位置为 80.5 in。现在后行李箱中 $x_2 = 150$ in 处再加入多大重量 W_2,飞机重心才不会超出重心后限位置?(答案:$W_2 = 46$ lb)

4. 小　结

从上面列出的例子来看,都是通用型小型旅客运输机的情况。从原理上讲,上述方法同样也可以用于大中型民用运输机。但是,为旅客每个座位位置(相当力臂值)和每位旅客重量列表将是一个耗时的工作,特别是当旅客不是满座时更是如此。为了便于完成这项内部装载配平、定重心位置的工作,提出了"加载工作区"(loading zone)的概念,把一个客舱或货舱或油箱,用一个力臂值近似替代,比如用该舱位的面心(或重心)的位置来替代。

比如,B727 飞机,前客舱的力臂值取为 582 in,后客舱的力臂值取为 1 028 in;前货舱的力臂值取为 680 in,后货舱的力臂值取为 1 166 in。该飞机有 3 个油箱,其力臂值随装油量不同稍有改变,参看表 6.4。第一和第三油箱分别为左右机翼油箱,第二油箱为机身中部油箱,由表 6.4 可查得相应的力臂值。B727 飞机的 DOW = 105 500 lb,力臂值为 879.97 in。

现以 B727 的一个例子来说明确定重心位置 x_{CG} 或 h 的步骤。

飞行原理

飞机装载情况：

旅客每人设定重量为 170 lb，前舱旅客 18 人，总重为 3 060 lb；后客舱旅客 95 人，则总重为 16 150 lb。前货舱装载 1 500 lb，后货舱装载 2 500 lb。装油情况：第一、三油箱分别装油各 10 500 lb，第二油箱为 28 000 lb。它们相应的力臂值由图 6.4 可得为 995.4 in 和 913.9 in。

表 6.4　燃油加载表

左右机翼油箱1和3(EACH)			机身中部油箱2(3 CELL)					
重量/lb	力臂	10^{-3}·力矩指数	重量/lb	力臂	10^{-3}·力矩指数	重量/lb	力臂	10^{-3}·力矩指数
8 500	992.1	8 433	8 500	917.5	7 799	22 500	914.5	20 576
9 000	993.0	8 937	9 000	917.2	8 255	23 000	914.5	21 034
9 500	993.9	9 442	9 500	917.0	8 711	23 500	914.4	21 488
10 000	994.7	9 947	10 000	916.8	9 168	24 000	914.3	21 943
10 500	995.4	10 451	10 500	916.6	9 624	24 500	914.3	22 400
11 000	996.1	10 957	11 000	916.5	10 082	25 000	914.2	22 855
11 500	996.8	11 463	11 500	916.3	10 537	25 500	914.2	23 312
12 000	997.5	11 970	12 000	916.1	10 993	26 000	914.1	23 767
满载			**(说明见左下角)			26 500	914.1	24 244
						27 000	914.0	24 678
**注意：油箱2重量在12 500~18 000 lb时的力臂值取为零。			18 500	915.1	16 929	27 500	913.9	25 132
			19 000	915.0	17 385	28 000	913.9	25 589
			19 500	914.9	17 841	28 500	913.8	26 043
			20 000	914.9	18 298	29 000	913.7	26 497
			20 500	914.8	18 753	29 500	913.7	26 954
			21 000	914.7	19 209	30 000	913.6	27 408
			21 500	914.6	19 664	满载		
			22 000	914.6	20 121			

列表如下（见表 6.5），可计算得此次装载情况下，飞机的 x_{CG} 大小。

表 6.5　飞机重量数据（4）

项　目	重量/lb	力臂/in	$1\ 000^{-1}$·力矩(力矩指数)
W_{dow}	105 500	879.97	92 837
前客舱	3 060	582	1 781
后客舱	16 150	1 028	16 602
前货舱	1 500	680	1 020
后货舱	2 500	1 166	2 915
第一油箱	10 500	995.4	10 451
第二油箱	28 000	913.9	25 589
第三油箱	10 500	995.4	10 451
总计	177 710	—	161 646

按式（6-14），有

$$x_{CG}=[(161\ 646/177\ 710)\times 1\ 000]\ \text{in}=909.6\ \text{in}$$

现知,该机平均空气动力弦长 $C_A = 180.9$ in,平均空气动力弦长前缘点距基准点的距离 $x_{\text{le,mac}} = 860.5$ in,见图 6.3(b),因此,飞机重心在 C_A 弦上的相对位置按式(6-13)有

$$h = \frac{x_{\text{CG}} - x_{\text{le,mac}}}{C_A} = \frac{909.6 - 860.5}{180.9} \times 100\% = 27.1\%$$

正如前述,确定在给定飞机总重 W 下的 x_{CG} 后,必须检查它是否在飞机允许重心前限和后限之间,参看图 6.4 所示的重心包线图的示例。

此外,对于大中型正常式布局的运输飞机而言,重心位置尽管满足要求,处于重心包线图之内,但如果重心位置靠前,或者在飞机起飞过程中打开襟翼的角度增加,都会增加起飞抬前轮时升降舵上偏角的大小。为了改善飞机纵向力矩的配平,在确定 x_{CG} 或 h 大小之后,还有一项工作要做:调整正常式布局飞机平尾安定面安装角,参看表 6.6。这是 B727 飞机的用图。

表 6.6　B727 平尾安定面配平调定值表

重心位置 $h/\%$	襟翼偏角		
	5	15/20	25
	安定面配平调定值		
10	6 3/4	7 1/2	8 1/4
12	6 1/2	7 1/4	8
14	6 1/4	7	7 3/4
16	6	6 3/4	7 1/2
18	5 3/4	6 1/2	7
20	5 1/2	6	6 1/2
22	5	5 3/4	6 1/4
24	4 3/4	5 1/4	5 3/4
26	4 1/2	4 3/4	5 1/4
28	4	4 1/2	4 3/4
30	3 3/4	4	4 1/4
32	3 1/2	3 3/4	4
34	3 1/4	3 1/4	3 1/2
36	2 3/4	3	3
38	2 1/2	2 1/2	2 1/2
40	2 1/2	2 1/2	2 1/2
42	2 1/2	2 1/2	2 1/2

由表 6.6 知,当 h 减小,或增大襟翼偏角时,平尾安定面安装角相应要增大(负值增大)。详情见第 9 章有关内容。

目前,像现代波音系列或空客系列民用旅客飞机,关于飞机重量和重心位置的计

算与检查,常用填写飞行舱单的方法来进行。它将上面的计算原理用特殊制图方法来体现。按填写图表步骤,一一来完成计算与检查工作。

飞行舱单共有两张,即

① Load Sheet & Load Message(某航班重量装载清单);

② Balance & Trim Chart(某航班重心位置与水平安定面配平安装角计算用图),具体内容,请参考有关飞机手册。

6.2 螺旋桨式飞机的可用拉力与可用功率

6.2.1 螺旋桨产生可用拉力的原理

螺旋桨式飞机飞行时遭遇到的空气阻力,是依靠航空发动机(如活塞式发动机或涡轮螺旋桨发动机)的轴功率带动螺旋桨旋转产生的前进拉力来克服的。螺旋桨旋转起来后产生可用拉力的原理,可简单用动量原理来说明。

1. 动量原理(理想推进器原理)

(1) 理想推进器(桨盘)的拉力 T_P

转动的螺旋桨带动飞机以速度 V_∞ 向左运动(低速运动),参看图 6.6,它是按相对运动原理画出的,飞机不动,远前方来流将以 V_∞ 流向桨盘,并通过桨盘流向远后方。从流管截面积的收缩变化可知,流速一直加速,以 V_∞ 到 V_1(桨盘处),$V_1 = V_\infty + v_1$,到远后方的 V_2,有 $V_\infty < V_1 < V_2$。桨盘后从 V_1 到 V_2 称为滑流,$V_2 = V_\infty + v_2$。在图 6.6 上还绘出沿流管方向压力的变化,而远前方和远后方的压力均为 p_∞。

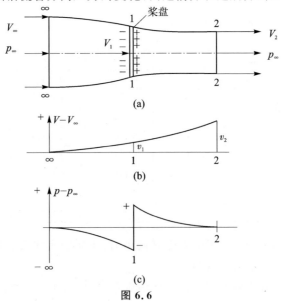

图 6.6

注意，流速通过桨盘压力的提升，是发动机轴功率转动螺旋桨对空气做功的结果，加入了机械能量。桨盘前、后的负压区和正压区的存在，正是牵动气流加速的原因所在。

若桨盘面积为 πD^2（D 是桨盘直径），单位时间流过桨盘的空气质量为 $\dot{m} = \rho_\infty V_1 \cdot (\pi D^2)$；又因 $V_2 > V_\infty$，则按动量定理，桨盘产生的拉力 T_P，有

$$T_P = \dot{m}(V_2 - V_\infty) = \dot{m} v_2 \qquad (6-16)$$

要想增大拉力 T_P，可以通过增加 V_2 或增大桨盘直径 D 来实现。增大 V_2 固然会增大拉力，但它带走了过多的动能，会降低理想推进器的推进效率。

（2）理想推进器推进效率 η_P

桨盘产生了拉力 T_P，并拉动飞机以速度 V_∞ 前进，它提供的有用功率 P_a，有

$$P_a = T_P V_\infty = \dot{m} v_2 V_\infty \qquad (6-17)$$

产生 P_a 所消耗的总功率 P_t，利用动能原理：单位时间内动能的增加应等于消耗在产生速度增量上的总功率 P_t，即

$$P_t = \frac{\dot{m}}{2}(V_2^2 - V_\infty^2) \qquad (6-18)$$

因 $V_2 = V_\infty + v_2$，代入上式，有

$$P_t = \frac{\dot{m}}{2}(2v_2 V_\infty + v_2^2) = \dot{m} v_2 V_\infty + \frac{\dot{m}}{2} v_2^2$$

按式（6 - 17），有

$$P_t = P_a + \frac{\dot{m}}{2} v_2^2 \qquad (6-19)$$

上式表明，总功率的一部分为有用功率；另一部分由于滑流速度的增大（$v_2 > 0$）而产生的功率，是不可能变为有用功率的。但是，v_2 也不能等于零，因为 P_a 也与 v_2 有关，见式（6 - 17）；如何取舍，需看推进效率 η_P 的大小来定。按定义有

$$\eta_P = \frac{有用功率}{消耗的总功率}$$

$$\eta_P = \frac{P_a}{P_t} = \frac{P_a}{P_a + \dfrac{\dot{m}}{2} v_2^2}$$

代入 P_a，则得

$$\eta_P = \frac{V_\infty}{V_\infty + \dfrac{v_2}{2}} = \frac{2V_\infty}{V_\infty + V_2} = \frac{2}{1 + \dfrac{V_2}{V_\infty}} \qquad (6-20)$$

图 6.7 是 η_P - V_∞ / V_2 的变化图形。由图可见，要想 $\eta_P = 1.0$，实际上是不可能的，只有 $V_2 = V_\infty$ 或 $v_2 = 0$，但此时 $T_P = 0$。要想 $\eta_P = 0.85$，从图上知，则要求 $V_\infty / V_2 = 0.75$，这是目前螺旋桨所能达到的最佳状态了。

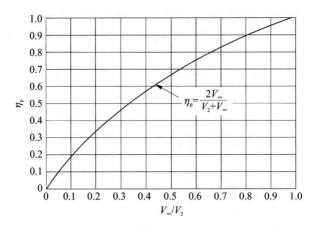

图 6.7

以上是对理想推进器的介绍,它的损失功率是 $\frac{1}{2}\dot{m}v_2^2$,如果计入其他损失,比如滑流旋转的能量损失、空气粘性摩擦损失、空气可压缩性损失、螺旋桨叶片之间的相互影响损失等,实际推进效率还会进一步下降。

2. 叶素(桨叶剖面)工作原理

螺旋桨转动产生拉力,也可以换个角度来说明。参看图 6.8,这是一个二叶螺旋桨,半径为 R,螺旋桨前进速度为 V_∞,旋转角速度 $\omega=2\pi n$(n 是螺旋桨转速)。在离旋转轴半径为 r 处切下一微段 $\mathrm{d}r$,称为叶素,弦长为 c,微段面积为 $c\mathrm{d}r$。值得特别注意的是剖面形状形同机翼翼型。

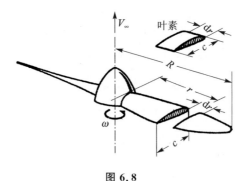

图 6.8

现来看该叶素的运动情况,参看图 6.9。该剖面弦线与螺旋桨旋转平面之间的夹角 β,称为桨叶剖面的桨矩角(pitch angle)或称桨叶角或安装角。桨叶剖面的旋转速度为 $\omega r=2\pi nr$。该剖面向左的运动速度为 V_∞,故该剖面运动的合速度为 W,有

$$W=[(2\pi nr)^2+V_\infty^2]^{1/2} \qquad (6-21)$$

合速度 W 与旋转平面之间的夹角 θ,称为桨叶剖面的螺旋角或气流角,有

$$\theta = \arctan\left(\frac{V_\infty}{2\pi n r}\right) = \arctan\left[\frac{D}{2\pi r}\left(\frac{V_\infty}{nD}\right)\right] = \arctan\left(\frac{J}{\pi \bar{r}}\right) \qquad (6-22)$$

$$J = \frac{V_\infty}{nD} \qquad (6-23)$$

式中，D 为桨叶直径，$\bar{r} = r/R$ 为叶素的相对半径，R 为桨叶半径（$D/2$）。

$J = V_\infty / nD$ 是一个无量纲的量，称为螺旋桨的前进比（advance ratio）。这是因为 V_∞ / n 相当于每转一圈螺旋桨前进的距离，而 $J = V_\infty / nD$ 则代表该距离与螺旋桨直径大小之比，此即为 J 或前进比的含义。

合速度 W 与剖面弦线之间的夹角 α，称为桨叶剖面的迎角，这是决定剖面上产生空气动力（包括螺旋桨拉力）大小的关键因素之一。由图 6.9 和式（6-22）可知，有

$$\alpha = \beta - \theta = \beta - \arctan(J/\pi \bar{r}) \qquad (6-24)$$

式（6-24）表明，给定 $\bar{r}$、β（给定叶素的安装角），前进比 J 的大小直接影响到该叶素迎角 α 的大小。J 增加，θ 角增大，迎角 α 减小；J 减小，θ 角减小，迎角 α 增大。所以，螺旋桨的前进比 $J = V_\infty / nD$ 是一个非常重要的量。

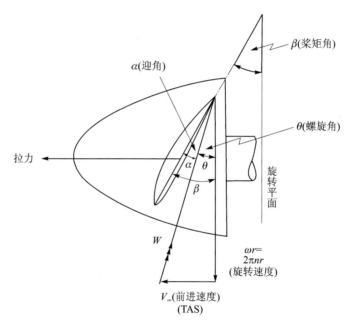

图 6.9

现在来看看叶素上的受力情况，参看图 6.10，即合速 W 将以 α 角流向叶素剖面，按第 3 章相关内容知，将在叶素剖面上产生升力 L' 和阻力 D'，或它们的合力 AF。现将 AF 沿 V_∞ 方向和垂直 V_∞ 方向分解，则得该剖面提供的拉力 T' 和阻转力 R'；阻转力 R' 与剖面所处位置半径 r 相乘，则得阻转力矩 $M'_R = R' \times r$，它应当由发动机提供的转动力矩来克服，以维持旋转转速 n 大小不变。

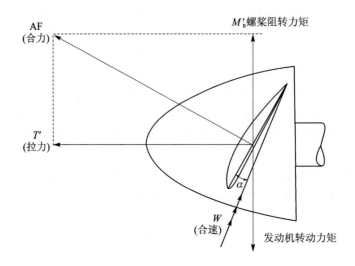

图 6.10

3. 螺旋桨叶几何特性

给定 β、J，由式（6-24）可知，$\bar{r}$ 增加，剖面的迎角 α 将增加；$\bar{r}$ 减小，剖面的迎角 α 将减小。假如，在 $\bar{r}=0.75$ 处剖面，给定 β、J 下该处的迎角 $\alpha=\alpha_{opt}$（即此时，该剖面的升阻比 $K=C_L/C_D \rightarrow max$），那么，在 $\bar{r}>0.75$ 部分的剖面，因迎角增加，则 $\alpha > \alpha_{opt}$；反之，在 $\bar{r}<0.75$ 部分的剖面，因迎角减小，也会使 $\alpha < \alpha_{opt}$，都会使 $K < K_{max}$。可见，为发挥桨叶各个剖面的功效，一个桨叶的桨矩角 β 应当随着 $\bar{r}$ 的增加而减小。这称为螺旋桨叶片的"外洗几何扭转"。参看图 6.11(a)，是叶片 $\beta-\bar{r}$ 的变化示意图。图 6.11(b)，是一架通用型轻型低速飞机采用的木质螺旋桨。其前缘部分用金属薄片包装起来，防止过快磨损，称为木质螺旋桨的"包边"。

螺旋桨叶的几何形状参数，除了直径 D 和沿半径 $\bar{r}$ 的桨矩角 β 分布外，还有叶素剖面弦长 c（或称宽度）和最大厚度 t_m 沿 $\bar{r}$ 的分布以及各个叶素剖面的形状等。

在图 6.12 所示(a)螺旋桨中，$\bar{c}=c/D$ 称为相对弦长，它沿 $\bar{r}$ 的分布给出了桨叶的平面几何形状，最大 $\bar{c}_{max}$ 一般为 8% 左右。桨叶的最大相对厚度 $\bar{t}_m=t_m/c$ 随 $\bar{r}$ 减小是增加的。对桨叶空气动力性能最有影响的是叶梢部分的相对厚度 $\bar{t}_m$。故一般选 $\bar{r}=0.9$ 处的 $\bar{t}_m$ 作为代表。木质桨的 $\bar{t}_m$ 为 7%～8%，而金属桨的 $\bar{t}_m$ 则为 4%～7%。图 6.12(b)列举了一些螺旋桨的平面形状，供参阅。

至于叶素剖面的外形，可参看图 6.13。这是三个典型用于螺旋桨叶片的翼型，可供参阅。

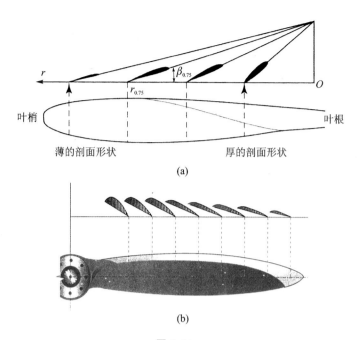

(a)

(b)

图 6.11

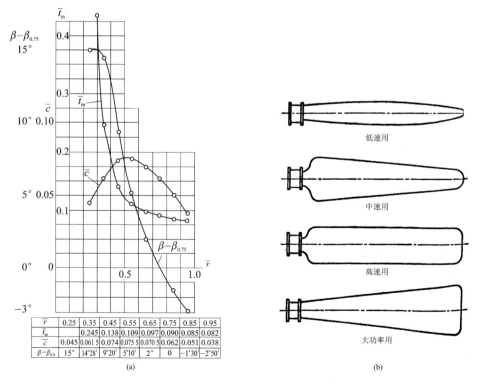

$\bar{r}$	0.25	0.35	0.45	0.55	0.65	0.75	0.85	0.95
$\bar{t}_m$		0.245	0.138	0.109	0.097	0.090	0.085	0.082
$\bar{c}$	0.045	0.061 5	0.074	0.075 5	0.070 5	0.062	0.051	0.038
$\beta-\beta_{0.75}$	15°	14°28′	9°20′	5°10′	2°	0	−1°30′	−2°50′

(a)

(b)

图 6.12

6.2.2 可用功率和可用拉力

这里以活塞式发动机与螺旋桨组合为例,来加以说明。

1. 活塞式发动机的轴功率 BHP(Brake Horsepower)

BHP 又称为铭牌功率,它的大小由发动机厂家提供。BHP 大小取决于发动机轴相对转速 $\bar{n}(=n/n_{\max}, n_{\max}$ 为发动机轴最大转速)、油气比 f 和飞行高度 H 等诸多因素。油气比 f 是进入气缸的空气流量与燃油流量之比,由油门杆控制。详情可参阅发动机原理。

2. 螺旋桨轴的轴功率 SHP(Shaft Horsepower)

图 6.14 是活塞式发动机与螺旋桨组合的示意图。螺旋桨轴与发动机转动轴之间有传动齿轮箱(图上未画出),故发动机带动螺旋桨轴转动时,功率有一定损失,现用齿轮箱传动效率 η_g 来表示,故有

$$\mathrm{SHP}=\eta_g \mathrm{BHP} \tag{6-25}$$

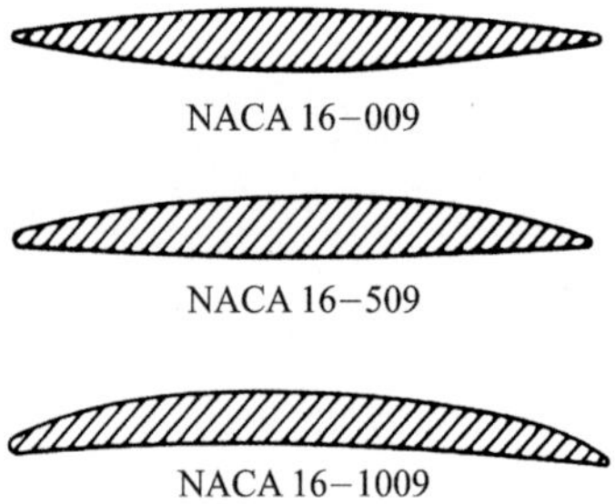
NACA 16-009
NACA 16-509
NACA 16-1009

图 6.13

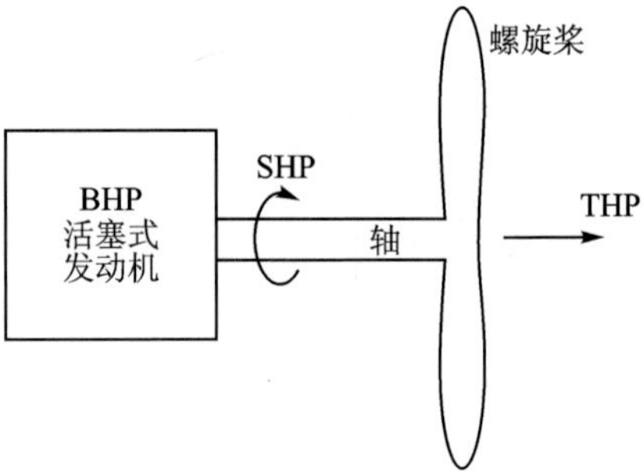
螺旋桨
BHP
活塞式
发动机
SHP
轴
THP

图 6.14

3. 螺旋桨可用(拉力)功率 THP(Thrust Horsepower)

参看图 6.10,转动的螺旋桨产生拉力 T_P 为各个叶素剖面产生的 T' 的合力,它单位时间所做的功为

$$\mathrm{THP}=T_P \times V_\infty \tag{6-26}$$

4. 螺旋桨的推进效率 $\boldsymbol{\eta}_{\mathbf{pr}}$

输入螺旋桨轴的功率为 SHP,其中,转化为拉动飞机前进的可用功率 THP 有多少呢?这取决于螺旋桨的推进效率或简称螺旋桨效率 η_{pr},它的定义是

$$\eta_{pr}=\frac{\mathrm{THP}}{\mathrm{SHP}} \tag{6-27}$$

即螺旋桨产生的可用功率 THP 占输入螺旋桨轴的 SHP 的比例。一般 $\eta_{pr}<1.0$。正如在讨论理想推进器的推进效率 η_P 时指出的那样,也会存在各种各样的功率损失。

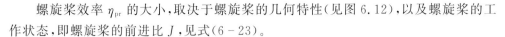

螺旋桨效率 η_{pr} 的大小,取决于螺旋桨的几何特性(见图 6.12),以及螺旋桨的工作状态,即螺旋桨的前进比 J,见式(6-23)。

当前,使用中的螺旋桨有两类,我们分别来讨论它们的 η_{pr}。

（1）定矩桨（$\boldsymbol{\beta}_{0.75} =$ const.）的 $\boldsymbol{\eta}_{\mathrm{pr}}$

在整个飞行过程中,螺旋桨的桨矩角 β 始终保持不变,称作定矩桨。比如在图 6.11(b)上的双叶木质螺旋桨,就是定矩桨。其目前只用于低速轻型或超轻型飞机,如北京航空学院研制的蜜蜂号超轻型飞机。

参看图 6.15(a),以剖面 $\beta_{0.75} =$ const. 为例来说明。图中,θ 是剖面的气流角,有

$$\theta = \arctan(J / \pi \bar{r})$$

而

$$J = \frac{V_\infty}{nD}$$

图 6.15 上的迎角 α,有

$$\alpha = \beta - \theta = \beta - \arctan(J / \pi \bar{r})$$

现 $J = 0$(即 $V_\infty = 0$),$\alpha = \beta$,由于 β(比如20°)较大,可能已经失速,见图 6.15(b),用点"1"表示。这时有拉力 $T_{\mathrm{p}} \neq 0$,但 $\mathrm{THP} = T_{\mathrm{p}} \times V_\infty = 0$,故 $\eta_{\mathrm{pr}} = 0$,见图 6.15(c)上的点"1"。现 V_∞ 增加,J 增大,θ 角增大,迎角 α 减小,升阻比 L/D 增加,η_{pr} 增大;当达到图上所注点"3"时,$(L/D) \to$ max,$\eta_{\mathrm{pr}} \to$ max,此时剖面的迎角 $\alpha = \alpha_{\mathrm{opt}}$,该前进比 J 就是该定矩桨的设计点值。速度 V_∞ 再增大,比如图上点"4",则 L/D 和 η_{pr} 均下降。

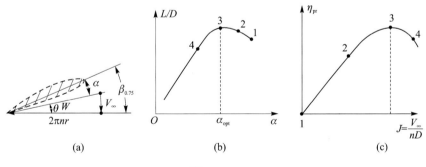

图 6.15

不同桨矩的螺旋桨(指 $\beta_{0.75}$ 不同的螺旋桨),$\beta_{0.75}$ 增大,对应的设计前进比 J 值会跟着增大。参看图 6.16,这是不同桨矩的定矩桨的 η_{pr}-J 实验结果图形。它表明当 $\beta_{0.75}$ 值增大时,对应 $\eta_{\mathrm{pr}} \to$ max 点的前进比 J 应当增大。

因此,对于低速飞机来说,有两种定矩桨可供选择:一种是设计点的前进比 J 值比较小,即为小桨矩螺旋桨($\beta_{0.75}$ 比较小),称为"爬升"螺旋桨,对改善飞机的起飞和爬升性能有利;另一种是设计前进比 J 值比较大,即为大桨矩螺旋桨($\beta_{0.75}$ 相应比较

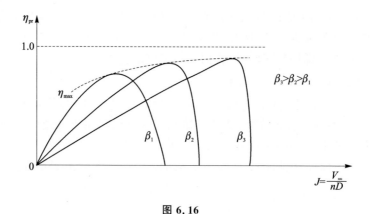

图 6.16

大),称为"巡航"螺旋桨,对改善飞机巡航性能有利,显然对起飞和爬升性能不利。

(2) 变矩桨($\beta_{0.75} \neq$ const.)与定速桨(constant-speed propeller)

在飞行过程中可以由飞行员改变螺旋桨矩角 $\beta_{0.75}$ 的,称作变矩桨。由图 6.16 可知,飞行速度 V_∞ 增加,前进比 J 增大,η_{pr} 的峰值点对应的 $\beta_{0.75}$ 应当增大。于是出现了变矩桨。历史上出现过飞行员可用两个桨矩角飞行的螺旋桨,称为双矩桨。目前,大多数高性能的螺旋桨式飞机都采用了定速桨,其实,它也是一种变矩桨。其工作原理简述如下:

螺旋桨式飞机的可用功率 THP,按式(6-25)和式(6-27),有

$$THP = \eta_g \eta_{pr} BHP \tag{6-28}$$

它的大小主要取决于 η_{pr} 和 BHP 的乘积。发动机的轴功率 BHP 直接与发动机轴转速 n 成比例。给定油门位置,发动机转速 n 直接与阻止螺旋桨转动的由空气动力产生的阻转力矩有关。如果飞行员随 V_∞ 变化改变桨矩角,阻转力矩也跟着改变;比如,V_∞ 增大,桨矩角增大,阻转力矩也跟着增大,则转速将减小,导致 BHP 减小,与改变桨矩角使 THP 增大的初衷相违背。因此,出现了定速桨。它的桨矩由专门控制机构来控制,以保持在一定桨矩角范围内,发动机转速基本不变,从而保持 BHP 基本不变,使得 $\eta_{pr} \times$ BHP 保持最大值,在一定前进比 J 范围内,获得最大可用功率 THP,参看图 6.17(a)。图中,画出了在飞行中保持等转速的桨矩变化范围。

图 6.17(a)中还给出螺旋桨在负桨矩角 $0 \sim -20°$ 内产生负拉力即阻力 D' 的情况,参看图 6.17(b),称作"制动范围",在着陆滑跑中,利用它可缩短滑跑距离。

此外,如果在飞行中发动机停车,则飞行员应立刻"顺桨",将不转动的螺旋桨桨矩角增大到 $\beta \to 90°$,以减小螺旋桨产生的迎面阻力,见图 6.17(a)。

因此,定速螺旋桨有两个操纵杆:油门杆和桨矩杆,前者控制功率,后者控制桨矩或转速,使发动机始终在最佳调节状态下工作。

5. 活塞式发动机与螺旋桨组合的可用功率 P_a 和可用拉力 T_p 曲线

按式(6-26)、式(6-28)有

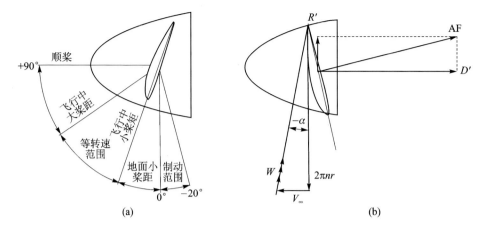

图 6.17

$$P_{a} = \mathrm{THP} = T_{P}V_{\infty} = \eta_{\mathrm{pr}}\eta_{\mathrm{g}}\mathrm{BHP} \qquad (6-29)$$

发动机的轴功率 BHP 大小,主要取决发动机转速 $\bar{n} = n/n_{\max}$ 和飞行高度 H;一般随 V_{∞} 变化不大,但 η_{pr} 的变化就比较大,参看图 6.16。至于螺旋桨产生的拉力 T_{P},则有

$$T_{P} = (\eta_{\mathrm{pr}}\eta_{\mathrm{g}}\mathrm{BHP})/V_{\infty} \qquad (6-30)$$

因此,有

① 给定 $\bar{n}$、H,$P_{a} - V_{\infty}$ 与 $T_{p} - V_{\infty}$ 的变化可参看图 6.18。

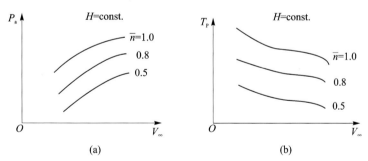

图 6.18

② 给定 $\bar{n}$、V_{∞},$P_{a} - H$ 与 $T_{a} - H$ 的变化可参看图 6.19。

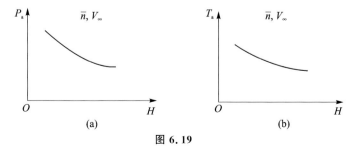

图 6.19

6.3 涡轮喷气发动机的可用推力和可用功率

喷气发动机有多种型式,如涡轮喷气发动机和涡扇喷气发动机等。详情可参阅发动机原理。

6.3.1 涡轮喷气发动机的推力

参看图 6.20。来流 V_∞ 流过进气道(intake or diffuser)进入压气机(compressor),空气压力提升;在燃烧室(burner)中加入燃料燃烧产生热能,高压高温燃气带动涡轮(turbine)转动,从而带动压气机工作;然后,从尾喷管(nozzle)向后高速喷出,$V_j > V_\infty$。按动量定理[可参看式(6-16)],喷气发动机的推力 T_a,有

$$T_a = \dot{m}_{air}(V_j - V_\infty) = \dot{m}_{air}V_\infty(V_j/V_\infty - 1) \qquad (6-31)$$

式中,$\dot{m}_{air}$ 是单位时间流入进气道的空气质量流量。从尾喷管喷出的燃气质量流量因加入了燃油流量 $\dot{m}_{fuel}$,故为 $\dot{m}_{air} + \dot{m}_{fuel} > \dot{m}_{air}$;但在定性讨论中,$\dot{m}_{fuel}$ 可以忽略不计。

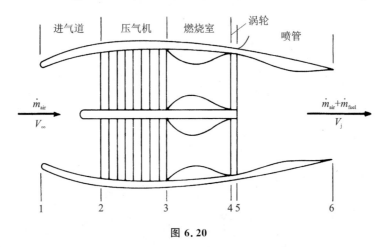

图 6.20

与螺旋桨飞机相比,涡轮喷气发动机短舱直径与螺旋桨的直径相比要小。要增大涡轮喷气发动机推力 T_a,只有增大 V_j 或 V_j/V_∞。这不可避免地将增加尾喷气流带走的动能损失,从而降低涡轮喷气发动机的推进效率 η_P[参看式(6-20)]。

6.3.2 涡扇喷气发动机的情况

随着飞机载重量的增大,飞机尺寸也逐渐加大,发动机的尺寸也在增大,出现了适应大飞机所用的涡扇发动机(turbofan engine),参看图 6.21,它相当于一个涡轮喷气发动机和螺旋桨(现称函道风扇)的组合。涡轮同时驱动函道风扇(它放置在压气机前端)和压气机,函道风扇加速函道中的空气向后流动,并与尾喷管喷出的燃气混合形成尾喷流。涡扇发动机的推力由函道风扇与尾喷管两部分气流提供。显然,涡

扇发动机的推进效率远高于涡喷发动机。

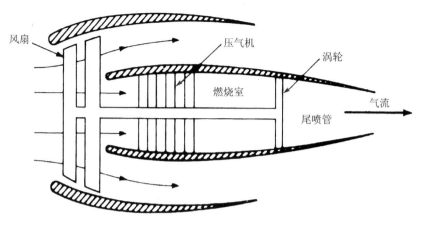

图 6.21

6.3.3　涡喷发动机的可用推力与可用功率特性曲线

给定发动机型号,它的可用推力 T_a 随发动机轴的转速 n、飞行高度和速度变化的关系,分别称为发动机的转速特性、高度特性和速度特性,分别用曲线形式给出,供飞机飞行性能分析与计算使用,参看第 7 章相关内容。

1. 发动机的转速特性

图 6.22 是 T - 38 飞机涡喷发动机,在 $H=0$ 高度上,不同马赫数 Ma_∞ 下,$\bar{T}_a = T_a/(T_a)_{max}$ 随相对转速 $\bar{n} = n/n_{max}$ 变化的关系曲线。$(T_a)_{max}$ 是最大推力,n_{max} 是最大转速。随着 $\bar{n}$ 的增加,$\bar{T}_a$ 增大,但并不是线性关系。

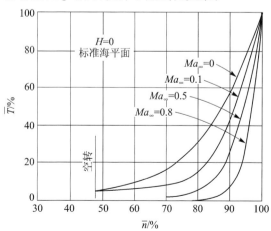

图 6.22

2. 发动机的高度特性

图 6.23 是该发动机的可用推力 T_a 随飞行高度 H 的变化关系曲线。高度 H 增加，空气密度 ρ 下降，减小了流进发动机的空气质量流量 $\dot{m}_{air}$。但是，高度 H 增加、气温的下降，有助于改进发动机的工作效率，故推力 T_a 随高度的下降率要低于密度 ρ 随高度的下降率，不是同一比例。

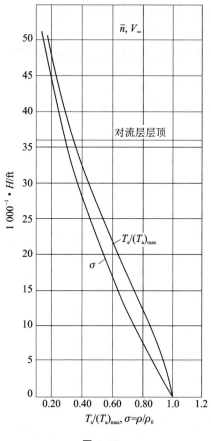

图 6. 23

3. 发动机的速度特性

对于涡轮喷气发动机，随飞行速度 V_∞ 的增加，$\dot{m}_{air}$ 增大，但 $V_j - V_\infty$ 却减小（因为 V_j 近似不随 V_∞ 而改变），因此，$T_a - V_\infty$ 近似不变或略有下降，参看图 6.24。

4. 发动机的可用功率特性

在图 6.25 上，也画出了涡喷发动机的可用功率 $P_a - V_\infty$ 的变化曲线，可供参阅。在图 6.24 和图 6.25(b) 上，还给出活塞式发动机螺旋桨组合的 $T_a - V_\infty$、$P_a - V_\infty$ 的变化图形，引自图 6.18，以供比较分析。

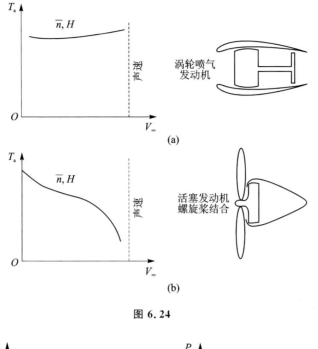

图 6.24

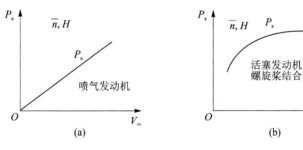

图 6.25

6.4　飞机发动机的燃油流量特性

无论是活塞式发动机还是涡轮喷气发动机都是依靠加入燃油燃烧产生热能,通过发动机内部部件转换成机械能量,来驱动螺旋桨或者涡轮、压气机等相关部件,产生拉力或推力。每小时消耗的燃油量称为发动机的燃油流量(Fuel Flow),用 FF 表示,单位为 lb/h 或 kg/h。

6.4.1　涡轮喷气发动机的燃油流量特性

给定发动机型号,涡轮喷气发动机的 FF 有

$$FF = tsfc \times T_a \tag{6-32}$$

式中,tsfc 称为发动机的单位推力耗油率,lb/(lb·h)。它的大小是发动机性能和经济性的重要参考,希望它小一些为好。对于涡轮喷气发动机而言,当 $\bar{n}=n/n_{max}\approx$ 0.95~1.0(设计的高转速区域)时,tsfc→min。一旦转速下降,则 tsfc 迅速上升,参看图 6.26。

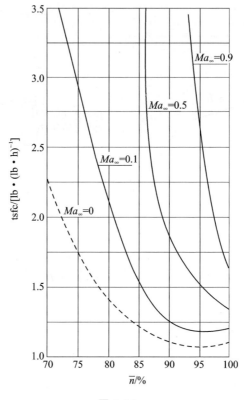

图 6.26

飞行高度 H 增加,涡喷发动机的 tsfc 将下降(在对流层内);进入平流层 tsfc 将有所上升,见图 6.27。因此,从 tsfc 大小角度看,涡喷发动机飞机的飞行高度在 35 000 ft 附近,其续航能力最佳。

在一定 H 和 $\bar{n}$ 情况下,tsfc-Ma_∞ 的变化关系如图 6.28 所示。由图可见,随 Ma_∞ 的增加,tsfc 都将增大,不过,在高空飞行时,tsfc 变化不大。

6.4.2　活塞式发动机的燃油流量特性

给定发动机型号,活塞式发动机的燃油流量 FF,有

$$FF = psfc \times BHP \tag{6-33}$$

式中,psfc 为活塞式发动机单位轴功率耗油率[lb/(hp·h)]。BHP 为发动机轴功率(hp)。

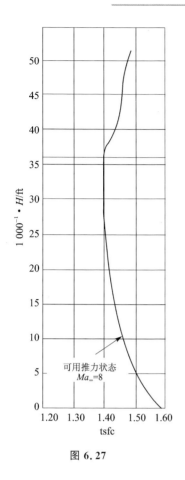

图 6.27

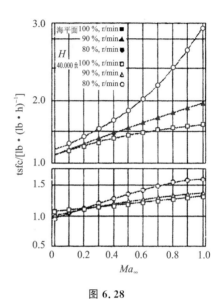

图 6.28

当前,活塞式发动机多用于低速通用航空轻型飞机,飞行速度 V_∞ 的变化范围不大,因此,BHP 的变化也不大。对于 psfc 也可以假定不随 V_∞ 的变化而变化。对于海平面($H=0$),当 BHP 在 75～300 hp 之间时,psfc 的典型数据为 0.4 lb/(hp·h)。

但飞行高度 H 增加时,由于空气密度 ρ 的减小,输出的功率将相应减小。近似估算时可用下式:

$$\frac{\text{BHP}}{(\text{BHP})_0} = 1.132\rho/\rho_0 - 0.132 \qquad (6-34)$$

而发动机 psfc 的大小,对于高度 H 的变化并不敏感,也可假定 psfc 不随高度 H 变化。

过去曾出现过带增压器的活塞式发动机,从海平面到一定高度上,BHP 不减小反而有所增大。不过现在采用这种装置的活塞式发动机已经很少了。

6.5　飞机的坐标轴系和飞行中的相关角度

6.5.1　有关飞机的坐标轴系

1. 飞机的机体坐标系 $Oxyz$

飞机几何外形左右基本对称，有一个几何对称平面存在，见图 6.29 中的 Oxz 平面。

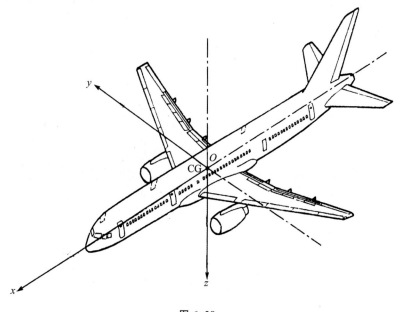

图 6.29

飞机的机体坐标系由 Ox、Oy 和 Oz 轴组成。它的原点 O 取在飞机重心处，整个坐标系固连在飞机上。

① Ox 轴，称为机体纵轴，位于飞机几何对称平面 Oxz 上，沿机身轴线向前为正。Oxz 平面又称为飞机的参考平面。

② Oy 轴，称为机体横轴，垂直于 Oxz 平面，向右为正。

③ Oz 轴，称为机体竖轴，垂直于 Oxy 平面，向下为正。

2. 铅垂地面固定坐标系 $Ox'_g y'_g z'_g$

为了判断飞机在空中的姿态角和偏航角，需要另一参考坐标系——铅垂地面固定坐标系，参看图 6.30。该坐标系原点和三个坐标轴均固连在地面上不动。Ox'_g 轴与 Oy'_g 轴构成地平面，Oz'_g 轴铅垂向下。

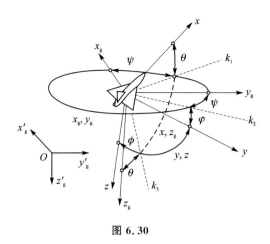

图 6.30

3. 飞机牵连铅垂地面坐标轴系 $Ox_g y_g z_g$

该坐标轴系的原点固连于飞机重心上与飞机一起运动,而 Ox_g、Oy_g 和 Oz_g 均与相应的铅垂地面坐标系的 Ox_g'、Oy_g' 和 Oz_g' 轴相平行。

6.5.2　飞机飞行中的相关角度

1. 飞机在空中的姿态角

飞机在空中的姿态角有偏航角 ψ、俯仰角 θ 和倾斜角 ϕ。

① 飞机的偏航角 ψ 是指飞机机体纵轴 Ox 在水平面上的投影与飞机牵连铅垂地面坐标 Ox_g 之间的夹角,参看图 6.30。当纵轴正半轴的投影位于 Ox_g 轴右侧时为正($\psi>0$)。

② 飞机的俯仰角 θ,是指飞机机体纵轴 Ox 与水平面之间的夹角,参看图 6.30。当纵轴 Ox 正半轴位于过原点的水平面之上时,θ 为正值($\theta>0$)。

③ 飞机的倾斜角 ϕ(又称滚转角),是指飞机机体竖轴 Oz 与过纵轴的铅垂平面之间的夹角。当竖轴 Oz 正半轴位于铅垂平面之左时,$\phi>0$(正值),参看图 6.30、图 6.31。也可以说,ϕ 是飞机几何对称平面 $Oxyz$ 与铅垂平面之间的夹角,右半机翼下倾时为正。

在飞行中,飞机的俯仰角 θ 和倾斜角 ϕ 对飞机飞行影响较大。在驾驶舱中有相应仪表指示,该仪表称作飞机姿态仪。在本课程中,不会讨论偏航角 ψ,但在领航、仪表课程中将予以讨论。

2. 飞机的迎角和侧滑角

① 飞机的迎角 α 是指飞行速度 V_∞ 在飞机几何对称平面 Oxz 上的投影与飞机机体纵轴 Ox 之间的夹角,参看图 6.32。当飞行速度沿竖轴 Oz 的投影为正时,迎角 $\alpha>0$。

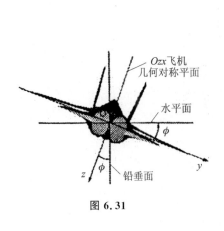

图 6.31

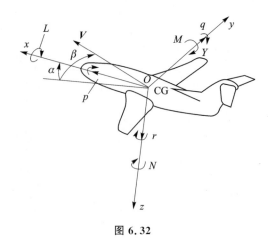

图 6.32

② 飞机的侧滑角 β 是指飞行速度 V_∞ 与飞机几何对称平面 Oxz 之间的夹角,参看图 6.32。当飞行速度 V_∞ 在飞机机体横轴 Oy 的投影为正时,侧滑角 $\beta > 0$。

在同一图上,还标出在 $V_\infty \neq 0$,$\alpha \neq 0$,$\beta \neq 0$ 时,绕机体坐标轴 Ox、Oy 和 Oz 轴的三个角速度 p(绕 Ox 轴的滚转角速度)、q(绕 Oy 轴的俯仰角速度)和 r(绕 Oz 轴的偏航角速度),以及绕三个轴的空气动力力矩 L(滚转力矩,此时它不代表升力)、M(俯仰力矩,此时它不代表马赫数)和 N(偏航力矩),以供参阅。

3. 飞机迎角和侧滑角的测量

这里只就迎角的测量作点介绍,侧滑角的测量原理类同。

在飞行中要想测量飞机的迎角或侧滑角的大小并不是一件容易的事。参看图 6.33(a)。在图 6.33(b)上是把图 6.33(a)的迎角传感器图放大,得到称为可旋转的风向标式迎角传感器示意图。它将安装在机身侧面,与机身表面贴合,见图 6.33(c)。沿来流方向横切一刀,其剖面形状如同一个对称翼型。当其弦线与机身轴线平行,且来流 V_∞ 方向与机身轴线平行($\alpha = 0$)时,可旋转的风向标不会转动;一旦飞机的迎角 $\alpha > 0$,则可旋转风向标将随之转动,直到其弦线与来流方向一致为止。风向标弦线相对于机身轴线转动的角度即为迎角 α,参看图 6.33(d)。换句话说,风向标弦线方向即为飞机轨迹向量 FPV(Flight Path Vector)方向(以飞机机身轴线为参考线)。

飞机飞行中,机身轴线相对于地面的方向可由飞机姿态仪(陀螺仪)测量得到,即得飞机俯仰角 θ 的大小,因而,飞机的轨迹向量 FPV 方向(即来流 V_∞ 方向)与地面的角度 $\gamma = \theta - \alpha$ 就可确定:若 $\gamma > 0$,称为爬升角;若 $\gamma < 0$,称为下降角;若 $\gamma = 0$,称为平飞状态(有关飞机的平飞、爬升或下降,详情参看第 7 章相关内容)。

关于飞行中的飞机俯仰角 θ 和轨迹角 γ,一般在飞机驾驶舱中的主飞行显示器上均有显示:飞机俯仰角 θ 由"飞机指引"显示;飞机轨迹角即 FPV 方向,一般由

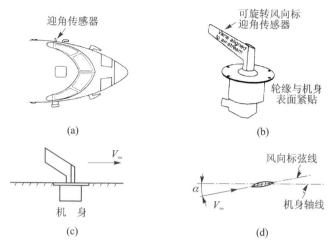

图 6.33

bird(小鸟)显示。它们之间的刻度差就代表飞机迎角 α 的大小了。详情可参考航空仪表教材与飞机飞行使用手册的相关内容。

6.5.3　飞机的纵向飞行和侧向飞行

1. 飞机的纵向飞行条件

在飞行中,若飞机无倾斜($\phi=0$),这时飞机几何对称平面 Oxz 则为铅垂平面;无侧滑($\beta=0$),飞行速度 V_∞ 则在 Oxz 平面内,参看图 6.34。飞机的俯仰角 θ 为

$$\theta=\alpha+\gamma \tag{6-35}$$

式中,γ 角正是飞行速度 V_∞ 与水平面的夹角,此时为爬升角;α 为迎角。

这时,飞机上将产生的空气动力有:升力 $L(>0)$,阻力 $D(>0)$,俯仰力矩 $M(\neq 0)$。但因飞机左右几何对称,$\beta=0$,故不会产生滚转力矩 $L(=0)$、偏航力矩 $N(=0)$ 和沿飞机机体横轴 Oy 的横向力 $Y(=0)$。

满足上述条件的飞行称为纵向飞行。对于民用运输飞机而言,这也是最主要的飞行状态。

2. 飞机的侧向飞行条件

在飞行中,如果 $\phi\neq 0$,或 $\beta\neq 0$,并且 $\theta\neq 0$,$\alpha>0$,则这时的飞行称侧向飞行。在侧向飞行中,不仅 L(升力)>0,阻力 $D>0$,而且还会产生沿机体横轴 Oy 的横向力 Y 以及绕三个轴的滚转力矩 L、俯仰力矩 M 和偏航力矩 N 等,参看图 6.32。在侧向飞行中,将显著增大飞行员操控飞机的难度。详情可参看第 10 章相关内容。

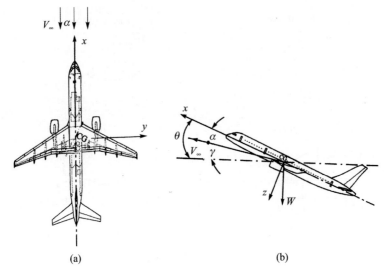

(a)

(b)

图 6 – 34

第 **7** 章
飞机的基本飞行性能

飞机在空气中的运动可视为一个刚体的运动。由理论力学可知,刚体在空间的运动可看成刚体重心(质点)的移动和刚体绕其重心转动的合成。在讨论飞机能飞多快(或多慢),能飞多高和多远等飞行性能时,可以考虑把飞机当成一个质点,在已知外力作用下,从研究飞机重心运动的规律中去获得答案。如何保持或改变飞机运动姿态,就至少应当把飞机当成刚体来讨论,必须考虑外力矩的作用。这属于飞机的平衡、稳定与操纵性能的问题,可参看第 9、10 章内容。

7.1 飞机纵向定直平飞性能

7.1.1 飞机纵向定直平飞的姿态和受力平衡方程

1. 飞机纵向定直平飞中的姿态角

按前述(参看 6.5 节)有:飞机倾斜角(或称坡度角)$\phi = 0$;侧滑角 $\beta = 0$;爬升角 $\gamma = 0$;俯仰角 $\theta = \alpha + \gamma = \alpha$,$\alpha$ 为飞机迎角。换句话说,飞机迎角 α 是唯一可变化的角度。

2. 飞机纵向定直平飞中的状态参数和受力情况

① 一个定直平飞状态是指飞行压力高度 $H_p = $ const. 、平飞速度 $V_\infty = $ const. 、飞机迎角 $\alpha = $ const. 的飞行状态。

② 在给定飞机机型、重量 W 和 H_p 的情况下,如果 V_∞ 变化,则飞机迎角 α 也将变化[参看后面的式(7 - 10)],则得另一个定直平飞状态。

③ 在给定飞机机型、重量 W 和 H_p 的情况下,不考虑速度大小变化的过程,只讨论不同速度下的结果,是定直(定常直线)平飞的真实含义,被称为是各个"点"的特性或"静"特性的总合。

④ 图 7.1 是纵向定直平飞中飞机的受力图形。在重心位置上,作用力有重力 W、飞机升力 L、阻力 D 和发动机的推力 T(或拉力)。注意,因飞机的 $\phi=0$,$\beta=0$,故横向力 $Y=0$,滚转力矩 $L=0$ 和偏航力矩 $N=0$。(参看 6.5 节。)

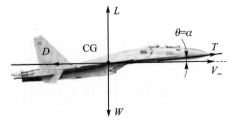

图 7.1

在纵向定直平飞中,因 $\theta=\alpha>0$,除了有升力 $L(>0)$,阻力 $D(>0)$ 外,还有俯仰力矩 $M\neq0$。但为了满足定直平飞条件,必须采取操纵措施,确保 $M=0$,详情参看第 9 章内容。

3. 飞机纵向定直平飞中受力平衡方程

在给定飞机机型、重量 W 和高度 H_p 的情况下,纵向定直平飞中的受力平衡方程(见图 7.1)有

$$L=W \tag{7-1}$$
$$T=D \tag{7-2}$$

当然,前提是绕飞机重心的俯仰力矩 M 恒等于零。这两个方程是分析定直平飞性能的出发方程。式(7-1)是保证等高平飞条件;式(7-2)是保证等速平飞条件。

7.1.2 飞机定直平飞中的需用速度和升力系数

1. 定直平飞需用速度 V_∞ 与平飞需用马赫数 Ma_∞

按飞机升力公式有

$$L=q_\infty SC_L=\frac{1}{2}\rho_\infty V_\infty^2 SC_L=\frac{1}{2}\rho_0 V_{i,\infty}^2 SC_L \tag{7-3}$$

式中,$q_\infty=\frac{1}{2}\rho_\infty V_\infty^2=\frac{1}{2}\rho_0 V_{i,\infty}^2$,为动压力。$V_\infty$ 为真空速(TAS),$V_{i,\infty}$ 为表速(IAS),$V_{i,\infty}=\sqrt{\sigma}V_\infty$,而 $\sigma=\rho_\infty/\rho_0$。

或者

$$L=\frac{\sigma V_\infty^2}{295}SC_L=\frac{V_{i,\infty}^2}{295}SC_L \tag{7-4}$$

上式中,如 V_∞ 或 $V_{i,\infty}$ 单位用 kn(节),机翼面积 S 用 ft^2,则 L 的单位为 lbf。

（1）定直平飞需用速度 V_∞

在给定机型外形、W 和 H_p 的情况下，由式（7-1）有

$$V_\infty = \sqrt{\frac{2}{\rho_\infty C_L}\left(\frac{W}{S}\right)} \qquad (7-5)$$

或由式（7-4），有

$$V_\infty = \sqrt{\frac{295}{\sigma C_L}\left(\frac{W}{S}\right)} \qquad (7-6)$$

给定机型（式中用机翼面积 S 来表示）、重量 W 和 H_p（式中用 ρ_∞ 或 σ 来表示），平飞速度 V_∞ 的大小仅取决于 C_L 或迎角 α 的大小。在定直平飞中，即为飞机俯仰角 θ 的大小（因为 $\theta = \alpha$）。

如用定直平飞需用表速 $V_{i,\infty}$ 来表示，则有

$$V_{i,\infty} = \sqrt{\frac{2}{\rho_0 C_L}\left(\frac{W}{S}\right)} \qquad (7-7)$$

（2）定直平飞需用马赫数 Ma_∞

在高速平飞中，飞行动压力 q_∞ 可表为

$$q_\infty = (\gamma/2)p_\infty Ma_\infty^2 \qquad (7-8)$$

故由式（7-1）、式（7-8），定直平飞需用马赫数 Ma_∞ 为

$$Ma_\infty = \sqrt{\frac{2}{\gamma p_\infty C_L}\left(\frac{W}{S}\right)} = \sqrt{\frac{2}{\gamma p_0 \delta C_L}\left(\frac{W}{S}\right)} = \sqrt{\left(\frac{2}{\gamma p_0 S}\right)\left(\frac{W}{\delta}\right)\left(\frac{1}{C_L}\right)} \qquad (7-9)$$

式中，$\delta = p_\infty/p_0$（压力比），γ 为空气比热比（$=1.4$）。

由式（7-9）可知，维持平飞需用马赫数 Ma_∞ 只是机型、W、H_p 和升力系数 C_L 或迎角 α 的函数。

2. 定直平飞需用升力系数 C_L 或需用迎角 α

在给定机型外形、W 和 H_p 的情况下，平飞需用速度 V_∞（或 $V_{i,\infty}$）或平飞需用马赫数 Ma_∞，与 C_L 或 α 是一一对应的。由式（7-5）、式（7-7）或式（7-9）有

$$C_L = \frac{2}{\rho_\infty V_\infty^2}\left(\frac{W}{S}\right) = \frac{2}{\rho_0 V_{i,\infty}^2}\left(\frac{W}{S}\right) = \left(\frac{2}{\gamma p_0 S}\right)\left(\frac{W}{\delta}\right)\left(\frac{1}{Ma_\infty^2}\right) \qquad (7-10)$$

平飞需用 V_∞、$V_{i,\infty}$ 或 Ma_∞ 增加，升力系数 C_L 或迎角 α 将减小。低空飞行时，飞行员从地平线的高低变化，很容易判断出飞机俯仰角 θ（即迎角 α）的变化。

图 7.2 是某飞机（给定 W）定直平飞需用升力系数随平飞速度 V_∞ 或 $V_{i,\infty}$ 的变化曲线。

由图可见，随 V_∞ 或 $V_{i,\infty}$ 的减小，平飞需用升力系数 C_L 大大增加；但是，给定机型外形，飞机的最大可用升力系数是受到最大升力系数 $C_{L,\max}$ 或失速抖动升力系数 $C_{L,b}$ 限制的。换句话说，平飞最小速度 V_∞ 或 $V_{i,\infty}$ 是受升力特性限制的。

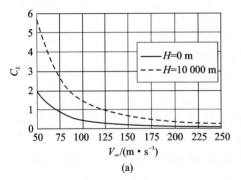
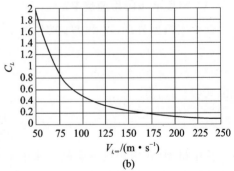

图 7.2

对于高速飞机,在不同平飞马赫数 Ma_∞ 下,飞机的失速抖动升力系数 $C_{L,b}$ 随 Ma_∞ 的变化参看图 7.3,这是某喷气民用客机的情况。

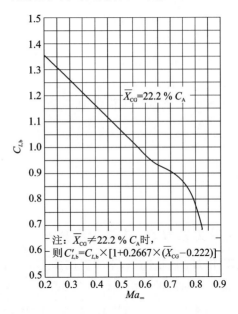

图 7.3

总之,平飞中需用升力系数不得大于飞机可用升力系数。

7.1.3 飞机定直平飞中的需用推力 T_r 和需用功率 P_r

1. 定直平飞需用推力 T_r(或阻力 D)

(1) 低速定直平飞需用推力 T_r(或阻力 D)

1) 低速飞机阻力特性曲线(阻力极曲线)

飞机的阻力公式为

$$D = \frac{1}{2}\rho_{\infty}V_{\infty}^2 SC_D \qquad (7-11)$$

其中,飞机阻力系数 C_D 随升力系数 C_L 的变化关系,称作飞机的阻力极曲线(参看第 3 章有关内容)。给定机型外形,它的变化关系可参看图 7.4。这是计算平飞需用推力 T_r 的基础。

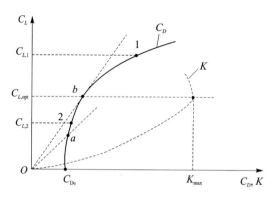

图 7.4

2) 低速定直平飞需用推力 T(或阻力 D)

在给定机型外形、重量 W 和平飞高度 H_p 的情况下,当平飞速度 V_{∞} 由小到大逐步增加时,由图 7.2 或式(7-10)知,平飞需用升力系数 C_L 将逐步减小。由图 7.4 上看,由 $C_{L,1}$(对应图上的"1"点)减小到"b"点,相应的 $C_L = C_{L,\text{opt}}$,阻力 C_D 也相应减小;C_L 减小到 $C_{L,2}$(对应图上的"2"点),阻力系数 C_D 亦继续减小。但平飞中飞机的升阻比 $K = C_L/C_D$ 都是先增加后减小的;在"b"点处,即 $C_L = C_{L,\text{opt}}$ 时,$K = K_{\max}$(升阻比 K 达到最大值),在"2"点处 $K_2 < K_{\max}$。在图上画出了以不同 C_L 平飞时的 K - C_L 的变化曲线。

正如前述,在不同的平飞速度 V_{∞} 下,由受力平衡方程式(7-1)和式(7-2),有

$$K = \frac{C_L}{C_D} = \frac{L}{D} = \frac{W}{D}$$

因此,平飞需用推力 T_r(或平飞阻力 D)有

$$D = T_r = \frac{W}{K} \qquad (7-12)$$

可见,在给定机型外形、重量 W 和 H_p 的情况下,计算平飞需用推力 T_r 或平飞阻力 D 的步骤是:先设定一个 V_{∞} →计算 C_L[利用式(7-10)]→计算 C_D(利用飞机极曲线,如图 7.4 所示)→计算 K →计算 T_r 或 D[利用式(7-12)];再设一个 V_{∞} 值,重复上述步骤,又得另一个 T_r 或 D;依次类推,可得如图 7.5 所示的 T_r - V_{∞} 图形。

由图 7.5 可知,平飞阻力 D 或平飞需用推力 T_r 先随 V_{∞} 的增加而下降;到达 b 点处,$K = K_{\max}$,$C_L = C_{L,\text{opt}}$,$D = D_{\min}$;然后,随 V_{∞} 的继续增加,D 或 T_r 又快速增大。对应 b 点的平飞速度用 V_{md} 表示,称作平飞阻力最小速度。

在图 7.6 上,还绘出了对应图 7.5 上各点处的 K 和 C_L 随 V_∞ 变化的示意图。另图 7.7 为某飞机在 $W = 10\,000$ lb, $H_p = 0$ 时的平飞需用推力曲线。在 $V_\infty = V_{md} = 240$ kn(节)处,$T_r = 830$ lb,你能估算出该飞机的 K_{max} 吗?

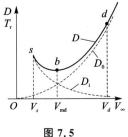

图 7.5

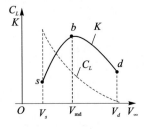

图 7.6

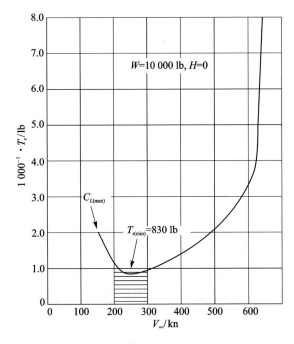

图 7.7

为什么图 7.7 中平飞需用推力 T_r 与 V_∞ 有这样的变化规律呢?从飞机阻力极曲线的近似表达式来看(参看第 3 章内容),有

$$C_D = C_{D_0} + C_{D_i} = C_{D_0} + A_l C_L^2 \qquad (7-13)$$

故有

$$D = \frac{1}{2}\rho_\infty V_\infty^2 S C_{D_0} + \frac{1}{2}\rho_\infty V_\infty^2 S A_l C_L^2 = D_0 + D_i \qquad (7-14)$$

式中,D_0 为飞机平飞时的零升阻力;D_i 为飞机平飞时的诱导阻力。又因平飞升力系数 C_L 为

$$C_L = \frac{L}{\frac{1}{2}\rho_\infty V_\infty^2 S} = \frac{W}{\frac{1}{2}\rho_\infty V_\infty^2 S} \tag{7-15}$$

代入式(7-14),有

$$D = D_0 + D_i = \frac{1}{2}\rho_\infty V_\infty^2 S C_{D_0} + \frac{2A_l W^2}{\rho_\infty V_\infty^2 S} \tag{7-16}$$

换句话说,可知 $D_0 \propto V_\infty^2$, $D_i \propto 1/V_\infty^2$。这就回答了平飞需用推力 T_r 或平飞阻力 D 随 V_∞ 变化的物理原因:在 $V_\infty < V_{md}$ 时,随 V_∞ 的减小,D_i 迅速增大,而 D_0 迅速减小,D_i 的变化占了主导地位;反之,在 $V_\infty > V_{md}$ 时,随 V_∞ 的增加,D_i 迅速减小,而 D_0 迅速增大,D_0 的变化占了主导地位。D_0、D_i 随 V_∞ 的变化趋势已画在图7.5上了,以供参阅。

注意,在 $V_\infty = V_{md}$ 时,有 $D_0 = D_i$ 或 $C_{D_0} = A_l C_{L,opt}^2$ 故

$$C_{L,opt} = C_{L,md} = \sqrt{C_{D_0}/A_l} \tag{7-17}$$

此外,还可以证明,有

$$K_{max} = \sqrt{1/(4C_{D_0}A_l)} \tag{7-18}$$

可见,给定机型外形,飞机的 $C_{L,opt}$ 和 K_{max} 就被确定了,它们仅仅是飞机外形的函数。但是,V_{md} 的大小则还取决于飞机的重量 W 和平飞高度 H_p 的数值。

比如,已知飞机的 $C_{D_0} = 0.02$,$A_l = 0.05$,则按式(7-17)、式(7-18)可知,$C_{L,opt} = C_{L,md} = 0.632$,而 $K_{max} = 15.8$。

又比如,飞行员在飞机着陆时放下襟翼和起落架,你估计平飞阻力曲线将如何变化?飞机此时的 V_{md} 是增加还是减小?$C_{L,opt}$ 和 K_{max} 将如何变化?有关这些问题可参阅第8章相关内容。

按式(7-5)和式(7-17),有

$$V_{md} = \sqrt{\frac{2W}{\rho_\infty S C_{L,opt}}} = \sqrt{\left(\frac{2}{\rho_\infty}\right)\left(\frac{W}{S}\right)\left(\frac{A_l}{C_{D_0}}\right)^{1/2}} \tag{7-19}$$

而

$$V_{i,md} = \sqrt{\left(\frac{2}{\rho_0}\right)\left(\frac{W}{S}\right)\left(\frac{A_l}{C_{D_0}}\right)^{1/2}} \tag{7-20}$$

(2)高速定直平飞需用推力 T_r(或阻力 D)

① 飞机做高速飞行时,飞机的阻力极曲线随飞行马赫数 Ma_∞ 的变化可参看第5章有关内容。图7.8是F-15飞机的阻力极曲线,可供参阅。

② 高速定直平飞需用推力曲线的计算。利用式(7-12),结合高速飞机的极曲线来进行;或者利用式(7-13),不过这时 C_{D_0} 和 A_l 都将是飞行马赫数 Ma_∞ 的函数,而不再是一个常数。

在给定机型外形、W 和 H_p 的情况下,计算高速定直平飞阻力 D 或平飞需用推

(a)

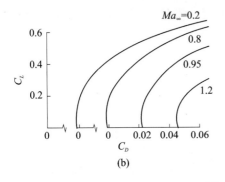

(b)

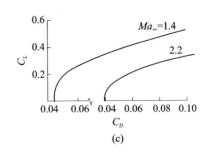

(c)

图 7.8

力 T_r 的步骤是：先设定一个 Ma_∞ →计算 C_L［利用式(7-10)］→计算 C_D［利用飞机极曲线］→计算 K →计算 T_r 或 D［利用式(7-12)］；再设一个 Ma_∞，重复上述步骤，又得另一个 T_r 或 D，依次类推，可得如图 7.9 所示的 T_r-Ma_∞ 曲线。

这个高速飞机的平飞需用推力(阻力)曲线，形状上与低速飞机有所不同，反映出跨声速区飞机阻力 D 随 Ma_∞ 剧增的状况。对应平飞最小阻力点"b"的

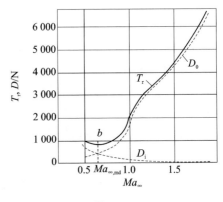

图 7.9

为 $M_{\infty,md}$。在同一图上也画出了 D_0-Ma_∞ 和 D_i-Ma_∞ 的变化情形。

2. 定直平飞需用功率 P_r

(1) 低速定直平飞需用功率 P_r

低速定直平飞中，飞机单位时间克服平飞阻力 D 所做的功称作平飞需用功率，有

$$P_r = D \times V_\infty = T_r \times V_\infty = \frac{W}{K}V_\infty \qquad (7-21)$$

所以,求飞机定直平飞需用功率 P_r-V_∞ 曲线,只需在计算 T_r-V_∞ 曲线时多算一步即得,有

设定一个 $V_\infty \rightarrow C_L \rightarrow C_D \rightarrow K \rightarrow D \rightarrow P_r$,再设定一个 V_∞,重复上述步骤则得另一个 P_r;依次类推,则可得 P_r-V_∞ 曲线,参看图 7.10。

P_r-V_∞ 曲线与 T_r-V_∞ 曲线相比有所不同。因为[参看式(7-16)]

$$P_r = (D_0 + D_i) \times V_\infty = \frac{1}{2}\rho_\infty V_\infty^3 S C_{D_0} + \frac{2A_l W^2}{\rho_\infty V_\infty S} = P_{r,0} + P_{r,i} \qquad (7-22a)$$

即克服零升阻力 D_0 的平飞需用功率 $P_{r,0} \propto V_\infty^3$;克服诱导阻力 D_i 的平飞需用功率 $P_{r,i} \propto 1/V_\infty$。因此,与 T_r-V_∞ 曲线相比,在小速度端,随 V_∞ 的减小,P_r 的增加比较平缓;在大速度端,随 V_∞ 的增加,P_r 的增加比较陡急,见图 7.10。

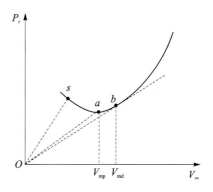

图 7.10

在给定机型外形、W 和 H_p 的情况下,得到的 P_r-V_∞ 曲线上,“a”点对应于定直平飞需用功率最小点,相应的平飞速度称作平飞需用功率最小速度,用符号 V_{mp} 表示,见图 7.10。

又因

$$P_r = D \times V_\infty = \frac{W}{K} \times \sqrt{\frac{2W}{\rho_\infty S C_L}} = \frac{W}{C_L/C_D}\sqrt{\frac{2W}{\rho_\infty S C_L}} = \sqrt{\frac{2}{\rho_\infty S}}\frac{W^{\frac{3}{2}}}{C_L^{3/2}/C_D}$$

$$(7-22b)$$

换句话说,$P_r \rightarrow \min$,对应该飞行状态的 $C_L^{\frac{3}{2}}/C_D \rightarrow \max$,即“$a$”点对应 $C_L^{\frac{3}{2}}/C_D \rightarrow \max$ 的点。

对应于定直平飞最小阻力点,参看图 7.5 上的“b”点,在图 7.10 上应当位于何处呢？ 在图上标出了“b”点的位置,是从原点 O 作出的直线与 P_r-V_∞ 曲线相切的点。有 $V_{md} > V_{mp}$ 的结果。你认为对吗？

对应 a 点的平飞升力系数,可以证明有

$$C_{L,mp} = \sqrt{3}\,C_{L,md} = 1.732C_{L,md} > C_{L,md} \qquad (7-23)$$

相应的 V_{mp} 为

$$V_{mp} = 0.76V_{md} < V_{md} \qquad (7-24)$$

(2) 高速定直平飞需用功率 P_r

与低速定直平飞情况比较,只是应计及空气压缩性对飞机阻力极曲线的影响,一

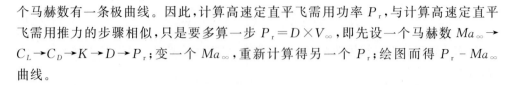

个马赫数有一条极曲线。因此,计算高速定直平飞需用功率 P_r,与计算高速定直平飞需用推力的步骤相似,只是要多算一步 $P_r = D \times V_\infty$,即先设一个马赫数 $Ma_\infty \to C_L \to C_D \to K \to D \to P_r$;变一个 Ma_∞,重新计算得另一个 P_r;绘图而得 $P_r - Ma_\infty$ 曲线。

7.1.4 飞机定直平飞性能的确定——图解法

在给定机型外形、重量 W 和平飞高度 H_p 的情况下,如何来确定飞机的定直平飞性能呢?一般可用图解法、解析法和试飞法来确定。这里只介绍图解法。飞机定直平飞性能主要包括平飞最大速度 $V_{\max}$、平飞最小速度 $V_{\min}$ 以及平飞速度范围等。

1. 简单推力图解法

简单推力图解法特别适用于喷气式飞机,因为涡轮喷气式发动机是产生推力的发动机。

(1) 简单推力图解法步骤

① 绘制在给定机型外形、W 和 H_p 的情况下,平飞需用推力 $T_r - V_\infty$ 曲线。

② 在同一图上,绘制该飞机发动机在给定 H 和转速 n(或油门位置)时的可用推力 $T_a - V_\infty$ 曲线(参阅第 6 章相关内容)。

③ 根据在同一图上两条曲线的相对位置来确定该飞机的定直平飞性能。

(2) 确定在给定机型外形、W 和 H_p 的情况下,飞机的定直平飞性能

图 7.11 是给定 T-38 喷气式飞机巡航外形、$W = 10\ 000$ lb、$H_p = 0$ 时的 $T_r - V_\infty$ 曲线以及不同发动机转速下的可用推力 $T_a - V_\infty$ 曲线(图上近似用水平线绘出)。

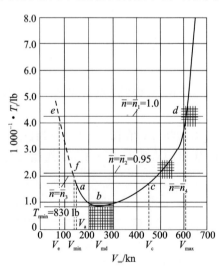

图 7.11

当 $\bar{n} = n/n_{\max} = \bar{n}_1 = 1.0$ 时,是该飞机的最大平飞可用推力曲线。它与平飞需用推力 $T_r - V_\infty$ 的交点"d"与"e",分别对应该飞机在 $H = 0$ 高度上的 $V_\infty = V_{\max}$(平飞最大速度),$V_{\max} = 605$ kn(相应 $Ma_{\infty,\max} = 0.9$)和 $V_e = V_s$(失速速度)。如果下调 $\bar{n} = \bar{n}_2 = 0.95$,则由图可见,该飞机发动机可用推力由 4 400 lb 减为 2 100 lb,平飞最大速度降为 $V_{\max} = 500$ kn。当 $\bar{n} = \bar{n}_3$ 时,对应的 f 点是飞机抖动升力系数 $C_{L,b}$ 限制的平飞最小速度,$V_{\min} = 150$ kn 左右。要想在 a 点和 c 点处平飞,需继续下调 $\bar{n}$ 大小,使 $\bar{n} = \bar{n}_4$。从该飞机可用推力 T_a 大小看,在小速度端,都能满足平飞

需用推力的要求,表明该飞机在 $H=0$ 高度上的平飞最小速度 $V_{\min}$ 是由飞机的升力特性所决定的。

请问图上 b 点对应的是什么平飞速度?

2．简单功率图解法

简单功率图解法特别适用于螺旋桨式飞机,因为它的动力装置是直接产生功率的发动机。

(1) 简单功率图解法步骤

① 绘制给定机型外形、W 和 H_p 时,平飞需用功率 $P_r - V_{\infty}$ 曲线。

② 在同一图上,绘制该飞机发动机与螺旋桨组合在给定油门和转速情况下的可用功率 $P_a - V_{\infty}$ 曲线。

③ 根据在同一图上两条曲线和相对位置来确定该飞机的定直平飞性能。

(2) 确定在给定机型外形、W 和 H_p 的情况下,飞机的定直平飞性能

图 7.12 是某螺旋桨式飞机的平飞需用功率 $P_r - V_{\infty}$ 曲线和平飞可用功率 $P_a - V_{\infty}$ 曲线图。

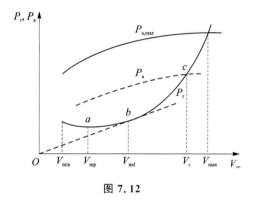

图 7.12

图上标出了在该重量 W 和平飞高度 H_p 下的平飞性能参数:$V_{\min}$、V_{mp}、V_{md}、$V_{\max}$,以及 V_c 等平飞速度。由图可知,该飞机的 $V_{\min}$ 也是由飞机升力特性,如 $C_{L,\max}$ 所决定的。

7.1.5　运营中诸参数(WATC)变化对定直平飞性能的影响

在 7.1.4 小节中介绍了在给定机型外形、W 和 H_p 以及飞机发动机可用推力或可用功率情况下,如何确定飞机定直平飞性能的方法。但是,如果飞机重量 W (Weight)发生变化,飞行压力高度 H_p(Altitute)发生变化,在指定 H_p 上,空气静温 OAT(Temperature)与 ISA 规定的静温不相等而有变化(因而造成密度高度 H_ρ 与压力高度 H_p 不相等的情况出现),给定机型外形(Configuration)变化(如打开襟翼或放下起落架等),飞机的定直平飞性能将如何变化呢?飞行员必须了解,以便适当处置 WATC(上述变化的简写)变化带来的影响。

在讨论 WATC 变化的影响时,只讨论一个参数变化的作用,而其他参数均保持不变。

1. 飞机重量 W 变化的影响

(1) 定直平飞需用推力 $T_r - V_\infty$ 曲线的变化

由式(7-16)知,有

$$D = D_0 + D_i = \frac{1}{2}\rho_\infty V_\infty^2 S C_{D_0} + \frac{2A_l W^2}{\rho_\infty V_\infty^2 S}$$

可见,重量变化影响的是诱导阻力 D_i 项,$D_i \propto W^2$;零升阻力项 $D_0 - V_\infty$ 的关系不会改变,见图 7.13。显然,重量变化会增加总阻力 D 的大小,因而使 $T_r - V_\infty$ 曲线发生改变,参看图 7.14。图上两个 W,$W_1 = 8\,000$ lb,$W_2 = 12\,000$ lb。D_0 线与 D_i 线交点对应的 V_∞ 仍是 V_{md} 或 $K = K_{max}$ 的点。但 V_{md} 的大小发生改变,使 $T_r - V_\infty$ 曲线向右上方移动。移动量的大小由下述式子确定:

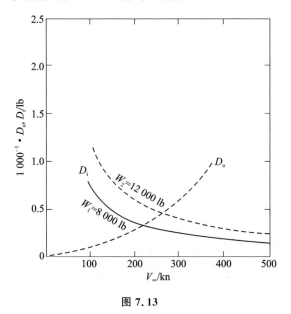

图 7.13

由式(7-5)知

$$V_\infty = \sqrt{\frac{2}{\rho_\infty C_L}\left(\frac{W}{S}\right)} \propto \sqrt{W}$$

所以,W 由 $W_1 \rightarrow W_2$,则

$$\frac{V_2}{V_1} = \sqrt{\frac{W_2}{W_1}} \tag{7-25}$$

故 W_2 增大,$V_{md,2}$ 增加。比如 $W_2/W_1 = 1.10$,则 V_2/V_1,增加 5 %。

又因有式(7 - 12),即

$$D = T_r = \frac{W}{K}$$

所以

$$\frac{D_2}{D_1} = \frac{T_{r,2}}{T_{r,1}} = \frac{W_2}{W_1} \qquad (7 - 26)$$

如 $W_2/W_1 = 1.10$,则 D_2/D_1 和 $T_{r,2}/T_{r,1}$ 增加了 10 %。

(2) $T_a - V_\infty$ 曲线的变化

重量 W 变化,不影响 $T_a - V_\infty$ 曲线,见图 7.14。因此可知,$W \uparrow$,$V_{min} \uparrow$,$V_{md} \uparrow$,$V_{max} \downarrow$,平飞速度范围减小;反之 $W \downarrow$,$V_{min} \downarrow$,$V_{md} \downarrow$,$V_{max} \uparrow$,平飞速度范围增加。

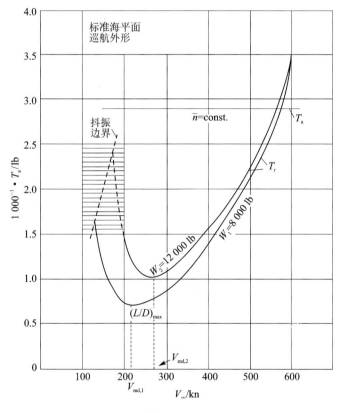

图 7.14

(3) 定直平飞需用功率 $P_r - V_\infty$ 曲线的变化

重量变化对 D 的影响,参看式(7 - 25)、式(7 - 26),而 $P_r = D \times V_\infty$,故有

$$\frac{P_{r,2}}{P_{r,1}} = \frac{D_2 V_2}{D_1 V_1} = \left(\frac{W_2}{W_1}\right)\left(\frac{W_2}{W_1}\right)^{\frac{1}{2}} = \left(\frac{W_2}{W_1}\right)^{3/2} \qquad (7 - 27)$$

因此可知,$W_2 \uparrow$,$P_{r,2} \uparrow$;$W_2 \downarrow$,$P_{r,2} \downarrow$;如 $W_2/W_1 = 1.10$,则 $P_{r,2}/P_{r,1}$ 增加了

21%，见图7.15。利用式(7-25)、式(7-27)，可得到 W 增加时 P_r - V_∞ 曲线的变化情况。

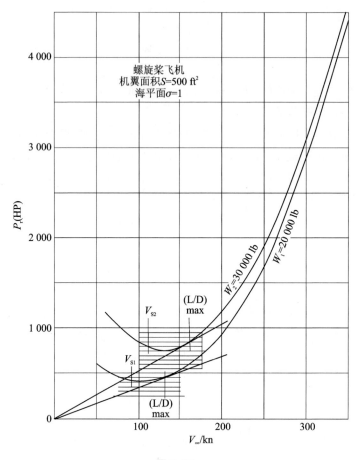

图 7.15

由于重量变化，不影响 T_a - V_∞ 曲线的变化，请自己总结一下重量变化对飞机定直平飞性能的影响。

2. 飞行(压力)高度 H_p 变化的影响

飞行高度 H_p 变化的影响比重量变化的影响要复杂一些，因为它的变化不仅影响"需用"，还会影响到"可用"这两个方面。

(1) 定直平飞需用推力 T_r - V_∞ 曲线的变化

按式(7-5)有

$$V_\infty = \sqrt{\frac{2}{\rho_\infty C_L}\left(\frac{W}{S}\right)} \propto \frac{1}{\sqrt{\rho_\infty}}$$

故有

$$\frac{V_2}{V_1} = \sqrt{\frac{\rho_1}{\rho_2}} = \sqrt{\frac{\sigma_1}{\sigma_2}} \qquad (7-28)$$

其中,如令 $H_1 = 0$(为 ISA 海平面,$\sigma_1 = 1.0$,而 $\sigma_2 = \rho_2/\rho_0$),则有

$$\frac{V_2}{V_1} = \frac{1}{\sqrt{\sigma_2}} \qquad (7-29)$$

所以,$H_2 \uparrow$,$\sigma_2 \downarrow$,$V_2 \uparrow$;反之,$H_2 \downarrow$,$\sigma_2 \uparrow$,$V_2 \downarrow$。

按式(7-12),有

$$T_r = D = \frac{W}{K}$$

不考虑空气压缩性影响时,$H_2 \uparrow$,$V_2 \uparrow$,只要迎角 α 或升力系数 C_L 不变,升阻比 $K = $ const.,那么,T_r 就不会改变;换句话说,$T_r - V_\infty$ 曲线向右平移,参看图 7.16(a)。

如果考虑空气可压缩性的影响,$H_2 \uparrow$,$V_2 \uparrow$,因声速 $a_2 \downarrow$,平飞马赫数 $Ma_2 \uparrow$,即使迎角 α 不变,也会导致阻力系数增大,升阻比 K 下降,所以 D 或 T_r 将增大。特别是对于超声速飞机来说,在不同 H_p 下的 $T_r - V_\infty$ 曲线总体上来说也是向右上方移动,但变化趋势大不相同,可参看图 7.16(b)。

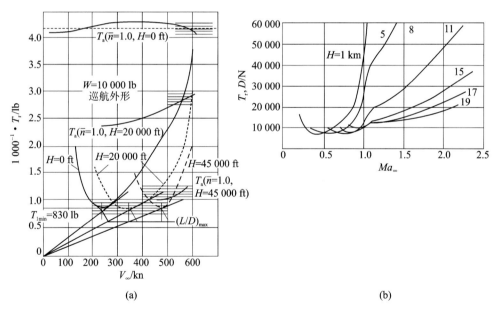

(a)   (b)

图 7.16

(2) 定直平飞需用功率 $P_r - V_\infty$ 曲线的变化

因为高度 H_p 的变化,引起平飞速度 V_∞ 的变化,仍是式(7-28)关系;另按平飞需用功率的定义,有

$$\frac{P_{r,2}}{P_{r,1}} = \frac{D_2 V_2}{D_1 V_1}$$

不考虑空气压缩性的影响,在一定迎角 α 或 C_L 下,有 $D_2 = D_1$,故

$$\frac{P_{r,2}}{P_{r,1}} = \frac{V_2}{V_1} = \frac{1}{\sqrt{\sigma_2}}$$

或者

$$\frac{P_{r,2}}{V_2} = \frac{P_{r,1}}{V_1} \qquad (7-30)$$

见图 7.17,对应同一迎角 α 或 C_L,平飞需用功率曲线上的点将在过原点的一条直线上向右上方移动,见 b_1 点和 b_2 点。

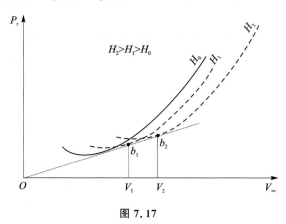

图 7.17

在有空气压缩性影响时,H 增加,同一 C_L 下的阻力 $D_2 > D_1$,所以有

$$\frac{P_{r,2}}{V_2} > \frac{P_{r,1}}{V_1}$$

因此,变化趋势比较复杂,不同机型外形需查看有关手册。

(3) 平飞可用推力与可用功率曲线随高度的变化

定直平飞可用推力 $T_a - V_\infty$ 曲线与平飞可用功率 $P_a - V_\infty$ 曲线随平飞高度的变化,可参看第 6 章相关的内容。总的趋势是 $H_p \uparrow$,T_a 与 P_a 都将下降,可参看图 7.16 上 $T_a - V_\infty$ 的变化情况。

(4) 平飞性能变化趋势

综合上述,一般说来,特别是民用运输飞机,大体上的变化趋势是:$H_p \uparrow$,$V_{min} \uparrow$,$V_{mp} \uparrow$,$V_{md} \uparrow$,$V_{max} \downarrow$,可用平飞速度范围缩小,参看本章 7.1.6 小节。

3. 外界气温 OAT(Outside Air Temperature)变化的影响

在给定飞行压力高度 H_p(有时也简写成 H)下,如外界空气气温 OAT 与 ISA 规定的静温 ISA 并不相等,则将改变该高度上空气密度 ρ_∞ 的大小。换句话说,飞行的压力高度是 H_p,但产生空气动力的高度是密度高度 H_ρ,它不仅影响平飞需用推力 T_r 和需用功率 P_r,而且也会影响可用推力 T_a 和可用功率 P_a,从而影响到飞机的定直平飞性能。

从第 1 章介绍的国际标准大气(ISA)中可知密度高度 H_ρ 的算法,有(在对流层中)

$$H_\rho = H_p + 120 \times (\mathrm{OAT} - \mathrm{ISA}) \quad (\mathrm{ft})$$
$$\mathrm{ISA} = 15 - 2 \times H_p / 1\,000$$

因此,如 OAT$>$ISA,则密度高度 $H_\rho$$>$压力高度 H_p;外界气温的升高相当 H_ρ 增加的效果。一旦飞行员得知 OAT 的变化,就应该以对待飞行压力高度 H_p 变化带来的影响加以处置。

4. 飞机外形(configuration)变化的影响

飞机在起飞、着陆中,有收放襟翼或起落架等动作,从而会改变飞机的外形。其产生的影响主要是改变飞机的空气动力特性,因而只会对飞机平飞需用推力或功率产生重大影响。

(1) 放起落架的影响

① 将使飞机的零升阻力系数 C_{D_0} 大大增加,从而使飞机的零升阻力 D_0 大大增加,参看图 7.18(a),但诱导阻力项 D_i 几乎不变。

② 因 C_{D_0} ↑↑,参看式(7 - 17)、式(7 - 18)知,会使 $C_{L,\mathrm{opt}}$ ↑,而 $K_{\max}$ ↓,V_{md} ↓,导致定直平飞 $T_r - V_\infty$ 曲线向左上方移动,参看图 7.18(b)。放下起落架,就使平飞最小阻力 $T_{r,\min}$ 由巡航外形的 830 lb,增加到 1 850 lb,达 2 倍多;而 V_{md} 则由240 kn 减小到 215 kn 左右。相应的最大升阻比由 $K_{\max} = \dfrac{10\,000}{830} = 12.05$,下降到5.41。

(2) 放襟翼(δ_f>0)的影响

打开(或放下)襟翼,参看第 3 章相关内容,有 $C_{L,\max}$ ↑,C_L ↑,但 C_D 也增加,升阻比 $K_{\max}$ ↓,因此,定直平飞 $T_r - V_\infty$ 曲线也会向左上方移动,V_{md} ↓ 而 $T_{r,\min}$ ↑↑。参看图 7.18(b)。从图 7.18(b)这架飞机的平飞阻力曲线上,你能估计出放襟翼使平飞最小阻力增加的量级吗? 由此,你能得出什么结论?

(3) 对 $P_r - V_\infty$ 曲线的影响

对于飞机定直平飞需用功率 $P_r - V_\infty$ 曲线,因放下起落架或襟翼,也会使该曲线向左上方移动,参看图 7.19。

7.1.6 飞机定直平飞范围(定直平飞包线)

1. 定　义

在给定飞机外形(一般指巡航外形)、飞行重量 W、油门位置(一般指最大油门位置)的情况下,飞机的平飞最小速度 $V_{\min}$ 和最大速度 $V_{\max}$ 随飞行高度 H 的变化图形,简称飞机定直平飞包线。

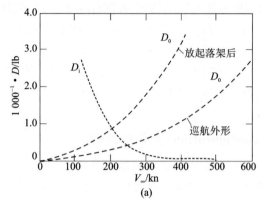

(a)

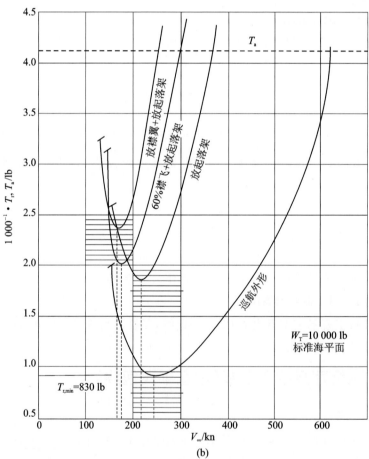

(b)

图 7.18

2. 低速、亚声速飞机平飞包线图

这类飞机的平飞包线图参看图 7.20。在低高度上，平飞速度范围大；随 H 的增大，平飞速度范围减小。平飞最大高度（俗称升限，用 H_{ac} 表示）不是很高。在升限附近的区域，称为"coffin corner"（危角或涉险区域），是不易保持平飞状态的区域。

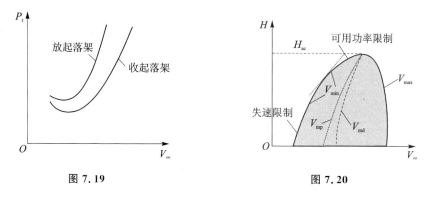

图 7.19　　　　　　　　　图 7.20

3. 超声速歼击飞机的平飞包线图

参看图 7.21。它的速度（图上为马赫数）和高度范围都大大增加，这是执行飞行任务所必须具备的能力。由于发动推力大大增加（可由最大推力状态转换为打开加力状态），平飞包线大大扩展。

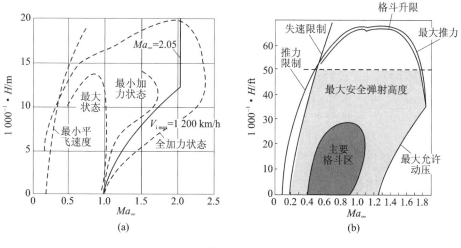

图 7.21

4. 典型商用喷气旅客飞机平飞包线图

图 7.22 列出了在给定机型外形、重量 W 和油门位置的情况下，飞机的平飞包线图。图上详列了使用中的各种限制以及正常运营区，在该区域中可以获得最佳的营

业收益。每架飞机平飞包线可以在手册中查得。

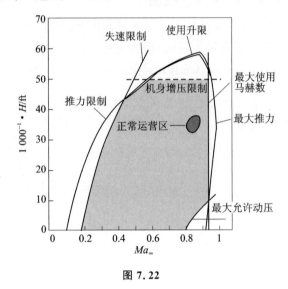

图 7.22

7.1.7　飞机定直平飞的静操纵原理

1. 定直平飞中的力平衡条件回顾

飞机做定直平飞时,所受的力平衡条件为式(7－1)、式(7－2),有

$$L = W$$

$$T = D$$

因此,在飞机平飞需用推力曲线和可用推力曲线的交点上,它们必然满足上述两式,见图 7.23。正如前述,在各点上还隐含另一个条件,即绕飞机重心的俯仰力矩 M 应恒等于零。这样三个条件是保持各点定直平飞状态的充分必要条件。

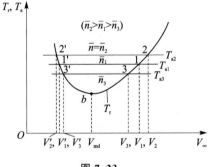

图 7.23

2. 喷气式飞机定直平飞静操纵原理

以图 7.23 来说明喷气式飞机定直平飞静操纵原理最为方便。设图上水平线代表发动机不同转速 $\bar{n} = n/n_{max}$($\bar{n}_2 > \bar{n}_1 > \bar{n}_3$)下,飞机的可用推力 $T_a - V_\infty$ 曲线。这时,就以 $V_\infty = V_{md}$ 为分界点,把定直平飞情况分成两个区域:Ⅰ区,$V_{md} < V_\infty < V_{max}$,为正常操纵区;Ⅱ区,$V_{min} < V_\infty < V_{md}$,为非正常操纵区,原因如下。

(1) Ⅰ区,正常操纵区

① 加速,由定直平飞状态 V_1(图上"1"点)变化到 V_2(图上"2"点),由图可知,要

求飞行员"推油门($\Delta \bar{n} > 0$)、推杆($\Delta \delta_e > 0$，δ_e 是飞机升降舵偏角，$\Delta \delta_e > 0$ 相当于增大升降舵偏角的向下偏转量，详情可参看 3.5 节)。原因是：$\Delta V = V_2 - V_1 > 0$，在给定 W、H 的情况下，要求 $\Delta C_L < 0$，$\Delta \alpha < 0$，$\Delta \theta < 0$，即需要减小 C_L，减小迎角 α 或俯仰角 θ。

正常操纵动作的规律是："加速、推油门、推杆"，符合飞行员的生理动作习惯。推杆的动作可用下式表示：

$$\Delta \delta_e / \Delta V_\infty > 0 \qquad 或 \qquad \Delta \delta_e / \Delta C_L < 0 \tag{7-31}$$

② 减速，由定直平飞状态 V_1 变化到 V_3（图上"3"点），由图可知，则要求飞行员"收油门($\bar{n} < 0$)、拉杆($\Delta \delta_e < 0$)"。原因是：$\Delta V_\infty = V_3 - V_1 < 0$，在给定 W、H 的情况下，要求 $\Delta C_L > 0$，$\Delta \alpha > 0$，$\Delta \theta > 0$，即要求增大 C_L，增大迎角 α 或俯仰角 θ，即仍需满足式(7-31)的要求。这符合飞行员的生理动作习惯，为正常操纵动作。

(2) Ⅱ区，非正常操纵区

① 加速，由定直平飞状态 V_1'（图上"1′"点），变化到 V_3'（图上"3′"点），由图可知，则要求飞行员"收油门($\Delta \bar{n} < 0$)、推杆($\Delta \delta_e > 0$)"。因为 $\Delta V_\infty = V_3' - V_1' > 0$，在给定 W、H 的情况下，要求 $\Delta C_L < 0$，$\Delta \alpha < 0$；虽然仍符合式(7-31)的要求，但油门杆移动方向与驾驶杆移动方向相反，不符合飞行员的生理动作习惯，称为非正常操纵区。

② 减速，由 V_1' 变到 V_2'（图上"2′"点），由图可知，则要求飞行员"推油门($\Delta \bar{n} > 0$)、拉杆($\Delta \delta_e < 0$)"。因为 $\Delta V_\infty = V_2' - V_1' < 0$，在给定 W、H 的情况下，要求 $\Delta C_L > 0$，$\Delta \alpha > 0$，驾驶杆操纵动作仍符合式(7-31)的要求，但油门杆移动方向与驾驶杆移动方向相反，也不符合飞行员的生理动作习惯，仍为非正常操纵区。

由于在两个区域中的油门杆与驾驶杆协调动作不同，因此需要特别小心。一般应避免进入非正常操纵区去做定直平飞。

3. 螺旋桨式飞机定直平飞静操纵原理

分析螺旋桨式飞机定直平飞静操纵性原理，采用简单功率图解法的图形更加方便，参看图 7.24。

如果飞机可用功率 P_a 不随 V_∞ 变化而保持常数，则不同转速下的 $P_a - V$ 关系用水平线表出，$\bar{n}_2 > \bar{n}_1 > \bar{n}_3$。显然，这时分界点速度则为 $V_\infty = V_{mp}$（平飞功率最小速度）。其也分成两区：Ⅰ区，$V_{mp} < V_\infty < V_{max}$，为正常操纵区；Ⅱ区，$V_{min} < V_\infty < V_{mp}$，为非正常操纵区。在Ⅰ区中，"加速、推杆、推油门"；"减速、拉杆、收油门"。在Ⅱ区中，"加速、推杆、收油门"；"减速、拉杆、推油门"。

4. 补充说明

由于飞机的可用推力 $T_a - V_\infty$ 或可用功率 $P_a - V_\infty$ 曲线不一定是水平直线，因此，分界点的速度不一定是 V_{md} 或 V_{mp}。应当用真实的 $T_a - V_\infty$ 或 $P_a - V_\infty$ 曲线与需用 $T_r - V_\infty$ 或 $P_r - V_\infty$ 曲线相切之点来确定分界点，参看图 7.25。现以定直平飞可用功率曲线与需用功率曲线来说明。图上 a' 点是两条曲线的相切点，相应 $V_{a'}$ 则应为两个操纵区的分界点了。

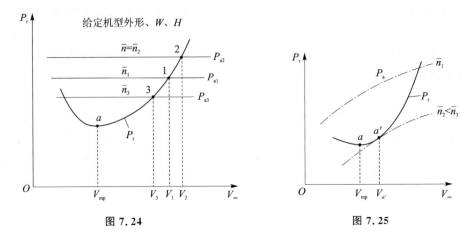

图 7.24　　　　　　　　　　　图 7.25

不过，在数量上，$V_{a'}$ 与 V_{mp} 相差不是很大。故两个操纵区的分界速度仍常以 V_{mp} 或 V_{md} 来替代，便于说明。

7.2　飞机纵向定直爬升飞行性能

7.2.1　飞机纵向定直爬升的姿态和受力平衡方程

1. 飞机纵向定直爬升的姿态角

按前述(参看 6.5 节)有：

飞机倾斜角 $\phi=0$，侧滑角 $\beta=0$，爬升角 $\gamma>0$［参看图 7.26(a)］，俯仰角 $\theta=\alpha+\gamma>0$；迎角 $\alpha>0(\alpha=\theta-\gamma)$。

爬升飞行有直线爬升($\gamma=$ const.)和曲线爬升($\gamma\neq$ const.)。此处，仅讨论定直爬升飞行的情况。

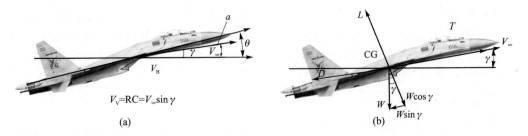

$V_V=RC=V_\infty \sin\gamma$

(a)　　　　　　　　　　　　(b)

图 7.26

2. 飞机纵向定直爬升的飞行状态参数

(1) 爬升角 γ (angle of climb, climb angle)

它的定义是定速 V_∞ 与水平面的夹角，$\gamma > 0$，见图 7.26(a)。

(2) 爬升率 RC(Rate of Climb)

$$RC = V_\infty \sin \gamma = V_V = \frac{dH}{dt} \qquad (7-32)$$

驾驶舱有 VSI(升降速度表)，可读出 RC 或 V_V(垂直分速度)的大小，代表单位时间内高度的增加量。

(3) 爬升梯度 GC(Gradient of Climb)

$$GC = \tan \gamma \approx \sin \gamma = RC/V_\infty = \Delta H / \Delta x \qquad (7-33)$$

它代表飞机水平方向前进单位距离时所上升高度的大小。问：如飞机的 GC = 2.5%，代表什么意思？

(4) 爬升中的迎角 α

$$\alpha = \theta - \gamma \qquad (7-34)$$

(5) 民航旅客运输机的爬升

① 飞机起飞离地后的爬升阶段，分为起飞场道段和起飞航道段。人们关心的是飞机的爬升角 γ 或爬升梯度 GC 的大小，我们将在第 8 章专门讨论。飞行高度范围为 0～1 500 ft。

② 飞机航线爬升阶段。结束飞机起飞离地的爬升阶段后($H > 1\,500$ ft)，达到飞机巡航高度、速度之前的这一段爬升，称为航线爬升阶段。如关心的是如何尽快达到巡航飞行高度，则重点在爬升率 RC 的大小，以便缩短爬升时间和节省所需燃油消耗量；如关心的是飞过地面的水平距离，则重点将放在 GC 的大小上。

③ 爬升中保证 RC 为 RC_{max} 所需要的爬升速度 V_∞，称作快升速度 $V_{max,RC}$(the best rate of climb speed)，或用 V_Y 表示。

④ 爬升中保证 γ 为 γ_{max} 所需要的爬升速度 V_∞，称作陡升速度 $V_{max,\gamma}$(the best angle of climb speed)，或 the best gradient of climb speed)，或用 V_X 表示。

3. 飞机纵向定直爬升的受力平衡方程

正如前面已经指出的，因为纵向飞行，$\phi = 0$、$\beta = 0$，故横向力 $Y = 0$，滚转力矩 $L = 0$，偏航力矩 $N = 0$。另纵向俯仰力矩应设法始终保持为零。因此，作用在飞机重心处的诸个力，有重力 W、升力 L 和阻力 D、推力 T 等。在给定机型外形和高度 H 的情况下，定直爬升中的受力平衡方程有[参看图 7.26(b)]

$$T = D + W \sin \gamma \qquad (7-35)$$

$$L = W \cos \gamma \qquad (7-36)$$

式(7-35)是保证空速 $V_\infty = \text{const.}$ 的条件,而式(7-36)则是保持飞机纵向直线爬升 $\gamma = \text{const.}$ 的条件。

7.2.2　飞机纵向定直爬升的阻力 D_C(需用推力)和需用功率 P_C

1. 定直爬升需用速度 V_C 和需用升力系数 C_{L_C}

由式(7-36)有

$$V_\mathrm{C} = \sqrt{\frac{2W}{\rho_\infty S C_{L_\mathrm{C}}} \cos \gamma} = V_\infty \sqrt{\cos \gamma} \sqrt{\frac{C_L}{C_{L_\mathrm{C}}}} \tag{7-37}$$

式中,V_∞ 是在同一高度上做定直平飞的需用速度,C_L 是定直平飞的升力系数,有

$$V_\infty = \sqrt{\frac{2W}{\rho_\infty S C_L}} \tag{7-38}$$

显然,若用相同升力系数做定直爬升与平飞,$C_{L_\mathrm{C}} = C_L$,则有

$$V_\mathrm{C} = V_\infty \sqrt{\cos \gamma} \tag{7-39}$$

在同一重量 W 和 H 下,因为所需 L 只需负担 $W\cos\gamma$ 分量,故 $V_\mathrm{C} < V_\infty$ 是很自然的事。

但是,由于受现代民航旅客运输机发动机的推力大小的限制,$T/W(\approx 0.3)$ 比较小,故爬升角 γ 不会很大,故完全可以采用下列近似式来替代,即

$$V_\mathrm{C} \approx V_\infty \tag{7-40}$$

换句话说,在给定机型外形、W 和 H 的情况下,如果所用升力系数 C_L 相同,则爬升需用速度 V_C 近似与平飞需用速度 V_∞ 相等。

反过来说也一样,如果用同一速度 V 爬升或平飞,则需用升力系数近似相等,即

$$C_{L_\mathrm{C}} \approx C_L$$

2. 定直爬升需用推力 D_C 和功率 P_C

在给定机型外形、W 和 H 的情况下,用 $V_\mathrm{C} = V_\infty$ 做定直爬升飞行,因所需升力系数 $C_{L_\mathrm{C}} \approx C_L$,故爬升时的升阻比 $K_\mathrm{C} \approx K$(K 为平飞时的升阻比);按式(7-12),有爬升时飞机的阻力与平飞时的阻力近似相等,$D_\mathrm{C} \approx D$;同时爬升需用功率 $P_\mathrm{C} \approx P_\mathrm{r}$(平飞需用功率)。

换句话说,在相同的 W 和 H 条件下,同一架飞机的定直平飞需用推力 T_r-V_∞ 曲线和需用功率 P_r-V_∞ 曲线,也就是该飞机的定直爬升需用推力曲线和需用功率曲线。分析一架飞机的定直爬升飞行性能时,无须重新计算,可近似直接引用该飞机定直平飞的 T_r-V_∞ 和 P_r-V_∞ 曲线来进行分析。

7.2.3　飞机纵向定直爬升性能的确定——图解法

1. 爬升角 γ、最大爬升角 $\gamma_{\max}$ 和陡升速度 $V_{\max,\gamma}$

(1) 爬升角 γ

由式(7-35)有

$$\sin \gamma = \frac{T-D}{W} \qquad (7-41)$$

或

$$\gamma = \arcsin\left(\frac{T-D}{W}\right) \qquad (7-42)$$

由上式可知：

① 若 $T-D=0$，则 $\gamma=0$，由式(7-36)知，$L=W$，即为定直平飞。其中，D 代表平飞时飞机的阻力，T 代表可用推力。

② 若 $T-D>0$，则 $\gamma>0$，$L<W$，为定直爬升，正在讨论。

③ 若 $\gamma=\pi/2$，则 $T=D+W$，$L=0$，则为垂直爬升，有

$$\frac{T}{W} = 1 + \frac{D}{W} > 1.0 \qquad (7-43)$$

式(7-43)表明，只有飞机推重比 $T/W>1.0$，才能实现大爬升角的爬升。当前民航旅客运输机的推重比 $T/W \approx 0.3$(最大油门位置)，所以，要求此类飞机有很大的爬升角是不可能的事。

正如前述，爬升时的 $L \approx W$，所以，按式(7-41)有

$$\sin \gamma = \frac{T}{W} - \frac{D}{W} \approx \frac{T}{W} - \frac{1}{K} \qquad (7-44)$$

若 $T/W=0.3$，爬升时的 $K=10$，则按式(7-44)可得 $\gamma=12°$，可见爬升角 γ 确实不大。

(2) 确定爬升角 γ、最大爬升角 $\gamma_{\max}$ 和陡升速度 $V_{\max,\gamma}$ (或 V_x) 的图解法

确定定直爬升飞行性能的常用方法，仍是简单推力或简单功率图解法。

1) 低速、高亚声速喷气式飞机

在给定机型外形、W 和 H 的情况下，绘出平飞需用推力 $T_r - V_\infty$ 曲线和可用推力 $T_a - V_\infty$ (最大油门位置)曲线。如果 $T_a=\text{const.}$，则由图 7.27(a)上两条线可以确定对应各个爬升速度的富余推力 $\Delta T = T_a - T_r$ 大小，按式(7-41)则可确定对应各个爬升速度的爬升角大小，参看图 7.27(b)。这时，在这个高度上的陡升速度有

$$V_{\max,\gamma} \approx V_{\text{md}} \qquad (7-45)$$

2) 跨声速喷气式飞机

在图 7.28 上，列出一架跨声速喷气式飞机的情况。其特点是该机可用推力 $T_a - Ma_\infty$ 有变化(不是常数)。当以不同爬升马赫数 Ma_∞ 爬升时，富余推力 $\Delta T =$

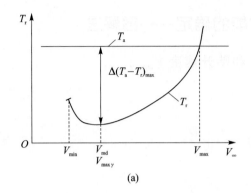

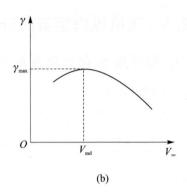

(a)

(b)

图 7.27

$T_a - T_r$ 的情况见图 7.29。

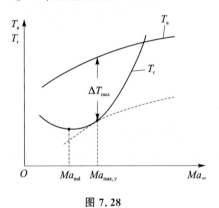

图 7.28

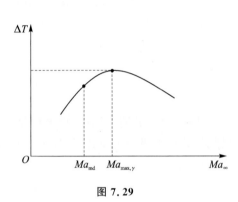

图 7.29

将图 7.29 上各个马赫数 Ma_∞ 下所对应的 ΔT 除以 W 得 $\sin \gamma$,从而得出爬升角 γ。由图 7.28、图 7.29 可知,该飞机的

$$V_{\max,\gamma} > V_{md} \quad 或 \quad Ma_{\max,\gamma} > M_{md} \qquad (7-46)$$

3) 螺旋桨式飞机

对于螺旋桨式飞机,因可用功率 $P_a = T_a \times V_\infty$,如它近似等于常值,则可用拉力 T_a 随 V_∞ 的减小反而是增大的,见图 7.30。图上表明,$\Delta T_{\max}$ 对应的 $V_{\max,\gamma}$(陡升速度)有

$$V_{\max,\gamma} < V_{mp} < V_{md} \qquad (7-47)$$

该 $V_{\max,\gamma} < V_s$,显然是不可能采用的。要想得到较大爬升角,只能采用 V_{mp} 或 V_{md} 来获得。这是应当引起注意的。

有人说,"飞机爬升是依靠增大升力来实现的",对吗?试自己小结一下飞机爬升角 γ 大小与哪些因素有关。

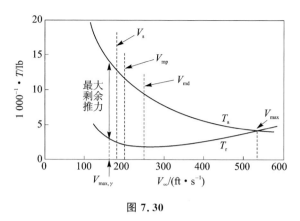

图 7.30

2. 爬升率 RC、最大爬升率 RC_{max} 和快升速度 $V_{max, RC}$

（1）爬升率 RC

由式（7-32）、式（7-41）有

$$RC = V_{\infty} \sin \gamma = \frac{V_{\infty}(T - D)}{W} = \frac{P_a - P_r}{W} = \frac{\Delta P}{W} \qquad (7-48)$$

式（7-48）表明，在给定机型外形、W、H 以及油门位置的情况下，飞机爬升率 RC 的大小与飞机单位重量所分摊到的富余功率 ΔP 成比例。

（2）确定爬升率 RC、最大爬升率 RC_{max} 和快升速度 $V_{max, RC}$（或 V_Y）的图解法

1）喷气式飞机

参看图 7.31，在给定机型外形、W、H 以及油门位置的情况下，如喷气式飞机 $T_a \approx const.$（最大油门位置），则该飞机的 $P_a \approx T_a \times V_{\infty}$ 将与 V_{∞} 的大小成比例。在各个爬升速度下的富余功率 ΔP 有如图 7.31 上的分布情况。利用式（7-48）可得 RC 的分布，参看图 7.32。

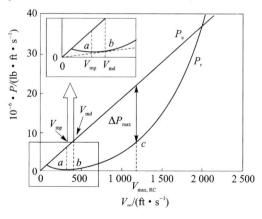

图 7.31

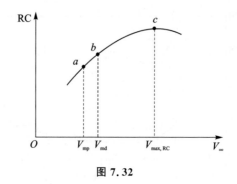

图 7.32

从图 7.32 中可看出：

$$V_{\max, \mathrm{RC}} > V_{\mathrm{md}} > V_{\mathrm{mp}} \qquad (7-49)$$

2）螺旋桨式飞机

在给定机型外形、W、H 和最大油门位置的情况下，螺旋桨式飞机的平飞需用功率 P_{r} 和油门最大位置下的可用功率 P_{a} 曲线图，参看图 7.33。

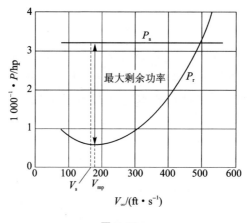

图 7.33

按图 7.33 可得 $\Delta P = P_{\mathrm{a}} - P_{\mathrm{r}}$，它随 V_{∞} 的变化可参看图 7.34，再按式（7-48）可得 $\mathrm{RC} - V_{\infty}$ 的曲线变化情况。由图 7.34 知有

$$V_{\max, \mathrm{RC}} = V_{\mathrm{mp}} \qquad (7-50)$$

你能否总结一下喷气式飞机或螺旋桨式飞机的快升速度 $V_{\max, \mathrm{RC}}$ 与陡升速度 $V_{\max, \gamma}$ 谁大谁小吗？

7.2.4　运营中诸参数（WATC）变化对定直爬升性能的影响

由于运营中诸参数变化对喷气式飞机和螺旋桨式飞机定直爬升性能参数如 $\gamma_{\max}$、$V_{\max, \gamma}$、$\mathrm{RC}_{\max}$、$V_{\max, \mathrm{RC}}$ 的影响趋势相同，故一并讨论之。

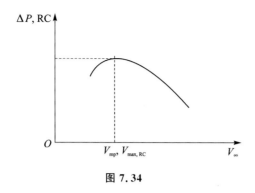

图 7.34

1. 重量 W 变化的影响

重量 W 的变化只影响"需用",不影响"可用"。参看本章 7.1.5 小节的讨论与分析,有

① $W\uparrow$, $D\uparrow$(参看图 7.13、图 7.14),所以 $\Delta T = (T_a - D)\downarrow$,导致 $V_{max}\downarrow$ 和 $V_{max,\gamma}\uparrow$。

② $W\uparrow$、$P_r\uparrow$(参看图 7.15),所以 $\Delta P = (P_a - P_r)\downarrow$,导致 $RC_{max}\downarrow$ 和 $V_{max,RC}\uparrow$。

如果 $W\downarrow$,将发生什么变化? 请自己总结一下。

2. 高度 H 变化的影响

高度 H 变化不仅影响"需用",而且也影响"可用",参看本章 7.1.5 小节的讨论与分析,有

① $H\uparrow$, $T_a\downarrow$, $D\uparrow$(参看图 7.16),所以,$\Delta T = (T_a - D)\downarrow$,导致 $\gamma_{max}\downarrow$ 和 $V_{max,\gamma}\uparrow$。

② $H\uparrow$, $P_a\downarrow$, $P_r\uparrow$(参看图 7.17),所以,$\Delta P = (P_a - P_r)\downarrow$,导致 $RC_{max}\downarrow$, $V_{max,RC}\uparrow$。

如果 $H\downarrow$,将发生什么变化? 也请自己总结一下。

3. OAT 变化的影响

外界空气温度 OAT 变化不仅影响"需用",而且也影响"可用",参看本章 7.1.5 小节的讨论与分析,其结论是:

① OAT$\uparrow$,相当于 $H\uparrow$ 的影响。

② OAT$\downarrow$,相当于 $H\downarrow$ 的影响。

4. 飞机外形变化的影响

(1) 放起落架,打开襟翼

这是飞机着陆飞行中必须采取的操纵动作,导致 $D\uparrow\uparrow$, $P_r\uparrow$,参看图 7.18、

图 7.19、图 7.20。所以 $\Delta T = (T_a - D)\downarrow$，$\Delta P = (P_a - P_r)\downarrow$，导致 $\gamma_{\max}\downarrow$，$RC_{\max}\downarrow$，而 $V_{\max,\gamma}\downarrow$，$V_{\max,RC}\downarrow$。

（2）收起落架和襟翼

这是飞机起飞过程中必须采取的操纵动作。显然 $D\downarrow$，$\Delta T = (T_a - D)\uparrow$，$\Delta P = (P_a - P_r)\uparrow$，导致 $\gamma_{\max}\uparrow$，$RC_{\max}\uparrow$，$V_{\max,\gamma}\uparrow$，$V_{\max,RC}\uparrow$。

7.2.5 飞机爬升综合性能与常值风的影响

飞机爬升综合性能是指飞机从指定爬升起始高度到达终点高度所需要的时间（简称爬升时间）t_1、所需消耗燃油重量 W_{F1}（简称爬升燃油量）和飞过的水平距离 R_1（简称爬升航程）。

1. 爬升时间 t_1

由式（7-32）知，有

$$dt = \frac{dH}{RC} \tag{7-51}$$

由起始高度 $H_0 = 0$ 爬升到终点高度 H_1 所需时间 t_1 为

$$t_1 = \int_0^{t_1} dt = \int_0^{H_1}\left(\frac{1}{RC}\right)dH \tag{7-52}$$

① 在给定机型外形、W 和油门位置的情况下，一旦选定了爬升方案，飞机在各个高度上的 RC 或 $RC_{\max}$ 都可以确定。显然，若能在各个高度均以 $RC_{\max}$ 或 $V_{\max,RC}$ 爬升，到达指定终点高度 H_1 的爬升时间 t_1 将是最短的（$t_1 = t_{1\min}$），这对于节省爬升飞行时间而言无疑是最佳选择。

按式（7-52）求 t_1，可采用图解积分方法，见图 7.35。先决定各个高度上的 $RC_{\max}$，然后计算 $1/RC_{\max}$，再作出（$1/RC_{\max}$）-H 的图形；由函数 $1/RC_{\max}$ 与横坐标 H 之间所包围的面积即为 t_1。

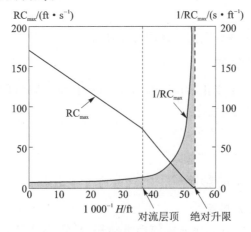

图 7.35

参看图 7-36，是某机的爬升时间 t_1-H 的计算结果。$H_1\uparrow$，$t_1\uparrow$。

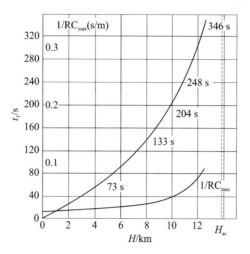

图 7.36

② 对于军用喷气式飞机，在高空中的油门位置可由最大油门位置改为打开加力燃烧室工作状态，因可用推力 $T_a\uparrow\uparrow$，飞机的 RC_{max} 也会大大增加，从而爬升到指定高度所需爬升时间 t_1 可大大缩短；付出的代价将是爬升燃油量 W_{F1} 也会大大增加。图 7.37 上表示的是改变油门位置带来的 RC_{max} 改变的情况。

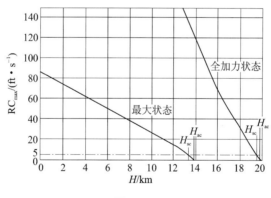

图 7.37

2. 飞机的绝对升限 H_{ac} 与实用升限 H_{sc}

增加要爬升的预定高度 H_1，所需爬升时间 t_1 将增加，这是因为 $RC_{max}\downarrow\downarrow$ 的结果。当 $RC_{max}\rightarrow0$ 时的爬升高度（$t_1\rightarrow\infty$）称为飞机的绝对升限 H_{ac}（absolute ceiling）；但这只有理论上的参考价值。实际上，飞机能够定直爬升到的最大高度称为实用升限或平飞实用升限（service ceiling）。一般规定：

props： $H=H_{sc}$ 时的 $RC_{max}=100$ fpm(ft/min)

jet：　　　　　　　$H=H_{sc}$ 时的 $RC_{max}=500$ fpm(ft/min)

3. 爬升燃油(消耗)重量 W_{F1}

(1) 飞机发动机燃油消耗量

耗油量一般用燃油流量 FF(Fuel Flow)来表示,它也称为发动机的小时耗油量 PPH(lb/h),参看第 6 章相关内容。

① 对于涡轮喷气式发动机,有

$$FF=tsfc \times T_a \tag{7-53}$$

式中,tsfc 为发动机的单位推力耗油率,lb/(lb·h)。

② 对于活塞式发动机,有

$$FF=psfc \times BHP \tag{7-54}$$

式中,psfc 为发动机的单位功率耗油率 lb/(hp·h)。BHP 为轴功率,单位为 hp (马力)。

(2) 爬升燃油量 W_{F1} 的计算

按式(7-53)或式(7-54)和式(7-51),有

$$dW_{F1}=FF \times dt=FF \times (dH/RC)$$

故

$$W_{F1}=\int_0^{H_1}\left(\frac{FF}{RC}\right)dH \tag{7-55}$$

式(7-55)同样可用图解积分方法来进行计算。

作为近似计算,亦可把爬升飞行过程分成几段,每段视 FF 为常值,分段计算爬升燃油重量,然后总加起来得 W_{F1};更粗糙一点则把整个爬升段的 FF 视为常值,知 t_1 后,则有

$$W_{F1}=FF \times t_1 \tag{7-56}$$

(3) 民机情况

当代民航旅客运输飞机,起飞后的航线爬升都有自己适用的爬升方案,比如 B737 飞机,采用 300/M0.7 方式爬升;而 A320 飞机,则按 250/300/M0.78 方式爬升。其中的百位数指爬升表速 $V_{i,\infty}(=\sqrt{\sigma}V_{\infty})$ 的大小,以 kn(节)计;小数指爬升马赫数 Ma_{∞} 的大小。

当以等表速或等马赫数爬升时,请思考:真空速 V_{∞} 怎么变化?爬升率 RC 是否也变化?

4. 爬升航程 R_1

由已知飞行高度爬升到指定飞行高度 H_1 时,在水平方向飞过的地面直线距离,称作爬升航程 R_1。对于支线短距离客机,R_1 占有总航程的一定比例;对于干线长距离客机,它的重要性就下降了。

以速度 V_∞、爬升角 γ 爬升时,水平分速为 V_H,$\mathrm{d}t$ 时间内飞机飞过的地面直线距离即爬升航程 $\mathrm{d}R_1$,有

$$\mathrm{d}R_1 = V_H \times \mathrm{d}t = V_\infty \cos \gamma \mathrm{d}t$$

所以

$$R_1 = \int_0^{t_1} V_\infty \cos \gamma \mathrm{d}t \qquad (7-57)$$

又因式(7-32),有 $\mathrm{d}t = \mathrm{d}H/(V_\infty \sin \gamma)$,式(7-57)可改写为

$$R_1 = \int_0^{H_1} \cot \gamma \mathrm{d}H \qquad (7-58)$$

只要求得各个爬升高度上的爬升角 γ,绘出 $\cot \gamma$ - H 曲线,然后用图解数值积分方法即可求得 R_1 的大小。

5. 飞机爬升综合性能图表

(1) 轻型螺旋桨式飞机的爬升综合性能图

图 7.38 是某轻型螺旋桨式飞机的综合性能图。该飞机重量 $W = 3\ 600\ \mathrm{lb}$,处在最大油门位置。爬升表速 $V_i = 90\ \mathrm{kn}$,无风,襟翼收上。图上示例为:

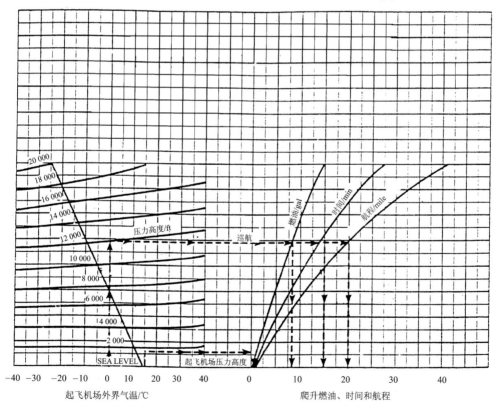

图 7.38

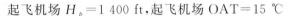
起飞机场 H_p＝1 400 ft，起飞机场 OAT＝15 ℃

指定巡航高度 H_1＝12 000 ft，巡航高度外界气温 OAT＝0 ℃

通过图上的示例，其结果是爬升燃油 W_{F1}＝(7.5－0.5) gal(加仑)＝7.0 gal；爬升时间 t_1＝(14－1.5)min＝12.5 min；爬升航程 R_1＝(20－2)n mile＝18 n mile。

希望能看懂、读懂该图的使用方法。

(2) 现代喷气式旅客机 B737－200ADV 的爬升综合性能图

表 7.1 是 B737－200ADV 客机的爬升综合性能表。这是无风、大气为 ISA 的状况。

表 7.1　B737－200ADV 爬升综合性能表

（爬升速度 300/M0.7，标准大气状态）

气压高度/ft	单位、min/lb、n mile/kn	起飞重量/lb										
		130 000	125 000	120 000	115 000	110 000	105 000	100 000	95 000	90 000	80 000	70 000
37 000	时间、燃油				31/5 000	24/4 200	21/3 800	19/3 400	17/3 200	16/2 900	13/2 500	11/2 100
	距离/真空速				189/394	142/391	123/390	109/389	98/389	89/388	74/387	62/387
36 000	时间、燃油			29/5 000	24/4 300	21/3 900	19/3 600	17/3 300	16/3 000	15/2 800	12/2 400	10/2 000
	距离/真空速			177/393	141/391	123/390	110/389	100/388	91/388	83/387	70/387	59/386
35 000	时间、燃油		28/5 000	24/4 400	21/4 000	19/3 700	18/3 400	16/3 200	15/2 900	14/2 700	12/2 300	10/2 000
	距离/真空速		170/392	141/391	124/389	111/389	101/388	92/387	85/387	78/386	66/386	56/385
34 000	时间、燃油	28/5 100	24/4 500	22/4 100	20/3 800	18/3 500	17/3 300	15/3 100	14/2 900	13/2 700	11/2 300	10/1 900
	距离/真空速	166/392	141/390	125/389	113/388	103/387	94/387	87/386	80/386	74/385	63/385	53/384
33 000	时间、燃油	24/4 600	22/4 200	20/3 900	18/3 700	17/3 400	16/3 200	15/3 000	14/2 800	13/2 600	11/2 200	9/1 900
	距离/真空速	141/389	126/388	114/387	104/387	96/386	88/385	81/385	75/385	70/384	59/384	50/383
32 000	时间、燃油	22/4 400	20/4 100	19/3 800	17/3 500	16/3 300	15/3 100	14/2 900	13/2 700	12/2 500	10/2 200	9/1 800
	距离/真空速	127/387	115/386	105/386	97/385	90/385	83/384	77/384	71/383	66/383	56/382	48/382
31 000	时间、燃油	21/4 200	19/3 900	18/3 600	16/3 400	15/3 200	14/3 000	13/2 800	12/2 600	12/2 500	10/2 100	9/1 800
	距离/真空速	116/385	107/385	98/384	91/383	84/383	78/383	73/382	67/382	62/382	54/381	46/381
30 000	时间、燃油	19/4 000	18/3 700	17/3 500	16/3 300	15/3 100	14/2 900	13/2 700	12/2 600	11/2 400	10/2 100	8/1 800
	距离/真空速	108/383	99/383	92/382	85/382	79/381	74/381	69/381	64/380	59/380	51/380	43/379
29 000	时间、燃油	18/3 800	17/3 600	16/3 400	15/3 200	14/3 000	13/2 800	12/2 700	12/2 500	11/2 300	9/2 000	8/1 700
	距离/真空速	100/381	193/381	86/380	80/380	75/380	70/379	65/379	60/379	56/378	48/378	41/378
28 000	时间、燃油	17/3 700	16/3 500	15/3 300	14/3 100	13/2 900	13/2 800	12/2 600	11/2 400	10/2 300	9/2 000	8/1 700
	距离/真空速	94/379	87/379	81/378	76/378	71/378	66/377	62/377	57/377	53/377	46/376	39/376
27 000	时间、燃油	17/3 600	16/3 400	15/3 200	14/3 000	13/2 800	12/2 700	11/2 500	11/2 400	10/2 200	9/1 900	7/1 600
	距离/真空速	88/3787	82/377	77/376	71/376	67/376	62/375	58/375	54/375	51/375	44/374	37/374
26 000	时间、燃油	16/3 500	15/3 300	14/3 100	13/2 900	12/2 800	12/2 600	11/2 400	10/2 300	10/2 200	8/1 900	7/1 600
	距离/真空速	83/375	77/374	72/374	67/374	63/373	59/373	55/373	52/373	48/373	42/372	36/372

续表 7.1

气压高度/ft	单位、min/lb n mile/kn	起飞重量/lb										
		130 000	125 000	120 000	115 000	110 000	105 000	100 000	95 000	90 000	80 000	70 000
25 000	时间、燃油 距离/真空速	15/3 400 78/372	14/3 200 73/372	13/3 000 68/372	13/2 800 64/371	12/2 700 60/371	11/2 500 56/371	10/2 400 52/371	10/2 200 49/370	9/2 100 46/370	8/1 800 39/370	7/1 600 34/370
24 000	时间、燃油 距离/真空速	14/3 200 73/369	14/3 100 68/369	13/2 900 64/369	12/2 800 60/369	11/2 600 56/368	11/2 500 53/368	10/2 300 49/368	9/2 200 46/368	9/2 200 43/367	8/1 800 37/367	7/ 1500 32/367
23 000	时间、燃油 距离/真空速	14/3 100 68/366	13/2 900 63/365	12/2 800 59/365	11/2 600 56/365	11/2 500 52/365	10/2 400 49/365	10/2 200 46/365	9/2 100 43/364	8/2 000 40/364	7/1 700 35/364	6/1 500 30/364
22 000	时间、燃油 距离/真空速	13/3 000 62/362	12/2 800 58/362	12/2 700 55/362	11/2 500 52/361	10/2 400 48/361	10/2 300 45/361	9/2 100 43/361	9/2 000 40/361	8/1 900 37/361	7/1 600 32/361	6/1 400 28/361
⋮	⋮	⋮		⋮								
6 000	时间、燃油 距离/真空速	4/1 200 9/316	4/1 200 9/316	4/1 100 8/316	4/1 100 8/316	4/1 100 7/316	3/1 000 7/316	3/900 7/316	3/900 6/316	3/800 6/316	3/700 5/316	2/600 4/316
1 500	时间、燃油	3/800	2/700	2/700	2/700	2/700	2/700	2/600	2/600	2/600	2/600	1/400

机场标高的燃油修正对时间和距离的影响略而不计	机场标高	2 000	4 000	6 000	8 000	10 000	12 000
	燃油修正量	−100	−300	−400	−500	−700	−800

例如，飞机从标准海平面 $H_p=0$ 机场起飞后，爬升到巡航起始高度 H_1 所需爬升时间为 t_1，爬升燃油(消耗)量 W_{F1} 和爬升航程 R_1，以及真空速 V_1 均可查得。比如，起飞重量 $W=110\ 000$ lb(brake release weight)，$H_1=33\ 000$ ft。采用航线爬升方式所需爬升时间 $t_1=17$ min，$W_{F1}=3\ 400$ lb，$R_1=96$ n mile，$V_1=386$ kn。

如果起飞机场 $H_p\neq0$，则先查出由 $H=0$ 爬升到机场压力高度所需要的爬升时间、爬升燃油重量和水平航程，再与 $H_p=0$ 爬升到巡航高度的数据相减即得所需结果。或者按表 7.1 所列只修正爬升燃油量 W_{F1} 的大小。

如果外界气温改变，则应换一张表去查询。这可以到飞机使用手册中去寻找。

6. 常值风(wind)对飞机爬升性能的影响

(1) 风与常值风或定常风

空气沿水平方向相对于地面的流动，称为风。流动空气的速度称为风速，用 V_W 表示。风速 V_W 不随位置及时间变化而改变的风，称为常值风或定常风。

在 ISA 所给的飞机性能数据，都是在无风情况下的，即 $V_W=0$ 的数据。比如表 7.1 上的情况。ISA 中没有风，大气与地面处于相对静止状态。

实际运营中常常遇到风，此处只讨论常值风中的逆风 HW(Head Wind)和顺风 TW(Tail Wind)对飞机爬升飞行性能的影响。

逆风 HW 是指风速 V_W 与空速 V_∞ 在水平方向上的投影 $V_\infty\cos\gamma$ 方向相差 $180°$ 的风。空速 V_∞ 是飞机相对于静止大气的速度，简称空速或飞行速度。

顺风 TW 是指风速 V_w 与空速 V_∞ 在水平方向上的投影 $V_\infty \cos \gamma$ 方向一致的风,参看图 7.39。

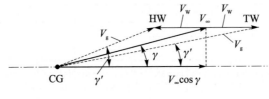

图 7.39

(2) 空速 V_∞ 与地速 V_g

飞机以空速 V_∞ 相对于空气运动,而空气自身又以 V_w 相对于地面运动。飞机相对于地面的速度称为地速,用 V_g 表示,有

$$\vec{V}_g = \vec{V}_\infty \pm \vec{V}_w \tag{7-59}$$

式中,"+"号用于顺风(TW),"−"号用于逆风(HW)。

(3) 常值风(TW 或 HW)对定直爬升性能的影响

1) 爬升角 γ 和轨迹角 γ

爬升角 γ 是空速与水平面之间的夹角,遭遇 HW 或 TW 均不会变化。但飞机的地速 V_g 与水平面的夹角 γ(飞行轨迹角,flight path angle)则将增大或减小,见图 7.39。

2) 爬升率 RC、爬升时间 t_1 和爬升燃油量 W_{F1}

无论遭遇 HW 或 TW,它们都不会变化。

3) 爬升航程 R_1

遇 HW,R_1 减小;遇 TW,R_1 增大。

7.2.6　飞机定直爬升飞行的静操纵原理

我们着重讨论由定直平飞状态如何操纵飞机才能最有效地转入定直爬升状态的力学原理,参看图 7.23。

1. 正常操纵区中的静操纵原理

开始,飞机在"1"点处做定直平飞,那么如何操纵,飞机才能转入定直爬升飞行呢?

① 新手飞行员,最先想到的操纵动作是"拉杆",升降舵偏角上偏,$\Delta\delta_e < 0$,产生抬头力矩,使飞机抬头,θ 增加,迎角 α 增大,因而升力 L 增加;由于出现 $L - W > 0$,飞机表现为爬升 $\gamma > 0$,但也因此出现 $W \sin \gamma$ 项(起阻力作用);而可用推力 T_a 未变(因 $\overline{n}_1$ 未变),故导致飞机将减速,由"1"点减到"3"点,空速由 V_1 减到 V_3。这时,飞机升阻比 K 增加,使飞机阻力 D 下降,从而出现富余推力 $\Delta T = T_{a1} - D_3 > 0$,见

式(7-35)，飞机才转入以 V_3 的爬升。可见，"拉杆"可以转入爬升，但这是减速度的爬升，效率不高。

② 只推"油门"（由 $\overline{n}_1 \rightarrow \overline{n}_2$）。因 T_{a2} 增加，V_∞ 增大，L 和 D 均增大；由于 $L>W$，会产生 $\gamma>0$ 和出现 $W\sin\gamma$ 项（起加大阻力的作用），故速度 V_∞ 有一个振荡调整过程。最后，飞机转入以 V_1 的爬升。与①情况相比，效率提高。所以，飞行员常说"油门杆管升降"。

③ "前推油门、后拉杆"两个动作同时进行可较快速、准确地进入以 V_1 爬升的状态。一旦达到预定爬升角 γ 后，再推杆回复到原先位置，实际效果相当于只推了油门杆。老飞行员说"油门杆管升降"，说的就是这个意思。但这样操纵可大大提高操纵效率和精度。

2. 非正常操纵区中的静操纵原理

开始，飞机在"1"点做定直平飞，如何操纵，飞机才能转入定直爬升飞行呢？

请对比正常操纵区情况的分析，自己进行分析与比较并得出结论。

7.3　飞机纵向定直下降飞行性能

飞机降低飞行高度的飞行称作下降或下滑（指无动力的下降）。下降亦分直线下降与曲线下降。此处只介绍定直下降飞行的情况。

7.3.1　飞机纵向定直下降的姿态角和受力平衡方程

1. 飞机纵向定直下降的姿态角

按前述（参看 6.5 节）有：

$\phi=0$（无倾斜），$\beta=0$（无侧滑），飞机俯仰角 θ 可正、可负，即为仰头下降或低头下降。参看图 7.40(a)，为低头下降的情况，$\theta<0$。下降角也用 γ 表示，图(a)所示，$\gamma<0$，即空速 V_∞ 方向在水平面的下方。飞机的迎角 α，有

$$\alpha=\theta-\gamma \tag{7-60}$$

可见，如飞机仰头下降（$\theta>0$），则会有迎角 α 过大的问题出现。

2. 飞机纵向定直下降飞行的飞行状态参数

(1) 下降角 γ (angle of descent)

见图 7.40(a)，前已述及，它是空速 V_∞ 与水平面之间的夹角，相对爬升而言，此处 $\gamma<0$。

(2) 下降率 RD (Rate of Descending)

$$RD=dH/dt=V_\infty\sin\gamma \tag{7-61}$$

它代表单位时间内高度的减少量。在式中 γ 本是负值，因知 RD 的内含（是下降

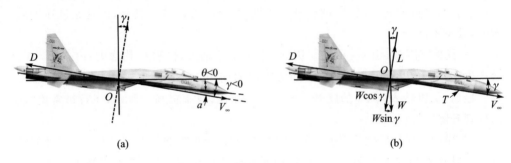

图 7.40

率),故 RD 的负号省掉了。

(3) 下降梯度 GD(Gradient of Descending)

$$GD = \tan \gamma \approx \sin \gamma = RD/V_\infty = \frac{\Delta H}{\Delta X} \qquad (7-62)$$

式中,$\Delta X = V_\infty \Delta t$。GD 的大小代表飞机水平方向前进单位距离飞机下降高度的大小。负号也省略了。

(4) 民航旅客运输飞机的下降

1) 飞机航线下降飞行阶段

一般是指飞机由巡航高度下降到着陆机场空域高度的阶段,参看图 7.41。

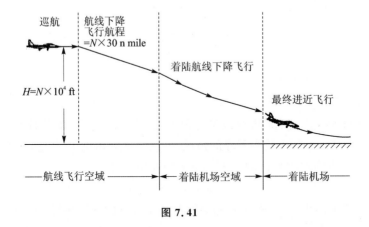

图 7.41

它关心的是下降率 RD 或下降角 γ 的大小,从巡航高度过早下降,对航行时间、燃油消耗不利;过晚下降,会导致下降角或下降梯度过大,影响旅客的舒适感。

2) 机场空域下降与着陆最终进近下降阶段

这时同样关心的是 RD 或 GD 的大小。详情参看第 8 章相关内容。

本节只讨论航线下降飞行阶段中的问题。

3. 飞机纵向定直下降的受力平衡方程

参看图 7.40(b),作用在飞机重心处的力有重力 W、升力 L 和阻力 D,以及推力 T 这样四个力。在给定机型外形和高度 H 的情况下,定直下降中的受力平衡方程有

$$D = T + W\sin\gamma \qquad (7-63)$$

$$L = W\cos\gamma \qquad (7-64)$$

这时,重力分量 $W\sin\gamma$ 起推力作用。式中,γ 应为负值,现取绝对值。在下降飞行中,阻力 D 的大小是问题的关键。

由式(7-63)有

$$\sin\gamma = \frac{D-T}{W} \qquad (7-65)$$

或

$$\gamma = \arcsin\left(\frac{D-T}{W}\right) \qquad (7-66)$$

由式(7-66)知,要使飞机下降,推力 T 应小于阻力,即 $D-T>0$ 才有可能。

7.3.2　飞机纵向定直下降的阻力 D_D(需用推力)和需用功率 P_D

1. 定直下降需用速度 V_D 和需用升力系数 C_{L_D}

从定直下降的受力平衡式(7-64)看,与定直爬升中的受力平衡式(7-36)类同,只是一个是下降,一个是爬升。考虑到民航飞机下降飞行中的安全性和旅客的舒适性,下降角 γ 一般不会很大,是一个小量。在给定机型外形、W 和 H 的情况下,如果所用下降飞行中的升力系数 C_{L_D} 与平飞中的升力系数 C_L 相同,则需用下降速度 V_D 近似与平飞需用速度 V_∞ 相等。反之,如果用同一速度做下降或平飞,则需用升力系数近似相等,有 $C_{L_D} = C_L$。

2. 定直下降需用推力 D_D 和功率 P_D

在给定机型外形、W 和 H 的情况下,以 $V_D \approx V_\infty$ 做定直下降飞行,因所需升力系数与平飞时的升力系数近似相等,$C_{L_D} \approx C_L$,故下降飞行时的升阻比 $K_D \approx K$(平飞时的升阻比),因而,下降时的阻力 $D_D \approx D$,以及 $P_D \approx P_r$。D 与 P_r 为平飞时的阻力与需用功率。

换句话说,在相同的 W 和 H 的情况下,同一架飞机的定直平飞需用推力 $T_r - V_\infty$ 曲线和需用功率 $P_r - V_\infty$ 曲线,也就是该飞机定直下降需用推力曲线和需用功率曲线,即分析同一架飞机的定直下降飞行性能时无须再计算,可近似引用定直平飞的 $T_r - V_\infty$ 曲线和 $P_r - V_\infty$ 曲线来进行分析。

7.3.3　飞机纵向定直下降飞行性能的确定——图解法

1. 下降角 γ、最小下降角 γ_{min} 和缓降速度 $V_{min,\gamma}$

参看图 7.42，是飞机的定直下降飞行时的阻力 $D-V_\infty$ 和下降角 $\gamma-V_\infty$ 曲线。对于喷气式飞机，当油门收到 $T_a < D_{min}$ 时，因 $D-T > 0$，飞机只能下降。

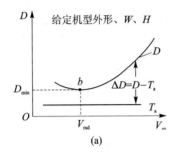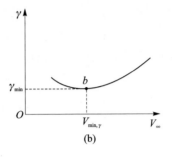

图 7.42

将图 7.42(a) 上各点处的 $\Delta D = D - T_a$ 除以 W，则得 $\sin\gamma$ 乃至 γ 角的大小，现绘制在图 7.42(b) 上。

对应 $\gamma = \gamma_{min}$ 点的下降空速称为缓降速度，由图 7.42(b) 知

$$V_{min,\gamma} = V_{md} \tag{7-67}$$

对于螺旋桨式飞机而言，参看图 7.30 知，由于可用推力 T_a 随 V_∞ 的减小反而是增加的，故 $\Delta D = D - T_a$ 的最小值点接近于 V_{mp}，即

$$V_{min,\gamma} \approx V_{mp} < V_{md} \tag{7-68}$$

2. 下降率 RD、最小下降率 RD_{min} 和慢降速度 $V_{min,RD}$

由式(7-61)、式(7-65)有

$$RD = V_\infty \sin\gamma = \frac{(D - T_a)V_\infty}{W} = \frac{\Delta P}{W} \tag{7-69}$$

可见，飞机下降率 RD 的大小正比于单位重量"亏欠功率"的大小。

对于螺旋桨式飞机，见图 7.43，有

$$V_{min,RD} \approx V_{mp}$$

和

$$V_{min,RD} < V_{min,\gamma} \tag{7-70}$$

对于喷气式飞机而言，一般的结论是

$$V_{mp} < V_{min,RD} < V_{md} \tag{7-71}$$

和

$$V_{min,RD} < V_{min,\gamma} \tag{7-72}$$

试问：飞机下降同样高度，在空中停留时间最长应采用什么下降速度？

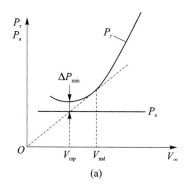

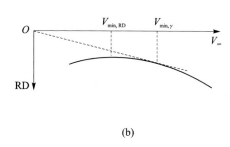

图 7.43

若使飞机下降同样高度飞过的地面直线距离最长,应采用什么下降速度?

7.3.4　运营中诸参数(WATC)变化对定直下降性能的影响

1. 重力 W 变化的影响

参看 7.1.5 和 7.2.4 小节中的分析,有 $W\uparrow$, $D\uparrow$, $(D-T_a)\uparrow$;所以 $\gamma_{min}\uparrow$, $V_{min,\gamma}\uparrow$;$RD_{min}\uparrow$,$V_{min,RD}\uparrow$。反之,亦反。

2. 高度 H 变化的影响

同样参看前述两节中的分析,有 $H\downarrow$,D 近似不变,而 $T_a\uparrow$,故 $(D-T_a)\downarrow$。所以,$\gamma_{min}\downarrow$,$V_{min,\gamma}\downarrow$;$RD_{min}\downarrow$,$V_{min,RD}\downarrow$。反之,亦反。

3. OAT 变化的影响

OAT$\uparrow$,类同 $H\uparrow$ 的作用;反之,亦反。

4. 飞机外形变化的影响

同样,这里是指起飞和着陆飞行中收与放起落架和襟翼等产生的影响。在相同的速度下,放起落架或打开襟翼,因飞机升阻比 $K\downarrow$,$D\uparrow$,故 γ_{min}、RD_{min} 均增大,而 $V_{min,\gamma}$ 和 $V_{min,RD}$ 均下降。

7.3.5　飞机下降综合性能与常值风的影响

飞机下降综合性能是指飞机从指定下降起始高度 H_2 到达终点高度 H_3 所需要的时间 t_3(简称下降时间)、所需消耗燃油重量 W_{F3}(简称下降燃油量)和飞过的水平距离 R_3(简称下降航程)。计算方法与爬升情况相似。

1. 下降时间 t_3

由式(7-61)有

$$dt = \frac{dH}{RD}$$

$$t_3 = \int_{H_3}^{H_2} \frac{dH}{RD} \tag{7-73}$$

2. 下降燃油重量 W_{F3}

$$W_{F3} = \int_{H_3}^{H_2} \frac{FF}{RD} dH \tag{7-74}$$

3. 下降航程 R_3

$$R_3 = \int_{H_3}^{H_2} \cot\gamma \, dH \tag{7-75}$$

只需要把下降各个高度上的下降角 γ 和下降率 RD 代入上述各式，用数值积分方法就可以求 t_3、W_{F3} 和 R_3 的大小。

4. 飞机下降综合性能图

(1) 双发螺旋桨式飞机(SENECA V)

下降飞行方式，保持表速 $V_{i\infty}=145$ kn，下降率 RD$=1\,000$ ft/min 直线下降。显然这不是定直下降，真空速 V_∞ 一直在降。图 7.44 上数据已修正了加速度对下降率的影响，而且飞机为巡航外形、无风状态。

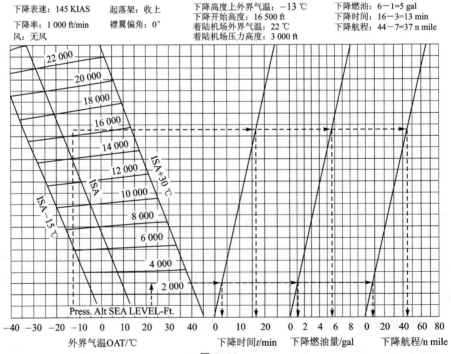

下降表速：145 KIAS　　起落架：收上　　下降高度上外界气温：-13 ℃　　下降燃油：6-1=5 gal
下降率：1 000 ft/min　襟翼偏角：0°　　下降开始高度：16 500 ft　　　下降时间：16-3=13 min
风：无风　　　　　　　　　　　　　着陆机场外界气温：22 ℃　　下降航程：44-7=37 n mile
　　　　　　　　　　　　　　　着陆机场压力高度：3 000 ft

图 7.44

该图上所举例子为：$H_2 = 16\,500$ ft，OAT $= -13$ ℃，机场压力高度 $H_3 = 3\,000$ ft，OAT $= 22$ ℃。查图所得结果是：$t_3 = (16-3)$ min $= 13$ min；$W_{F3} = (6-1)$ gal $= 5$ gal；$R_3 = (44-7)$ min $= 37$ min。

（2）B737 系列飞机下降性能表

表 7.2 是 B737 飞机的下降综合性能表，是以不同下降方式下降所得到的 t_3、W_{F3} 和 R_3 的结果。

现以下降飞行方式.80M/250KIAS 来作说明。从巡航高度（此处称为开始下降高度，370，意味 $H_2 = 37\,000$ ft）开始保持等马赫数 $Ma_\infty = 0.8$ 下降，这意味着真空速 V_∞ 是增速下降；直到达到表速 $V_{i,\infty} = 250$ kn 后，则维持 $V_{i,\infty} =$ const. 下降，这意味着真空速 V_∞ 是减速下降的。

比如：开始下降高度 37 000 ft，开始下降重量 $W = 130\,000$ lb，按 80M/250KIAS 方式下降，由对应表中可得：

下降时间 $t_3 = 25$ min；下降燃油 $W_{F3} = 1\,570$ lb，下降航程 $R_3 = 125.5$ nm。（需由表中数据内插得此数据。）

表 7.2　B737 飞机下降综合性能表

0.80M/250 KIAS						0.80M/280/250 KIAS					
$100^{-1}\cdot$ 开始下降 高度/ft	下降 时间 /min	下降 燃油/ lb	下降航程 n mile			$100^{-1}\cdot$ 开始下降 高度/ft	下降 时间 /min	下降 燃油/ lb	下降航程 n mile		
			开始下降重量/lb						开始下降重量/lb		
			120 000	140 000	160 000				120 000	140 000	160 000
410	27	1 610	133	137	138	410	25	1 550	123	129	132
390	27	1 600	130	134	136	390	24	1 540	121	127	130
370	25	1 570	123	128	129	370	24	1 520	115	121	125
350	25	1 540	116	120	122	350	23	1 500	111	117	120
330	24	1 510	110	113	115	330	23	1 480	106	111	115
310	23	1 480	103	107	108	310	22	1 450	100	105	108
290	22	1 450	97	100	101	290	21	1 430	94	99	102
270	21	1 420	90	93	95	270	20	1 400	88	93	95
250	20	1 390	84	87	88	250	19	1 370	83	87	89
230	19	1 360	78	80	81	230	18	1 350	77	81	83
210	18	1 320	72	74	75	210	17	1 310	72	75	76
190	17	1 280	66	66	68	190	16	1 280	66	69	70
170	16	1 240	60	62	62	170	15	1 240	61	63	64
150	14	1 190	54	56	56	150	14	1 200	55	57	58
100	11	1 050	39	40	40	100	12	1 080	42	42	42
50	8	870	24	24	24	50	8	870	24	24	24
15	5	700	12	12	12	15	5	700	12	12	12

从表 7.2 中所列另一下降方式（.80M/280/250 KIAS）中的数据看，下降方式越精细，下降中的 t_3、W_{F3} 和 R_3 大小均有变化，值得注意。

5. 常值风对飞机下降性能的影响

与分析常值风对飞机爬升性能的影响类似，下降角 γ、下降率 RD、下降时间 t_3

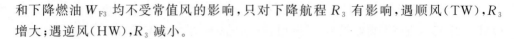

和下降燃油 W_{F3} 均不受常值风的影响,只对下降航程 R_3 有影响,遇顺风(TW),R_3 增大;遇逆风(HW),R_3 减小。

7.3.6　飞机无动力定直下滑飞行性能

在飞机定直下降飞行中,还会出现一种情况,就是发动机空中停车后,飞机无动力下滑飞行,即飞机滑翔飞行能力问题。

1. 无动力定直下滑的受力平衡方程

参看图 7.40(b),因发动机停车,$T=0$,故由式(7-63)、式(7-64)有

$$D = W\sin\gamma_g \tag{7-76}$$
$$L = W\cos\gamma_g \tag{7-77}$$

式中,γ_g 为下滑角。

这时,重力沿速度 V_∞ 方向的分量 $W\sin\gamma_g$ 成为"推力",与飞机阻力 D 相平衡;重力法向分量 $W\cos\gamma_g$ 与飞机升力 L 相平衡。

2. 下滑角 γ_g、最小下滑角 $\gamma_{g,min}$ 和缓滑速度 V_{min,γ_g}

在下滑角 γ_g 不大的情况下,由式(7-76)、式(7-77)有

$$\tan\gamma_g \approx \gamma_g = \frac{D}{L} = \frac{1}{K} \tag{7-78}$$

由式(7-78)可知,对于喷气式或螺旋桨式飞机,下滑角 γ_g 的大小,仅仅取决于下滑时飞机的迎角 α 或升阻比 K 的大小,与飞机重量 W、下滑高度 H 无关,但发动机停车后,会额外增大飞机的零升阻力 D_0(比如螺旋桨增加的阻力等),会使飞机巡航外形下的升阻比 K 有所下降,从而增大下滑角 γ_g。

给定机型外形、W 和 H 的情况下,在定直下滑飞行中,因 γ_g 角较小,下滑中飞机的阻力 D 与克服阻力功率 P_g 均可用定直平飞时的 $D - V_\infty$ 和 $P_r - V_\infty$ 曲线来近似,见图 7.45。

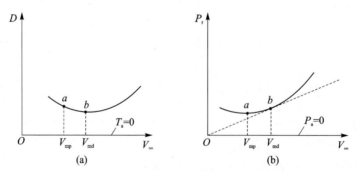

图 7.45

因此,当 $K \to K_{max}$ 时,$\alpha \to \alpha_{md}$,$C_L \to C_{L,md}(=C_{L,opt})$,$\gamma_g \to \gamma_{g,min}$;对应于 $\gamma_{g,min}$ 的

空速称作缓滑速度,用 $V_{\min,\gamma_g}$ 表示,则有

$$V_{\min,\gamma_g} = V_{md} \tag{7-79}$$

即

$$V_{\min,\gamma_g} = \sqrt{\frac{2W}{\rho_\infty S C_{L,md}}} \tag{7-80}$$

注意,虽然 W、H(即 ρ_∞)不影响下滑角 γ_g,但它们对下滑速度 $V_{\infty,g}$ 或缓滑速度 $V_{\min,\gamma_g}$ 有直接影响。如 $W\uparrow$,则 $V_{\infty,g}\uparrow$,$V_{\min,\gamma_g}\uparrow$;如 $H\downarrow$,则 $V_{\infty,g}\downarrow$,$V_{\min,\gamma_g}\downarrow$。

3. 下滑率 RG、最小下滑率 $RG_{\min}$ 和慢滑速度 $V_{\min,RG}$

单位时间下滑下降的高度称作下滑率,用 RG 表示,有

$$RG = \frac{\mathrm{d}H}{\mathrm{d}t} = V_\infty \sin\gamma_g$$

注意,在 γ_g 不大的情况下,$\tan\gamma_g \approx \sin\gamma_g \approx \gamma_g$,故[参看式(7-78)]

$$RG = \frac{V_\infty}{K} = \frac{DV_\infty}{L} = \sqrt{\frac{2W}{\rho_\infty S}}\bigg/(C_L^{\frac{3}{2}}/C_D) \tag{7-81}$$

由式(7-81)、式(7-22b)和图 7.45(b),可得 $RG \rightarrow RG_{\min}$,对应的下滑速度叫慢滑速度,用 $V_{\min,RG}$ 表示,它对应的点是 P_r 最小点或 $C_L^{\frac{3}{2}}/C_D$ 最大点,即

$$V_{\min,RG} = V_{mp} \tag{7-82}$$

而

$$V_{\min,RG}(慢滑速度) < V_{\min,\gamma_g}(缓慢速度) \tag{7-83}$$

试问:滑翔机想延长留空时间,应采用什么速度滑行?

4. 定直下滑航程 R_g

参看图 7.46,不难看出有

$$R_g = \cot\gamma_g \times H = K \times H \tag{7-84}$$

由于在下滑飞行中,常引用一个滑翔比的概念,即飞机滑翔比=下滑航程/下滑高度,故飞机滑翔比即为 K(下滑飞行中飞机的升阻比)。故由式(7-84)可知,飞机下滑航程 R_g 的大小只与飞机下滑升阻比或滑翔比 K 及下滑高度 H 有关,与飞机重量 W 无关。

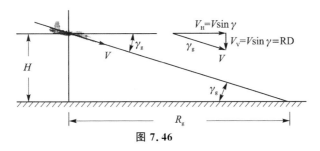

图 7.46

5. 定直下滑时间 t_g

因高度减小 ΔH，定直下滑所需时间 $\mathrm{d}t_g$ 有

$$\mathrm{d}t_g = \frac{\mathrm{d}H}{\mathrm{RG}} \tag{7-85}$$

由式(7-81)可知，每个高度上的下滑率 $\mathrm{RD} \propto 1/\rho^{\frac{1}{2}}$，故有

$$\mathrm{RG} = \frac{\mathrm{RG}_0}{\sqrt{\sigma}} \tag{7-86}$$

式(7-86)中，RG_0 为 $H=0$ 高度上的飞机下滑率，RG 为高度 H 上的飞机下滑率。当由高度 H_a 下滑到高度 H_b 时，所需时间将为下式的积分[利用式(7-85)]

$$\int_{t_a}^{t_0} \mathrm{d}t_g = \frac{1}{\mathrm{RG}_0} \int_{H_a}^{H_b} \sqrt{\sigma}\, \mathrm{d}H$$

下滑时间 t_g 即为

$$t_g = t_b - t_a$$

飞机在对流层中做定直下滑时，因密度比 σ 随 H 的变化关系已知，代入式积分后可得

$$t_g = \left[\frac{1}{\mathrm{RG}_0}\right] \left\{ 4.644 \times 10^4 [1-(6.875 \times 10^6)H]^{3.13205} \right\}_{H_a}^{H_b} \tag{7-87}$$

例如，已知某飞机的 $\mathrm{RG}_0 = 10 \text{ ft/s}(600 \text{ ft/min})$，现从 $H_a = 36\,000 \text{ ft}$ 下滑到 $H_b = 0 \text{ ft}$ 时，按式(7-87)计算得 $t_g = 273\,8 \text{ s}$(大约 46 min)；另按式(7-86)计算可得在 $H=36\,000 \text{ ft}$ 高度上的 $\mathrm{RG} = 18.3 \text{ ft/s}(1\,098 \text{ ft/min})$。

6. 推论 1

在定直下滑飞行过程中，在每个高度 H 上，若能保持 $V_\infty = V_{\min,\gamma_g} = V_{md}$，$K = K_{\max}$，则有

$$\gamma_g \to \gamma_{g,\min}, \qquad R_3 \to R_{3,\max} \tag{7-88}$$

7. 推论 2

在定直下滑飞行过程中，在每个高度 H 上，若能保持 $V_\infty = V_{\min,\mathrm{RG}} = V_{mp}$，则有

$$\mathrm{RG} \to \mathrm{RG}_{\min}, \qquad t_3 \to t_{3,\max} \tag{7-89}$$

8. 常值风对飞机下滑飞行性能的影响

常值风对飞机下滑飞行性能的影响与对飞机下降飞行性能的影响相同，故不再重复，请自行小结。

7.3.7　飞机定直下降飞行的静操纵原理

1. 有动力定直下降飞行的静操纵原理

参看图7.23,从在正常操纵区内的定直平飞状态"1"点状态如何转入定直下降谈起。

① 只推驾驶杆,$\alpha \downarrow$,$C_L \downarrow$,$L \downarrow$,飞机转入下降;但因升阻比$K \downarrow$,下降角$\gamma \uparrow$,下降速度$V_\infty \uparrow$,故进入"2"点对应的定直下降飞行状态。注意,此时$D > T_a$。

② 只收油门,转速由$\bar{n}_1$下降到$\bar{n}_3$,因$T_a \downarrow$,$V_\infty \downarrow$,$L \downarrow$,飞机转入下降,又会使$V_\infty \uparrow$,经过短时间振荡,最后以V_1做定直下降。"油门管升降"。

③ 先推点杆,并同时收油门,待下降角增加到希望值时再拉杆回复到原先位置,则能较快到达希望的γ值并保持V_1的定直下降飞行状态。这比情况②要好些。

④ 由下降转入平飞,则先拉点杆并同时推油门,待$\gamma \rightarrow 0$时,则推点杆回复到原先位置,飞机则转入速度近似不变的定直平飞状态。

请针对图7.23上的平飞非正常操纵区的"1′"点状态如何转入定直下降,自己进行讨论,并指出异同。

2. 无动力定直下滑飞行中的静操纵原理

参看图7.23,如发动机停车,可用推力$T_a = 0$。要想控制飞机下滑状态,应当如何操纵飞机? 比如,先是高速平飞状态,突遭发动机停车,想减小下滑角,应当如何操纵飞机?

7.4　飞机定直巡航飞行性能

7.4.1　巡航飞行的基本概念、航程和航时

1. 飞机做航线飞行的过程

民用旅客运输机做航线飞行时,整个过程可分为起飞、爬升、巡航、下降和着陆5个阶段。从飞机起飞离地到目的地机场着陆之间,飞机留空的时间称为航时(endurance),飞机相对地面前进的距离称为航程(range)。两者的大小代表飞机续航飞行性能。

飞机做航线飞行的示意图如图7.47所示。它是飞机一旦离地就直奔目的地机场的纵向航行剖面图,这当然是最理想的状态。

就飞机的总航程R、总航时t和燃油总消耗量W_F而言,按图7.47,显然有

$$R = R_1 + R_2 + R_3 \qquad (7-90a)$$

$$t = t_1 + t_2 + t_3 \qquad (7-90b)$$

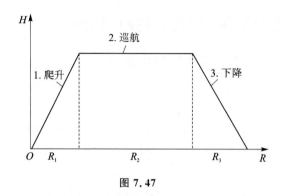

图 7.47

$$W_F = W_{F1} + W_{F2} + W_{F3} \tag{7-90c}$$

其中,爬升段"1"内含起飞,下降段"3"内含着陆。

对于支线客机而言,爬升与下降飞行阶段的 R_1、t_1、W_F,以及 R_3、t_3、W_{F3},在总航程 R、总航时 t 和燃油总消耗量 W_F 占有一定的比例。但对于干线客机或长航程客机而言,巡航段的 R_2、t_2 和 W_{F2} 就占有很高的比例。比如,从 B757 飞机的一次航班飞行计划数据,$R = 2\,476$ nm,$t = 5.881$ h 来看:$R_2/R = 89\,\%$,$t_2/t = 82\,\%$,$W_{F2}/W = 83\,\%$。说明做长航程飞行,巡航段的飞行性能将直接影响到整个航班的经济效益。

飞机做航线飞行的实际状态远比图 7.47 所示的情况复杂,爬升与下降中有转弯与变速飞行;巡航段因天气或临时出现的其他原因,飞机有绕行、着陆前在着陆机场的等待飞行以及转飞备降机场等情况出现。

2. 飞机续航性能的重要性

作为商用民航客机,它的续航性能十分重要,直接影响航班飞行的经济效益。评价民用客机续航性能或能力的指标有:

① 商载 W_P 与巡航速度 V_∞ 的乘积 $W_P \times V_\infty$,代表运输生产率的高低。

② 商载 W_P 与航程 R 的乘积 $W_P \times R$,代表运输能力的大小。

③ 飞机巡航段经济性指标。从运营角度看,飞机运营成本应尽可能降低。比如,可用元/小时、\$/h 或者元/座/小时的大小来评估。

单纯从飞机巡航飞行性能的角度看,也可以提出这样的指标来评估。

a. 飞机的比航程 SR(Specific Range),是指消耗单位重量燃油飞机飞过的里程(航程),如海里/磅燃油质量、千米/千克燃油质量。而 SR 的倒数,俗称里程耗油量。

b. 飞机的比航时 SE(Specific Endurance),是指消耗单位重量燃油飞机留空时间的长短。或者它的倒数(1/SE)就是飞机留空的小时耗油量或我们早已熟知的飞机燃油流量 FF(Fuel Flow)。

④ 航空公司应当选择什么样的机型投入航班运营呢?

要根据自己的货源(商载 W_P 的大小)、航线航程 R 的长短、机场状况等来选择机型。

要根据航班商载 W_P 大小来制定恰当的飞行方案或计划,特别是巡航段的巡航飞行方式,含巡航飞行高度 H、巡航速度 V_∞ 的选择等,从而提高航班的经济效益和安全到达准点率。

7.4.2　飞机的比航程 SR 和比航时 SE 曲线

要讨论飞机的续航性能,需要从了解飞机巡航段的比航程 SR 和比航时 SE 以及它们的变化规律开始。

1. 飞机的比航程 SR－V_∞ 曲线

(1) SR 的定义

飞机的比航程 SR 是指消耗单位重量燃油、飞机向前做定直飞行所飞过的水平距离(里程)。如消耗燃油量为 ΔW_{F2},飞过的水平距离为 ΔR_2,所需时间为 Δt_2,则有

$$SR = \Delta R_2 / \Delta W_{F2} = V_\infty / FF \qquad (7-91)$$

式中,$\Delta R_2 / \Delta t_2 = V_\infty$;$\Delta W_{F2} / \Delta t_2 = FF$。$V_\infty$ 为巡航速度,以 kn 或 km/h 计;FF 为飞机小时耗油量,以 lb/h 或 kN/h 计。

显然,如果在巡航飞行过程中,每个时刻都能保持 SR→max,那么,在飞过规定的 R_2 下,耗油量 W_{F2}→min,此种方式即为最省油的巡航飞行方式。

(2) 喷气式飞机的 SR－V_∞ 曲线

给定机型外形、飞机重量 W 和飞行高度 H,定直平飞巡航中的 FF,有

$$FF = tsfc \times T_a = tsfc \times T_r$$
$$= tsfc \times (W/K) \qquad (7-92)$$

式中,tsfc 为发动机的单位推力耗油率,lb/(lb·h),它与发动机类型、油门位置(或转速)、巡航速度 V_∞ 以及飞行高度 H 有关,参看第 6 章有关内容。T_a 为发动机可用推力,T_r 为平飞需用推力或阻力。

将式(7-92)代入式(7-91),有

$$SR = \frac{V_\infty}{FF} = \frac{KV_\infty}{tsfcW} \qquad (7-93)$$

假定,在巡航中如 tsfc≈const.,由式(7-12)和式(7-92)可知,飞机的 FF－V_∞ 曲线就与 T_r－V_∞ 曲线变化趋势相同,参看图 7.48(a)。

由图 7.48(a),结合式(7-93)来看图上"c"点,因为它是由原点 O 画出的直线与 FF－V_∞ 曲线相切之点,即 FF/V_∞ 比值最小的点,即 SR→max 的点,故"c"点对应的 V_∞ 称为最大航程巡航速度,用 $V_{max.SR}$ 或 V_{MRC}(Max-Range Cruise Velocity)表示。对应其他各点,按式(7-93)计算 SR 的值画在图 7.48(b)上。

由图 7.49(b)可知

$$V_{max.SR} > V_{md} \qquad (7-94)$$

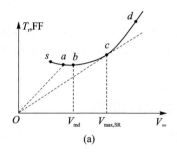 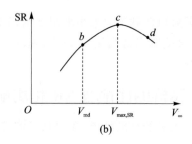

(a)   (b)

图 7.48

尽管在 $V_\infty = V_{md}$ 时, $K \to K_{max}$, 但因 $V_\infty \uparrow$, 虽然 $K \downarrow$, 但 KV_∞ 增大, 使 SR 达到最大值。

平飞时的速度 V_∞, 按式 (7-5) 有

$$V_\infty = \sqrt{\frac{2W}{\rho_\infty SC_L}} \propto 1/C_L^{\frac{1}{2}}$$

故 $K \times V_\infty \propto C_L^{\frac{1}{2}}/C_D$; 换句话说, $(K \times V_\infty) \to max$, 对应的是 $C_L^{\frac{1}{2}}/C_D \to max$ 的点, 即 SR → max 的点, 而不是 $K \to max$ 对应的点。

可以证明, 有

$$C_{L,MRC} = 0.575 C_{L,md} < C_{L,md} \qquad (7-95a)$$

$$V_{max,SR} = V_{MRC} = 1.32 V_{md} > V_{md} \qquad (7-95b)$$

在给定机型外形、W 和 H 的情况下, 计算飞机定直平飞巡航时的 $SR - V_\infty$ 曲线的步骤如下:

选择一个 V_∞ → 计算 C_L [利用式 (7-10)] → 计算 C_D (利用极曲线) → $K \to T_r$ → FF [利用式 (7-92)] → SR [利用式 (7-93)]; 换一个 V_∞, 重复上述计算步骤即得, 见图 7.48(b)。

(3) 螺旋桨式飞机的 $SR - V_\infty$ 曲线

参看第 6 章可知, 螺旋桨发动机装置的 FF 有

$$FF = psfc \times BHP$$

式中, psfc 为发动机的单位功率耗油率, 以 $lb/(hp \cdot h)$ 计; BHP 为发动机轴功率, 以 hp 计。

而螺旋桨轴的可用功率 P_a, 有

$$P_a = THP = \eta_{pr} \eta_g BHP = T_a \times V_\infty$$

式中, η_{pr} 为螺旋桨效率, η_g 为齿轮箱传动效率; 若无传动齿轮箱, 则 $\eta_g = 1.0$。THP 为拉力功率, 有 $THP = T_P \times V_\infty$, 而 T_P 为螺旋桨拉力。

所以, 螺旋桨发动机装置的 FF, 有

$$FF = psfc \times BHP = \left(\frac{psfc}{\eta_g \eta_{pr}}\right) P_a \qquad (7-96)$$

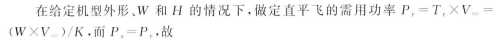

在给定机型外形、W 和 H 的情况下,做定直平飞的需用功率 $P_r = T_r \times V_\infty = (W \times V_\infty)/K$,而 $P_a = P_r$,故

$$\text{FF} = \left(\frac{\text{psfc}}{\eta_g \eta_{\text{pr}}}\right)\left(\frac{WV_\infty}{K}\right) \tag{7-97}$$

代入式(7-91),有

$$\text{SR} = \left(\frac{\eta_g \eta_{\text{pr}}}{\text{psfc}}\right)\left(\frac{K}{W}\right) \tag{7-98}$$

对比式(7-98)与式(7-93)可知,螺旋桨式飞机的 SR 与喷气式飞机的 SR 规律完全不同。它只取决于平飞状态的 K 值大小。

换句话说,随着 V_∞ 的变化,如果$(\eta_g \eta_{\text{pr}}/\text{psfc}) \approx \text{const.}$,则 FF-$V_\infty$ 曲线就与平飞需用功率 P_r-V_∞ 曲线的变化趋势相同,参看图 7.49。

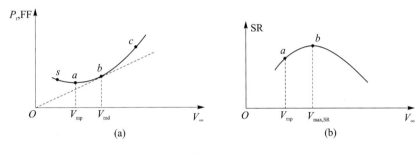

(a)　　　　　　　　　　(b)

图 7.49

由式(7-98)或图 7.49 可知,图上"b"点即为螺旋桨式飞机比航程 SR 最大点。该点的 V_∞ 称为螺旋桨式飞机的最大航程巡航速度,即 $V_{\text{max,SR}}$ 或 V_{MRC},有

$$V_{\text{max,SR}} = V_{\text{MRC}} = V_{\text{md}} \tag{7-99a}$$

$$C_{L,\text{MRC}} = C_{L,\text{md}} \tag{7-99b}$$

在给定机型外形、W 和 H 的情况下,你能否列举出螺旋桨式飞机做定直平飞巡航时 SR-V_∞ 曲线的计算步骤?

2. 飞机的比航时 SE-V_∞ 曲线

(1) SE 的定义

按前述,飞机的比航时 SE 是指消耗单位重量燃油飞机留空时间的长短(小时数),有

$$\text{SE} = \Delta t_2/\Delta W_{\text{F2}} = 1/\text{FF} \tag{7-100}$$

显然,如果在巡航飞行中,每个时刻都能保持 SE→max,那么,在规定的可消耗燃油量 W_{F2} 的情况下,飞机留空时间 t_2→max。这对于巡逻飞机、反潜飞机和侦察飞机完成预定飞行任务,以及民用旅客运输机的机场等待飞行等如何节省燃油都有重要参考意义。

(2) 喷气式飞机的 SE - V∞ 曲线

由式(7 - 100)和式(7 - 92)可得

$$\mathrm{SE} = \frac{K}{\mathrm{tsfc} \times W} \qquad (7-101)$$

可见,当 tsfc=const. 时,对应于定直平飞状态 $K \to K_{\max}$ 的点,就是 SE→max 的状态。该点的平飞速度称为飞机最长航时巡航速度,或简称久航速度,记为 $V_{\max,\mathrm{SE}}$ 或 V_{MEC}(Max-Endurance Cruise Velocity),显然有

$$C_{L,\mathrm{MEC}} \approx C_{L,\mathrm{md}} \qquad (7-102a)$$

$$V_{\max,\mathrm{SE}} = V_{\mathrm{MEC}} \approx V_{\mathrm{md}} \qquad (7-102b)$$

请自己绘制出喷气式飞机定直平飞的 SE - V∞ 曲线。

(3) 螺旋桨式飞机的 SE - V∞ 曲线

同理,将式(7 - 97)代入式(7 - 100)可得

$$\mathrm{SE} = \left(\frac{\eta_{\mathrm{pr}} \eta_{\mathrm{g}}}{\mathrm{psfc}} \right) \left(\frac{K}{W V_\infty} \right) \qquad (7-103)$$

可见,当 $(\eta_{\mathrm{pr}} \eta_{\mathrm{g}} / \mathrm{psfc}) = \mathrm{const.}$ 时,平飞需用功率 $P_r (= W V_\infty / K) \to \min$ 的点,则对应 SE→max 的点,对于螺旋桨式飞机而言,有

$$C_{L,\mathrm{MEC}} \approx C_{L\mathrm{mp}} \qquad (7-104a)$$

$$V_{\max,\mathrm{SE}} = V_{\mathrm{MEC}} \approx V_{\mathrm{mp}} \qquad (7-104b)$$

请自己绘制出螺旋桨式飞机的 SE - V∞ 曲线示意图。

7.4.3　运营中诸参数(WATC)变化对定直巡航性能的影响

前面介绍了给定机型外形、W 和 H 的情况下,如何选择巡航速度(V_{MRC} 或 V_{MEC}),才能使飞机的 SR→max 或 SE→max 的情况。

在飞机运营中,由于商载 W_P 的变化和巡航中燃油的消耗,飞机巡航时的重量将变化、减小;此外,飞机开始巡航时重量 W 不相同,选择巡航飞行高度也会不同,它们对 V_{MRC} 或 V_{MEC} 有何影响,这些知识飞行员应当掌握。

至于 OAT 和外形变化的影响也将讨论,但重点放在 W 和 H 变化的影响上。由于民用旅客运输机航程的性能指标最为重要,所以,本小节讨论的重点也放在 SR - V∞ 曲线上。

1. 重量 W 变化的影响

在给定机型外形、重量 W 和高度 H 的情况下,飞机的 SR - V∞ 曲线可参看图 7.48(为喷气式飞机)和图 7.49(为螺旋桨式飞机)。就喷气式飞机而言,如果仅仅改变飞机重量 W,由式(7 - 93)和式(7 - 101)可知,SR∝1/W,SE∝1/W,故 $W \downarrow$,SR - V∞ 曲线和 SE - V∞ 曲线向左上方移动,SR$_{\max}$ 或 SE$_{\max}$ 均增大,而 V_{MRC} 和 V_{MEC} 均减小。参看图 7.50,正是喷气式飞机在同一高度、不同重量 W 下,SR - V∞ 曲线族

[见图(a)]和 SE–V_∞ 曲线族[见图(b)]的变化情形。

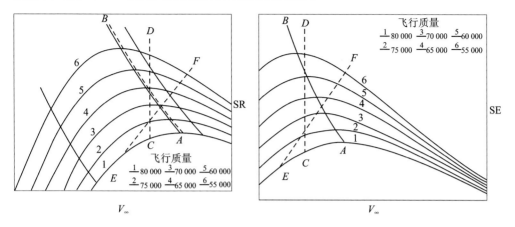

图 7.50

在图 7.50 上的 AB 线,是该喷气式飞机不同重量下 SR_{max} 点和 SE_{max} 点的连线,它也反映出 V_{MRC} 和 V_{MEC} 随 W 变化的情况。$W\downarrow$,V_{MRC} 和 V_{MEC} 也应跟着减小。

对于螺旋桨式飞机,W 变化对 SR–V_∞ 曲族和 SE–V_∞ 曲线的影响趋势相同,故不重复介绍了。

2. 高度 H 变化的影响

巡航高度 H 的变化对 SR–V_∞ 曲线的影响,对于喷气式飞机与螺旋桨式飞机并不相同,故分别讨论之。

(1) 喷气式飞机的情况

参看式(7–93)、式(7–5),有

$$SR = \frac{V_\infty}{FF} = \frac{KV_\infty}{tsfcW}$$

$$V_\infty = \sqrt{\frac{2W}{\rho_\infty SC_L}}$$

在同一 W、C_L 下,$H\uparrow$,$\rho_\infty\downarrow$,$V_\infty\uparrow$,平飞需用推力 T_r–V_∞ 曲线向右平移(不计压缩性影响),参看图 7–16(a);或者 T_r–V_∞ 曲线向右上方移动(计及压缩性影响),参看图 7–16(b)。这样的变化也大致反映出 FF–V_∞ 曲线变化的趋势。因此:

① 不计压缩性影响时(对应低空、低速巡航),巡航高度 $H\uparrow$,要求 $V_\infty\uparrow$,但 T_r 或 FF 基本不变,故 SR 增大。这对增大飞机的航程 R_2 有利。

② 计及压缩性影响时(对应高空、高速巡航)。为了看清楚问题,先把 SR 的表达式(7–93)换一种形式,因为

$$V_\infty = Ma_\infty \cdot c_\infty = Ma_\infty c_0 \sqrt{\theta} \qquad (7-105)$$

式中,c_∞ 是巡航高度上的声速,c_0 是 $H=0$ 上的声速,Ma_∞ 是巡航马赫数,θ 是巡航

高度上的温度比,$\theta = T/T_0 < 1.0$,此处 T 是温度,不是推力,可参看第 1 章相关内容。故

$$SR = \frac{V_\infty}{FF} = \frac{KV_\infty}{tsfc \cdot W} = \frac{KMa_\infty c_0 \sqrt{\theta}}{tsfc \cdot W} \qquad (7-106)$$

如果 $H\uparrow$,同样要求 $V_\infty\uparrow$,但因声速 $c_\infty\downarrow$ 或因温度比 $\theta\downarrow$,导致 $Ma\uparrow$,出现升阻比 K 先上升、后下降的情况。在大 Ma_∞ 下,产生使 KV_∞ 或 KMa_∞ 下降的局面,最终导致 SR 下降。

③ 对于现代民航旅客运输机而言,在给定机型外形和巡航开始重量 W_i 的情况下,就有一个如何选择巡航开始最佳高度 H_{oc} 和最佳马赫数 Ma_{oc} 的问题存在。

定直平飞巡航中,飞机升力 $L = W$。关于升力的计算公式,参看第 5 章的内容,有 $L = \frac{\gamma}{2}p_\infty Ma_\infty^2 C_L S$,因 $p_\infty = p_0 \delta$,δ 为巡航高度上的静压力 p_∞ 与高度 $H=0$ 上的压力 p_0 之比,故 $L = 0.7 p_0 \delta Ma_\infty^2 C_L S = W$,得

$$\frac{W}{\delta} = 0.7 p_0 C_L Ma_\infty^2 S \qquad (7-107)$$

式中,W/δ 称为飞机的折算重量。

给定机型、一个 W 和一个 H(即一个 W/δ),参看图 7.48,可找得一个 $V_{max,SR}$ 或 $Ma_{max,SR}$。不同机型,$Ma_{max,SR}$ 随 W/δ 的变化可看图 7.51。由图可知,比如 B737-300 飞机,它的最大值为 0.745;对应的 W/δ 为 0.5×10^6 lb。

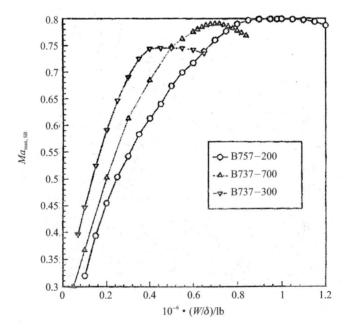

图 7.51

因此,对于 B737 – 300 飞机而言,巡航最佳马赫数 Ma_{oc} 应选 0.745;相应开始巡航最佳高度 H_{oc} 应按折算重量 $W/\delta = 0.5 \times 10^6$ lb 来确定:给出 W_i,则可求 δ_i,然后查 ISA 表,则得 H_{oc} 大小。

比如,$W_i = 100\ 000$ lb,则得 $\delta_i = 0.2$,查表得 $H_{oc} = 38\ 200$ ft。飞机 W_i 小,则选择的 H_{oc} 要高一些;反之,飞机 W_i 大,则选择的 H_{oc} 要低一些。

给定机型、W_i,选定 $Ma_{\max.SR}$,则确定了高度 H_{oc} 做巡航飞行;但随着燃料消耗,$W \downarrow$,为保持 $Ma_{\max.SR}$ 不变,飞机必须缓慢上升至巡航高度 H,才能维持 W/δ 不变。但这给空中交通管制带来难度。一般,在得到空管同意下,可采用阶梯巡航方式来逼近最经济的缓慢爬高巡航方式,达到省油飞行的目的,参看图 7.52。

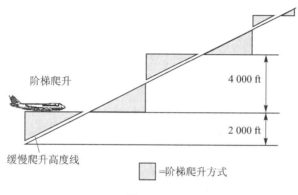

图 7.52

(2) 螺旋桨式飞机的情况

从式(7 – 98)有

$$SR = \frac{V_\infty}{FF} = \left(\frac{\eta_{pr}\eta_g}{psfc}\right)\left(\frac{K}{W}\right)$$

可见,螺旋桨式飞机巡航飞行高度 H 的变化对 SR 的影响比较小,与喷气式飞机的情况完全不同,试与式(7 – 93)对比一下即明白。

自然,巡航高度 $H\uparrow$,巡航速度 V_∞ 必须增大;但平飞需用功率 P_r 与燃油流量 FF 也成比例增加,见图(7 – 17)和式(7 – 97)。如果不计 psfc 以及 η_p 随 H 的变化,则螺旋桨式飞机的 SR 将不会随 H 的变化而改变。

因此,螺旋桨式飞机巡航时的巡航高度,一般都要在 $10\ 000 \sim 20\ 000$ ft,其原因是发动机的 psfc 随 H 增加有所下降,从而可增大 SR 和 R_2。

3. 其他因素的影响

(1) OAT 变化的影响

在选择好的巡航高度 H 上巡航时,如果 OAT>ISA 规定的温度,则相当于 H 增加的效果,反之亦反。

应当指出的一点是:对于喷气式飞机而言,如果巡航时采用 V_∞ 来控制飞行状态,当 OAT 高于规定值时,则应提高一点速度来应对;如果巡航时采用马赫数 Ma_∞ 来控制飞行状态,则它已经自动进行调整了。

(2) 外形的影响

运营中改变外形是指放襟翼和起落架。在巡航状态下,因速度较大,无论从飞行性能角度还是结构强度方面考虑,襟翼和起落架等都必须收上到位。

7.4.4 飞机定直巡航的航程和航时计算

1. 航程 R_2 和航时 E_2 的计算表达式

在给定机型外形、W、H 和油门位置的情况下,若巡航速度为 V_∞,飞机的燃油流量为 FF,在 $\mathrm{d}t_2$ 时间内,飞过的航程为 $\mathrm{d}R_2$,消耗的燃油重量为 $\mathrm{d}W_{F2}$(它等于飞机重量的减小,即 $-\mathrm{d}W$),这几个量之间的关系有:

$$\mathrm{d}R_2 = V_\infty \times \mathrm{d}t_2$$
$$\mathrm{d}W_2 = \mathrm{FF} \times \mathrm{d}t_2 = -\mathrm{d}W$$

所以

$$\mathrm{d}t_2 = -\mathrm{d}W/\mathrm{FF} = -\mathrm{SE}\mathrm{d}W$$
$$\mathrm{d}R_2 = -V_\infty \mathrm{d}W/\mathrm{FF} = -\mathrm{SR}\mathrm{d}W$$

如果飞机巡航开始的重量为 W_i,巡航飞行结束时的重量为 W_e,在巡航阶段消耗的燃油重量则为 $W_{F2} = W_i - W_e$;它换来飞机的巡航航程 R_2 和航时 E_2,显然有

$$R_2 = -\int_{W_i}^{W_e} \mathrm{SR}\mathrm{d}W = \int_{W_e}^{W_i} \mathrm{SR}\mathrm{d}W \qquad (7-108)$$

$$E_2 = -\int_{W_i}^{W_e} \mathrm{SE}\mathrm{d}W = \int_{W_e}^{W_i} \mathrm{SE}\mathrm{d}W \qquad (7-109)$$

通常,取 $\omega = W_i/W_e (>1.0)$ 称为巡航燃油比。可用于巡航阶段的燃油量 $W_{F2} = W_i - W_e = W_i(1-1/\omega)$。飞机的巡航燃油比 ω 增加,W_{F2} 增大,飞机的 R_2 也将增大。目前,一般短航程飞机的 $\omega \approx 1.1$;中等航程飞机的 $\omega \approx 1.3$;而长航程飞机的 $\omega \approx 1.5$。

2. 航程 R_2 和航时 E_2 的图解积分方法

由于在式(7-108)或式(7-109)中,SR 或 SE 的大小随着燃油的消耗,它们随 W 的变化也是变化的,故是一个积分问题。

这里,只以喷气式飞机的定直平飞航程 R_2 式(7-108)为例,介绍用图解积分法求 R_2 的步骤和原理。其他如 E_2 或者螺旋桨式飞机的情况,因原理相同,就不再赘述了。

(1) 喷气式飞机航程 R_2 的图解积分法的步骤

① 给定飞机机型外形、H 和不同重量 W,计算和绘制飞机的 $\mathrm{SR}-V_\infty$ 曲线族,见图 7.50(a)。

② 按式(7-108)作图解积分,需要知道 SR-W 的变化关系。它直接与采用的巡航方式有关。在图 7.50(a)上标注了 4 种巡航方式:

a. 按 AB 线飞行的巡航方式,即等高度、等升力系数 C_L 或迎角 α、减速巡航方式。在这个巡航方式中,每个时刻都有 $SR=SR_{max}$,$V_\infty=V_{MRC}$,称为最大航程巡航(MRC)方式。随着 $W\downarrow$,V_∞ 跟着减小;同时,应适当收油门,不动驾驶杆。

b. 按 CD 线飞行的巡航方式,即等高度、等速度、升力系数 C_L 减小的巡航方式。随着 $W\downarrow$,升力系数 C_L 跟着减小;同时,适当收油门和前推驾驶杆。

c. 按 EF 线飞行的巡航方式,即等高度、等推力、升力系数系数 C_L 减小,速度增大的巡航方式。随着 $W\downarrow$,$C_L\downarrow$,$V_\infty\uparrow$;同时,适当前推驾驶杆和不动油门。这种巡航方式很少采用。

d. 按与 AB 线近似平行的虚线飞行巡航方式,称作长航程巡航(Long Range Cruise)(LRC)方式,即等高度、等升力系数 C_L 或迎角 α 减速巡航方式。每个时刻都有 $SR=0.99SR_{max}$,$V_\infty=V_{LRC}(>V_{MRC})$ 的巡航。随着 $W\downarrow$,$V_\infty\downarrow$;同时,适当收油门、不动驾驶杆。这是兼顾省油和省时的巡航方式。比如,B757 飞机,Ma_{MRC} 由 0.793 提高到 $Ma_{LRC}=0.798$,马赫数大约提高了 1 %,即由最大航程巡航方式转入长航程巡航方式了。

(2) 喷气式飞机不同巡航方式下的航程 R_2

把在不同巡航方式下,由图 7.50(a)上读出的 SR-W 曲线,绘在图 7.53 上,各条 SR-W 线与横坐标之间所包围的面积按式(7-108)可知,即为不同巡航方式下所获得的 R_2。

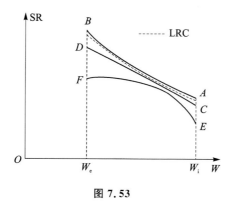

图 7.53

由图 7.53 可知,最大航程巡航方式(MRC),$R_2\to\max$;如果选用长航程巡航方式(LRC),R_2 虽小于 MRC 的情况,但缩短了航行时间,使 t_2 减小。

3. 飞机巡航飞行的经济性考虑

航空公司在正常运营中必须支出的费用,包括直接运营成本(DOC)费用和间接运营成本(IOC)费用两部分。直接运营成本,是指一次航班飞行中,燃油、滑油费、飞机、发动机和机上设备的折旧费,技术服务维修费,机组成员和机上服务人员的计时工资,保险费和航空港的使用费用等;而间接运营成本则包括地面资产的维护、折旧、服务、管理、销售等需由航空公司支付的费用。

讨论巡航飞行的经济性,是指一次航班飞行中的燃油费用 Q_f 和小时费用 Q_t 之和,如何达到最小值的飞行方案,称之为最经济巡航方式。可见,它只和直接运营成本有关。也就是说,这是寻求部分直接运营成本 J_{DOC} 的最小值问题:

$$J_{DOC} = Q_f + Q_t = C_f W_F + C_t t \tag{7-110}$$

式中,C_f 为单位质量(如每磅)燃油成本(售价),C_t 为单位巡航飞行时间(如每小时)的成本,W_F 为飞机飞过预定航程 R 时的燃油消耗量,t 为飞过 R 所需飞行的时间。将式(7-110)稍作变动,有

$$J_{DOC} = C_f \left(\frac{W_F}{t} + \frac{C_t}{C_f} \right) t = C_f (FF + CI) t \tag{7-111}$$

式中,只有一个新定义的量,即 CI,称为巡航飞行成本指数(Cost Index)。它是一个有单位的量,为磅(燃油)/小时,与 FF 的单位相同,即

$$CI = \frac{C_t}{C_f} \tag{7-112}$$

从式(7-111)和式(7-112)看,如飞行成本指数 CI=0,即 C_t=0,说明是不计小时费用只考虑油费的情况。如 CI>0,则燃油成本在直接运营成本 J_{DOC} 中所占比例下降,这时既要考虑油费,又要考虑小时费用。

前述飞机最大航程巡航方式(MRC),相当于 CI=0,只考虑油费而不考虑小时费用的情况。

飞行成本指数 CI(>0)高,表明时费 C_t 较高,而油费 C_f 较低,所以增大一点巡航速度,从而可以达到减小时间成本的效果。

飞机以长航程巡航方式飞行,就有这样的效果。比如,对于 B757 飞机,以 CI=30~80 的巡航状态飞行,即为最经济的巡航方式,可以达到 J_{DOC} 最低的目标。

航空公司应根据一段时期自身的管理水平来确定时间成本 C_t 的大小,以及当前公司所用燃油成本 C_f 的大小,于是就可以确定航程所采用机型的飞行成本指数 CI,从而去寻求该机型的最经济的巡航方式,确定最经济的巡航高度和 V_{BEC} 或 Ma_{BEC} 的大小。具体情况可参看有关文献和航空公司各机型的使用手册等。

7.4.5 常值风的利用与飞机巡航性能综合图表

1. 常值风对飞机定直平飞航程和航时的影响

在介绍飞机巡航性能综合图表之前,先谈谈常值风对航程的影响问题。

(1) 航路风的利用

巡航中遭遇常值风 HW(逆风)或 TW(顺风)时,可称作航路风,则飞机的空速 V_∞ 与地速 V_g 并不相等,可参看图 7.39 和式(7-59)。巡航中有

$$V_g = V_\infty \pm V_W \qquad\qquad (7-113)$$

式中，顺风取"＋"号，逆风取"—"号。

这时，飞机的比航程就有对地比航程 SGR 与对空比航程 SAR（即前述的 SR）之分，有

$$SGR = \frac{V_g}{FF} = \frac{V_\infty}{FF}\frac{V_g}{V_\infty} = SR\left(1 \pm \frac{V_W}{V_\infty}\right) \qquad\qquad (7-114)$$

可见，遇顺风 SGR 增大（＞SR）；遇逆风 SGR 减小（＜SR）。

因此，利用好航路顺风，可以节省燃油，增大航程，降低运营成本。

对于飞机的比航时 SE，因留空时间与对地位置无关，故

$$SGE = SE \qquad\qquad (7-115)$$

换句话说，航路风对飞机比航时大小无影响。

（2）适当调整空速 V_∞ 大小

要想得到对地最大航程，遭遇逆风，要适当增大空速 V_∞；遭遇顺风，要适当减小空速 V_∞。至于空速 V_∞ 应当增减多少，视机型、巡航状态和 V_W 大小才能确定。可查阅飞机的使用手册等资料。

关于适当调整空速 V_∞ 大小的原理，可参看图 7.54。图上"1"点为无风时飞机 SR_{max} 点。有顺风时，应改用图上的"2"点 V_2 巡航（$V_2 < V_1$）。有逆风时，应改用图上的"3"点 V_3 巡航（$V_3 > V_1$）。它们都可以使 SGR 增加，R_2 增大。也可以用下列文字来加以说明：顺风巡航时，可适当减小空速（用 V_2 替代 V_1），增长航线飞行时间，使平飞航程增加得更多些；逆风巡航时，可适当增大空速（用 V_3 替代 V_1），缩短航线飞行时间，使平飞航程少缩短一些。

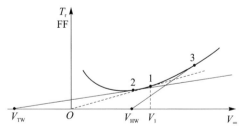

图 7.54

（3）飞过给定 R_2 所需时间 t_2 和消耗燃油重量 W_{F2}

如果无风时飞过 R_2 所需时间为 t_2'，消耗燃油重量为 W_{F2}'；遭遇航路风（顺风或逆风）时，所需时间为 t_2，消耗燃油重量为 W_{F2}，则它们之间有下列关系：

$$t_2 = t_2'\left(1 \pm \frac{V_W}{V_\infty}\right) \qquad\qquad (7-116)$$

$$W_{F2} = W'_{F2}\left(1 \pm \frac{V_W}{V_\infty}\right) \tag{7-117}$$

2. 飞机巡航综合性能表

飞机巡航综合性能表的数据均取自飞机飞行试验中的结果,按不同需要整理而成,供飞行员、飞行计划人员查用。有各种各样的表,此处仅举例说明。

(1) 螺旋桨式飞机巡航符合性能表

① 某机($W = 2\ 650$ lb)的巡航综合性能表($H = 5\ 000$ ft),参看表7.3。

示例:$H = 5\ 000$ ft,螺旋桨转速$n = 2\ 300$ r/min,进气压力MP$= 21$ inHg;由图可以查得BHP$= 148$ hp(占总功率的64%);巡航速度$V_\infty = 151$ mile/h,FF$= 11.9$ gal/h(加仑/小时),比航程SR$= 12.7$ mile/gal。飞机消耗完所携带燃油55 gal,飞机所能飞过的航程$R_2 = 700$ mile,留空时间$t_2 = 4.6$ h(无风,标准大气状态)。

你能从查得的数据中,了解它们之间的关系吗?比如比航程SR数据从何而来?t_2和R_2是如何求得的?你应该能给予说明。

② 仍是同一架飞机($W = 2\ 650$ lb)在不同高度上的综合性能表,可用燃油为40 gal,见表7.4。在同一高度上,注明最大巡航航程的功率设置操纵表,可供飞行员参考。

表7.3 巡航综合性能表

H/ft	n/ (r·min^{-1})	进气压力/Pa	BHP	%BPH	V_∞/ (mile·h^{-1})	FF/ (gal·h^{-1})	航时/h	比航程/ (mile·gal^{-1})	航程/ mile
5 000	2 450	23	179	78	163	14.5	3.8	11.2	615
		22	169	73	159	13.6	4.0	11.7	640
		21	161	70	156	13.0	4.2	12.0	660
		20	150	65	151	12.2	4.5	12.5	685
	2 300	23	167	73	158	13.4	4.1	11.8	650
		22	158	69	155	12.6	4.4	12.2	675
		21	148	64	151	11.9	4.6	12.7	700
		20	139	60	146	11.2	4.9	13.1	720
	2 200	23	157	68	155	12.4	4.4	12.5	685
		22	148	64	151	11.7	4.7	12.9	710
		21	138	60	146	11.0	5.0	13.3	730
		20	131	57	143	10.5	5.2	13.6	750

该表基于标准大气情况,无风,贫油气比,燃油重量55 gal,飞机重量为2 650 lb。

表 7.4　巡航性能表

H/ft	$n/$ $(\text{r} \cdot \text{min}^{-1})$	进气压力/Pa	BHP	%BHP	$V_\infty/$ $(\text{mile} \cdot \text{h}^{-1})$	FF/ $(\text{gal} \cdot \text{h}^{-1})$
2 500	2 450	23	175	76	158	14.2
		22	166	72	154	13.4
		21	157	68	151	12.7
		20	148	63	148	12.0
	2 300	23	164	71	154	13.1
		22	153	67	149	12.2
		21	143	62	145	11.5
		20	135	59	142	11.0
	2 200	23	153	67	149	12.1
		22	144	63	146	11.4
		21	135	59	142	10.8
		20	126	55	138	10.2
最大航程设置	2 000	20	107	47	126	8.7
		19	99	43	121	8.2
		18	89	39	113	7.5
		17	81	35	105	7.0
5 000	2 450	23	179	78	163	14.5
		22	169	73	159	13.6
		21	161	70	156	13.0
		20	150	65	151	12.2
	2 300	23	167	73	158	13.4
		22	158	69	155	12.6
		21	148	64	151	11.9
		20	139	60	146	11.2
	2 200	23	157	68	155	12.4
		22	148	64	151	11.7
		21	138	60	146	11.0
		20	131	57	143	10.5

续表 7.4

H/ft	$n/$ $(\text{r} \cdot \text{min}^{-1})$	进气压 力/Pa	BHP	%BHP	$V_\infty/$ $(\text{mile} \cdot \text{h}^{-1})$	FF/ $(\text{gal} \cdot \text{h}^{-1})$
最大航 程设置	2 000	19	103	45	126	8.5
		18	94	41	118	7.9
		17	86	37	111	7.3
		16	79	34	103	6.8
7 500	2 450	21	163	71	161	13.1
		20	153	67	157	12.4
		19	143	62	152	11.7
		18	133	58	147	11.0
	2 300	21	151	66	156	12.2
		20	142	62	151	11.6
		19	133	58	147	11.0
		18	125	54	142	10.5
	2 200	21	143	62	152	11.4
		20	134	58	148	10.7
		19	126	54	143	10.2
		18	118	51	138	9.7
最大航 程设置	2 000	19	107	47	131	8.7
		18	98	43	123	8.1
		17	90	39	116	7.6
		16	82	36	107	7.0

从表 7.4 中 $H = 5\,000\,\text{ft}$ 一项看,与表 7.3 中的前 7 项是相同的,只是没有航时、比航程和航程。你能依据表 7.4 中的数据计算出后 3 项数据来吗?

(2) 喷气式飞机巡航综合性能表

只挑 3 张典型表给予说明,详情可参考飞机手册或飞行员手册。

1) B737 - 500 飞机长航程巡航(LRC)操纵表

参看表 7.5。为保持该飞机在不同 W 和 H 情况下的长航程巡航飞行方式,表中给出了飞机发动机转速 $\%N_1$、长航程巡航马赫数 Ma(即 Ma_{LRC})、长航程巡航表速 V_i(即 V_{LRC},以 kn 计)和每台发动机的燃油流量 FF 的大小,提供给飞行员操纵飞机时使用。

表 7.5 B737 - 500 飞机定直平飞(LRC 巡航速度)操纵表

1 000⁻¹·重量 W/kg		1 000⁻¹·压力高度 H/ft						
		23	25	27	29	31	33	35
64	%N_1	83.0	84.0	84.8	85.7	87.0	89.2	
	Ma	0.724	0.739	0.744	0.745	0.745	0.745	
	V_i	316	310	300	287	275	263	
	FF/eng	1 513	1 484	1 443	1 392	1 368	1 378	
56	%N_1	80.4	81.6	82.6	83.6	84.3	85.3	87.2
	Ma	0.694	0.715	0.732	0.743	0.745	0.745	0.745
	V_i	302	299	294	287	275	263	252
	FF/eng	1 348	1 331	1 308	1 280	1 234	1 198	1 195
48	%N_1	77.3	78.5	79.7	80.9	81.9	82.8	83.6
	Ma	0.657	0.678	0.699	0.720	0.7365	0.744	0.745
	V_i	285	283	280	277	271	263	251
	FF/eng	1 183	1 166	1 150	1 134	1 112	1 082	1 043
40	%N_1	73.5	74.8	76.1	77.4	78.6	79.7	80.7
	Ma	0.612	0.633	0.655	0.677	0.699	0.720	0.737
	V_i	264	263	261	259	257	253	248
	FF/eng	1 018	1 003	986	971	959	945	927

根据表上所列数据,自己总结当 W 或 H 变化时,各个操纵参数变化的趋势和物理原因。

2) A320 飞机以飞行成本指数 CI 决定最经济巡航马赫数 Ma_{BEC} 的表

参看表 7.6。表中还列出了航路风的影响(修正量)。

表 7.6 A320 CI 决定 M_{BEC} 的图表

飞行成本指数 CI＝0(MAXIMUM RANGE)								飞行成本指数 CI＝10 kg/min							
		100⁻¹·H/ft								100⁻¹·H/ft					
W/V_W 1 000 kg　kt		290	310	330	350	370	390	W/V_W 1 000 kg　kt		290	310	330	350	370	390
50	100	0.571	0.597	0.625	0653	0.684	0.716	50	100	0.611	0.638	0.661	0.687	0.716	0.741
	50	0.586	0.612	0.637	0.664	0.694	0.724		50	0.629	0.653	0.675	0.700	0.728	0.750
	0	0.604	0.631	0.653	0.678	0.707	0.734		0	0.652	0.672	0.693	0.717	0.744	0.762
	−50	0.626	0.650	0.670	0.695	0.722	0.745		−50	0.678	0.695	0.715	0.738	0.760	0.773
	−100	0.658	0.675	0.694	0.717	0.742	0.759		−100	0.711	0.729	0.746	0.760	0.774	0.781

飞行成本指数 CI=0(MAXIMUM RANGE)							飞行成本指数 CI=10 kg/min						
$100^{-1}\cdot H$/ft							$100^{-1}\cdot H$/ft						
W/Vw 1 000 kg　kt	290	310	330	350	370	390	W/Vw 1 000 kg　kt	290	310	330	350	370	390
55　100	0.599	0.626	0.654	0.684	0.715	0.735	55　100	0.636	0.658	0.684	0.713	0.783	0.753
50	0.613	0.638	0.665	0.694	0.723	0.741	50	0.651	0.672	0.697	0.725	0.748	0.761
0	0.632	0.654	0.679	0.707	0.733	0.749	0	0.669	0.689	0.714	0.740	0.759	0.771
−50	0.650	0.671	0.695	0.722	0.745	0.758	−50	0.692	0.711	0.734	0.757	0.771	0.778
−100	0.675	0.694	0.717	0.742	0.759	0.770	−100	0.723	0.742	0.758	0.772	0.780	0.783
60　100	0.625	0.652	0.682	0.713	0.733	0.746	60　100	0.655	0.680	0.708	0.734	0.751	0.761
50	0.637	0.663	0.692	0.721	0.740	0.751	50	0.668	0.693	0.721	0.744	0.759	0.768
0	0.653	0.677	0.705	0.731	0.748	0.758	0	0.685	0.709	0.736	0.756	0.768	0.775
−50	0.670	0.693	0.720	0.743	0.757	0.767	−50	0.706	0.729	0.753	0.769	0.777	0.780
−100	0.693	0.715	0.740	0.758	0.769	0.776	−100	0.736	0.754	0.770	0.778	0.782	0.783
65　100	0.649	0.677	0.709	0.730	0.743		65　100	0.675	0.703	0.730	0.747	0758	
50	0.660	0.688	0.717	0.737	0.749		50	0.687	0.715	0.739	0.755	0.765	
0	0.674	0.701	0.728	0.745	0.756		0	0.703	0.730	0.751	0.765	0.773	
−50	0.690	0.716	0.740	0.755	0.765		−50	0.723	0.747	0.765	0.775	0.779	
−100	0.711	0.736	0.755	0.768	0.775		−100	0.748	0.767	0.776	0.781	0.782	
70　100	0.672	0.704	0.727	0.741	0.751		70　100	0.696	0.724	0.743	0.755	0.763	
50	0.683	0.713	0.733	0.747	0.756		50	0.708	0.734	0.751	0.762	0.769	
0	0.696	0.724	0.742	0.754	0.763		0	0.722	0.746	0.761	0.771	0.776	
−50	0.711	0.736	0.752	0.763	0.770		−50	0.740	0.760	0.772	0.778	0.780	
−100	0.731	0.752	0.765	0.774	0.778		−100	0.761	0.774	0.779	0.782	0.782	
75　100	0.696	0.722	0.738	0.749			75　100	0.716	0.738	0.751	0.760		
50	0.706	0.729	0.744	0.754			50	0.727	0.746	0.758	0.767		
0	0.718	0.738	0.751	0.761			0	0.739	0.756	0.767	0.774		
−50	0.730	0.749	0.760	0.769			−50	0.754	0.768	0.776	0.779		
−100	0.747	0.762	0.772	0.777			−100	0.770	0.778	0.781	0.782		

表上 CI 的单位为 kg/min。

在相同 W 和 H 下，CI 由 0 增加到 10 kg/min，相对应的 Ma_{BEC} 都将有所增大，为什么？此外，在同一 CI 下，遇逆风时，V_{BEC} 将增大；遇顺风时，Ma_{BEC} 将减小，为什么？飞行员应当理解这种变化趋势。

注意，在波音公司制造的机型中，或参看式(7 - 111)和式(7 - 112)，CI 的单位是 lb/h(燃油)。比如，$C_f=0.19$ 美元/磅(燃油)，而 $C_t=500$ 美元/小时，按式(7 - 112)有，CI=2 632 lb/h；如巡航高度为 33 000 ft，大约飞机发动机的 FF 近似为 5 100 lb/h，按式(7-111)可知,在直接运营成本 J_{DOC} 中,油费所占比例为 65 %,而时费所占比例则为 35 %。显然,追求经济效益时重点应该放在省油上。

但是,前面提到过,B757 飞机以长航程(LRC)巡航时,相当于 CI=30～80 的巡航状态,即为最经济巡航方式。CI 大小相差近 100 倍是什么原因呢?这是因为便于飞行员在飞机飞行管理计算机系统(FMCS)的键盘上,键入飞行成本指数 CI 时,一般认为键入的数字位数以等于或小于三位数为宜,故键入或图上标注的成本指数实为飞行名义成本指数 CI′,它与真实的成本指数的关系为 CI′=CI/100。比如,CI=2 632 lb/h,键入的 CI′ 则是 26。所以,前面提到的 CI=30～80,实为 CI′ 的数字。

注意,空客公司制造的机型中,或表7.6 中的 A320 飞机,CI′=10 kg/min。换成波音公司的计量单位,CI 即为 600 kg/h 或 1 320 lb/h。

由于各个航空公司管理与经营水平上的不同,即使用同样的机型,各公司的时间成本 C_t 也不会相同;至于燃油成本 C_f,在不同季节、时间将随着油价的波动,甚至于因离港加油机场的不同都会变化。这也就是说,飞机飞行成本指数 CI 是一个可调整、变化的量。

3) 某干线喷气式飞机简易飞行计划图

图 7.55 是某型喷气式飞机给定航程(trip distance/n mile)和航路飞行方式:280/0.74 爬升、LRC 巡航和 0.74/250 下降的情况以及航路风、巡航高度、预计着陆重量和温度偏差等,求所需燃油量和航时,供作简易飞行计划用。

示例:航程 R=350 n mile,巡航高度 H=29 000 ft,预计着陆重量 30 000 kg,航路风 HW=50 kn,温度偏差为 ISA+20 ℃,求所需燃油量和航时大小。

解:参看图上的虚线。

① 由图最下端,找出预定航程 R=350 n mile 的点;

② 向上,修正 HW(逆风)后,向上作垂线与巡航高度 H=29 000 ft 线相交于一点;

③ 从②所得相交点向右作平行线,与着陆重量参考线相交,得交点;

④ 由③所得相交点作巡航高度修正,因给定 H 为 29 000 ft,故按实线指引线修正,作平行线与着陆重量参考线相交,得交点;

⑤ 由④所得相交点向右作水平线,则得此次航班所需燃油量为 2 300 kg;

⑥ 再从③所得相交点继续向上作垂线,与巡航高度(气压高度)线相交,得交点;

⑦ 由⑥所得相交点向左作水平线,与气温修正参考线相交,得交点;

⑧ 由⑦所得相交点,沿温度修正指引线作平行线与温度偏差 IAS+20 ℃ 垂直线相交,得交点;

⑨ 由⑧所得相交点继续向左作平行线,则得此次航程所需航行时间为 1.05 h。

故本例答案是所需燃油量为 2 300 kg,所需航时为 1.05 h。

各种机型都有各种各样的表供飞行员和飞行计划人员查阅、计算用。

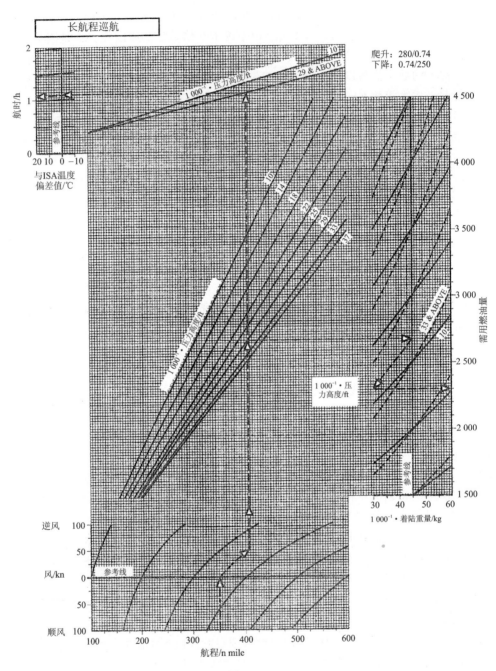

图 7.55

第 8 章

飞机的机动飞行性能

本章介绍的飞机机动飞行性能是指在飞机的运动过程中,飞机所受到的力不处于平衡状态,因而飞机的飞行速度不是大小上有变化,就是方向上有变化。这与第 7 章所述的纵向定直飞行性能情况不同。

比如,飞机在空中做正常盘旋飞行,则是一个速率不变而速度方向不断变化、保持飞行高度 H 不变的圆周运动状态。

再比如,飞机的起飞滑跑过程是一个直线加速运动;而飞机的着陆滑跑过程则是一个直线减速运动。这些都属于飞机的机动飞行,它们也是飞行员必须了解和掌握的基础内容。

8.1 飞机正常盘旋的静操纵原理与性能

8.1.1 飞机正常盘旋飞行的定义和静操纵原理

1. 飞机正常盘旋(normal turn)的定义

所谓正常盘旋飞行是指保持等高度 $H=$ const. 、等速率 $V_\infty=$ const. 、等曲率半径 $r=$ const. 、等倾斜角 $\phi=$ const.(亦称等坡度)和侧滑角 $\beta=0$ 的飞行,简称等高、等速率的正常盘旋飞行或俗称转弯飞行。参看图 8.1,它是正常盘旋飞行的俯视图,又称左盘旋。

2. 带内侧滑与带外侧滑的非正常盘旋(slipping turn & skidding turn)

参看图 8.2。图(a)是 slipping turn,飞机做右盘旋,但侧滑角 $\beta\neq0$,且 $\beta>0$,叫作带内侧滑的非正常盘旋。图(b)是带外侧滑的非正常盘旋(skidding turn),$\beta<0$。产生这些情况的原因,是进入盘旋时飞行员操纵动作不协调所致。

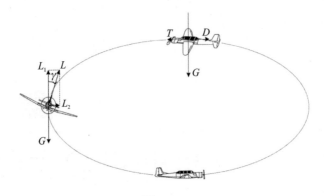

图 8.1

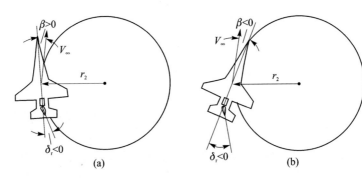

图 8.2

3. 飞机进入正常盘旋飞行时的静操纵原理

飞机在某个高度 H 上以 V_∞ 做平飞,现打算保持 H、V_∞ 不变进入正常盘旋,飞行员应当如何操纵呢?现以进入右盘旋为例作简要说明。

① 是先蹬"右舵",还是先"向右压杆"呢?

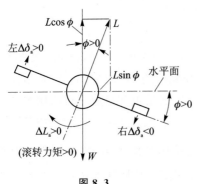

图 8.3

应当先向右压杆,这时右半机翼上的副翼向上偏转,$\Delta\delta_a<0$,左半机翼上的副翼向下偏转,$\Delta\delta_a>0$,使左半机翼上升力增量 $\Delta L>0$,而右半机翼上升力增量 $\Delta L<0$,出现绕飞机纵轴(Ox 轴)的向右滚转力矩 $\Delta L_a>0$(细节可参看 10.5 节,飞机副翼和方向舵的操纵效能)。于是,飞机向右倾斜,$\Delta\phi>0$,或 $\phi>0$,参看图 8.3。这时,飞机升力也跟着向右倾斜,出现了宝贵的横向力分量,$L_H=L\sin\phi$,它起到向心力的作用,使飞机由直线运动转入向右弯曲的水平曲线运动,并克服飞机做曲线运动时产生的惯性离心力。

② 一旦 $\phi>0$,因产生横向运动,导致飞机出现右侧滑,$\beta>0$;为了满足 $\beta=0$ 的要求,飞行员则应蹬右舵,$\Delta\delta_r<0$,产生绕飞机立轴(Oz 轴)的偏航力矩 $\Delta N>0$,使机头向右偏转来消除右侧滑角,使 $\beta\to0$。这是蹬右舵的主要作用和目的,参看图 8.4。但蹬右舵产生的横向力 $\Delta Y(<0)$ 还会产生绕飞机纵轴(Ox 轴)向左的滚转力矩 $\Delta L_r<0$,来阻止飞机向右倾斜与滚转的副作用。

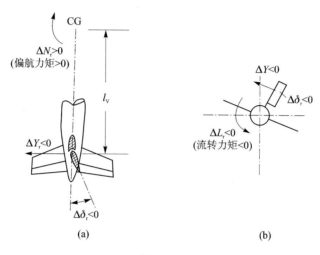

图 8.4

③ 因 $\phi>0$,升力的垂直分量 $L\cos\phi$ 如果小于重力 W,则飞机飞行高度 H 将降低。为了保持 $H=$const.,要求 $L\cos\phi=W$ 或 $L=W/\cos\phi$;在同样的 V_∞(速率)下,只有拉杆来增大迎角,增大升力系数 C_L,从而增大升力 L 来满足 $L\cos\phi=W$ 的要求。换句话说,要求飞行员拉点杆,使升降舵向上偏角增加,$\Delta\delta_e<0$,来调整飞机迎角 α 或 C_L 的大小。

④ 要求 $V_\infty=$const.,现因升力系数 C_L 增加,则飞机阻力系数 C_D 也增加,导致飞机阻力 D 增大;所以,必须在拉点杆的同时,前推油门杆,增大可用推力或拉力才行。

从以上分析可知,要进入正常盘旋飞行状态(此处以右盘旋为例说明),飞行员必须协调一致地对副翼偏角 δ_a、方向舵偏角 δ_r、升降舵偏角 δ_e 和油门杆进行操纵才可能实现。

英文称正常盘旋是"coordinated turn",真是名副其实。

另外,在到达预定右倾斜角 ϕ 之前,还应该向"左"回点杆和舵。这两个动作有两个目的:

a. 使飞机绕纵轴(Ox 轴)的滚转角速度 p(这里它不代表空气静压力 p,而是代表飞机滚转角速度的大小),在回杆之时产生一点阻止右滚的操纵力矩,加上横向滚转阻尼力矩的帮助,使流转角速度 $p\to0$,从而得到所预定的向右倾斜角 ϕ。关于滚转阻尼力矩请参看 10.9.1 小节。

b. 使飞机绕立轴（Oz 轴）的偏航角速度 r（这里它仅代表飞机偏航角速度的大小），在偏航转动阻尼力矩的帮助下，保持一定的偏航转动角速度 r，来满足正常盘旋中 $\beta=0$ 的要求。

对"杆、舵和油门"三者的协调操纵动作，不仅包括杆量，而且还包括拉、压杆与蹬舵的速率，比如拉杆速率比压杆速率要大一点等。这需要通过实践和模拟训练才能掌握。

⑤ 操纵动作虽然正确，但大小与速率上一旦出现不协调，就实现不了正常盘旋。

a. 见图 8.5(a)，是带内侧滑的非正常盘旋（slipping turn），$\beta>0$。这是蹬右舵量不足，或是向右压杆量过大所致。侧滑仪表上的"小球"将滚向盘旋方向的"内侧"。飞行员在坐椅上也会向盘旋的内侧滑动。

b. 见图 8.5(b)，是带外侧滑的非正常盘旋（skidding turn），$\beta<0$。这是蹬右舵量过大，或是向右压杆量不足所致。侧滑仪表上的"小球"将滚向盘旋方向的"外侧"。飞行员在坐椅上也会向盘旋的外侧滑动。

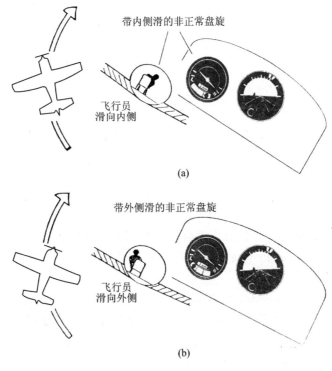

图 8.5

可见，要做出一定预定倾斜角 $\phi=\mathrm{const.}$、$\beta=0$ 的等高 $H=\mathrm{const}$、等速率 $V_\infty=\mathrm{const.}$、半径为 $r=\mathrm{const.}$ 的圆周运动，即正常盘旋飞行状态，的确是一个高难度的机动飞行动作，需要在飞行教官的指导下，多次实践才能逐步实现。

4. 正常盘旋飞行中要注意的事项

一旦进入预定的正常盘旋飞行状态后,还必须随时观察飞行高度表、速度表和侧滑仪表,注意保持高度、速度不变,以及 $\beta=0$ 的状态。也就是,要随时保持好杆、舵和油门三者的协调操纵,用杆保持倾斜和高度,用舵保持侧滑角 $\beta=0$,用油门保持速度。一旦仪表上出现变化要及时纠正才行。

5. 改出正常盘旋转入定直平飞阶段

改出右盘旋的操纵动作与进入时的动作相反,首先要减小向心力,向左压杆;为避免出现侧滑,应蹬左舵;为防止高度增加,应向前推杆,同时收油门以保持速度不变。

换句话说,为了在预定方向上改出盘旋,在操纵动作的时间上要有一定的提前量,然后向盘旋的反方向手脚一致地压杆、蹬舵和收油门;接近平飞状态时,将杆和舵拉回到中立位置,保持平飞。

8.1.2 飞机正常盘旋飞行中的基本关系式

1. 飞机正常盘旋中的受力情况

参看图 8.6,是飞机以速率 V_∞ 做右盘旋中的受力情况(正视图),有

$$H = \text{const.}, \quad L\cos\phi = W \tag{8-1}$$

$$r = \text{const.}, \quad \frac{W}{g}a_r = \frac{W}{g}\left(\frac{V_\infty^2}{r}\right) = L\sin\phi \tag{8-2}$$

$$V_\infty = \text{const.}, \quad T = D \tag{8-3}$$

由上述式子可知,升力 L 提供了向心力并平衡了重力 W。a_r 是做正常盘旋(水平圆周运动)时的向心加速度,有 $a_r = V_\infty^2/r$。r 是正常盘旋半径。T 和 D 是做正常盘旋时飞机的可用推力或拉力与飞机阻力。式(8-1)~式(8-3)是分析正常盘旋性能的出发方程。

2. 正常盘旋中的过载因子 n_z (load factor)

正常盘旋中的升力 L 与重力 W 之比,称为法向过载因子 n_z,见图 8.6,知

$$n_z = L/W = 1/\cos\phi = \sec\phi \tag{8-4}$$

无论 $\phi>0$(右盘旋)或 $\phi<0$(左盘旋),

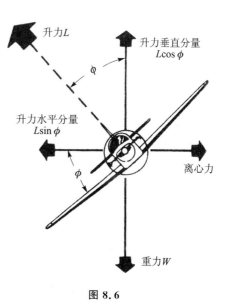

图 8.6

$\cos \phi < 1.0$。所以,倾斜角 ϕ 增加,n_z 增大,见图 8.7。比如,若 $\phi=60°$,则 $n_z=2.0$。或者说,因 $n_z=L/W=(L/m)/(W/m)=a/g$,其中 m 是飞机的质量,g 是重力加速度。可见,$n_z=2.0$,正常盘旋中飞机升力 L 产生的加速度 $a=2g$。飞行员常说 $2g$ 的正常盘旋是指 $n_z=2.0$ 或 $\phi=60°$ 的正常盘旋。

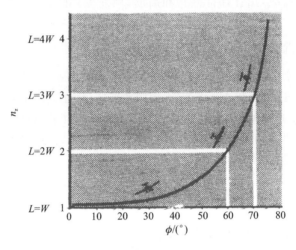

图 8.7

$\phi > 45°$,称为陡盘旋;民用旅客运输机常用的 $\phi < 45°$。飞行训练中常用 $\phi \leqslant 15°$ 或 $15° < \phi \leqslant 30°$。

3. 正常盘旋需用速度 V_∞ 和需用升力系数 C_L

给定机型外形、W 和 H,按式(8-1)有

$$\frac{1}{2}\rho_\infty V_\infty^2 S C_L \cos \phi = W \tag{8-5}$$

① 在同一 W、H 和 C_L 下,与定直平飞相比,正常盘旋需用速度 V_∞ 由式(8-5)有

$$V_\infty = \sqrt{\frac{2W}{\rho_\infty S C_L} \cdot \frac{1}{\cos \phi}} = V_{\infty,L}\sqrt{n_z} \tag{8-6}$$

$$V_{\infty,L} = \sqrt{\frac{2W}{\rho_\infty S C_L}} \tag{8-7}$$

式中,$V_{\infty,L}$ 为定直平飞需用速度。

由式(8-6)可知,倾斜角 ϕ 增加,n_z 增大,则在同一 C_L 下,正常盘旋需用速度 $V_\infty > V_{\infty,L}$。

② 在同一 W、H 和 V_∞ 下,与定直平飞相比,正常盘旋需用升力系数 C_L 有

$$\frac{1}{2}\rho_\infty V_\infty^2 S C_L \cos \phi = \frac{1}{2}\rho_\infty V_\infty^2 S C_{L,L} = W$$

式中，$C_{L.L}$ 为定直平飞需用升力系数，可见

$$C_L = C_{L.L}/\cos \phi = n_z C_{L.L} > C_{L.L} \qquad (8-8)$$

换句话说，用同一速率 V_∞ 做正常盘旋与平飞相比，正常盘旋飞行的需升力系数 C_L 大大增加。如果以过小的 V_∞ 进入正常盘旋，因要求 C_L 过大，会造成飞机失速，需特别留意。

4. 正常盘旋需用推力 T_r 和需用功率 P_r

仍与定直平飞情况相比，分别讨论需用推力 T_r 与需用功率 P_r 的情况。

① 在同一 W、H 和 C_L 下，与定直平飞相比，虽然因 C_L 相同，故 C_D 亦相同，但正常盘旋需用速度 $V_\infty > V_{\infty.L}$［见式(8-6)］，所以有

$$T_r = \frac{1}{2}\rho_\infty V_\infty^2 S C_D = \frac{1}{2}\rho_\infty (\sqrt{n_z} V_{\infty.L})^2 S C_D$$

即

$$T_r = n_z T_{r.L} \qquad (8-9)$$

式中，$T_{r.L}$ 为定直平飞需用推力。

图 8.8 是正常盘旋需用推力 $T_r - V_\infty$ 曲线。$n_z = 1.0$，对应的是定直平飞需用推力曲线。可见，随 ϕ 或 n_z 的增大，正常盘旋需用推力曲线向右上方移动，需用推力增大。

② 在同一 W、H 和 C_L 下，与定直平飞相比，正常盘旋需用推力 T_r 与 $T_{r.L}$ 有式(8-9)的关系，而正常盘旋速度 V_∞ 与 $V_{\infty.L}$ 有式(8-6)的关系。所以，正常盘旋需用功率 P_r 有

$$P_r = T_r V_\infty = n_z T_{r.L} \times V_{\infty.L} n_z^{\frac{1}{2}}$$

故

$$P_r = n_z^{3/2} P_{r.L} \qquad (8-10)$$

式中，$P_{r.L}$ 为定直平飞的需用功率。

图 8.9 是正常盘旋需用功率 $P_r - V_\infty$ 曲线，$n_z = 1.0$，对应的是定直平飞需用功率曲线。可见，随 ϕ 或 n_z 的增大，正常盘旋需用功率曲线向右上方移动，需用功率增大。

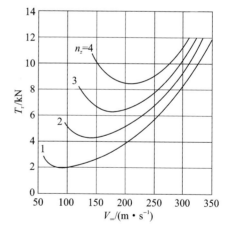

图 8.8

5. 注意事项

应当注意，在飞机起飞后的爬升过程中，往往因为机场周边地形、障碍物限制等原因，飞机将进行爬升转弯。这将是一个带有倾斜角 $\phi \neq 0$ 的机动飞行状态，见图 8.10，这是一个急跃升转弯动作(chandelle)。

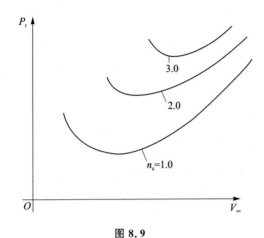

图 8.9

图 8.10

在同一 W、H 和 V_∞ 下,与定直平飞状态相比,现是爬升($\gamma > 0$)加倾斜($\phi > 0$),不仅要求 C_L 增加,而且要求的 T_r(参看图 8.8)或 P_r(参看图 8.9)都大大增加。如果爬升中飞机的油门位置已在最大油门位置,则会因可用推力或可用功率不足,导致空速 V_∞ 迅速下降,引起飞机掉高度或造成坠机事故。换句话说,在起飞后的爬升中,不宜做陡转弯动作,切记!

8.1.3 飞机正常盘旋飞行性能

本小节就正常盘旋半径 r(radius of turn),正常盘旋角速度 ROT(Rate of Turn)和盘旋一周所需时间 t 的三项正常盘旋性能作介绍。

1. 正常盘旋半径 r

由式(8-2)可得

$$r = \frac{W}{g} \frac{V_\infty^2}{L \sin \phi} = \frac{L \cos \phi}{L \sin \phi} \frac{V_\infty^2}{g} = \frac{V_\infty^2}{g \tan \phi} \tag{8-11a}$$

又因[参看式(8-4)]

$$\tan \phi = \sqrt{\sec^2 \phi - 1} = \sqrt{n_z^2 - 1}$$

故

$$r = \frac{V_\infty^2}{g \sqrt{n_z^2 - 1}} \tag{8-11b}$$

可见:

① 在一定 ϕ 或 n_z 下,正常盘旋速率 V_∞ 增加,盘旋半径 r 大大增加,见图 8.11(示意图)。

② 一定 V_∞ 下,ϕ 或 n_z 增加,r 减小,见图 8.12(示意图)。

③ 一定 r 下,V_∞ 增加,则要求 ϕ 或 n_z 增大,见图 8.13(示意图)。

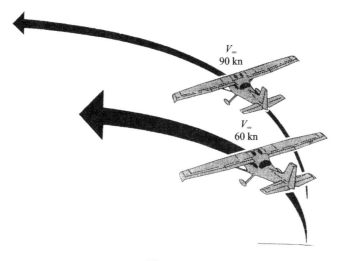

图 8.11

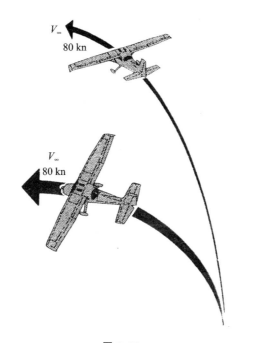

图 8.12

将式(8-11b)画成图形,见图 8.14。图(a)为低速情况,$V_\infty < 200$ kn;图(b)为高速情况,200 kn$< V_\infty < 550$ kn。

2. 正常盘旋角速度 ROT(Rate of Turn, turning rate)

做圆周运动时,由 ROT 的定义有 $V_\infty =$ ROT$\times r$,并参看式(8-11),故

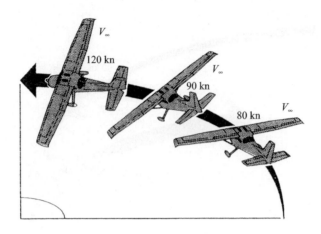

图 8.13

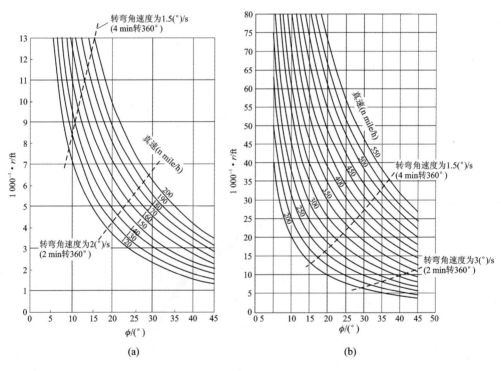

图 8.14

$$\text{ROT} = \frac{V_\infty}{r} = \frac{g \tan \phi}{V_\infty} = \frac{g \sqrt{n_z^2 - 1}}{V_\infty} \qquad (8-12)$$

画成图形,见图 8.15。由图可见:

① 一定 r 下,V_∞ 增加,ROT 增大。

② 一定 ϕ 或 n_z 下,V_∞ 增加,ROT 减小。

③ 一定 V_∞ 下，ϕ 或 n_z 增加，ROT 增加。

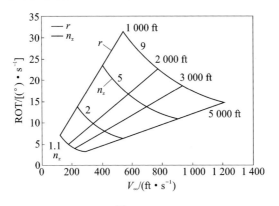

图 8.15

如果给定正常盘旋角速度 ROT＝const.，则按式（8.12）可在图 8.14 上绘出 ROT＝const. 参考线，它揭示了正常盘旋速率 V_∞ 和倾斜角 ϕ 之间的内在联系和相应正常盘旋半径 r 的大小，十分有用。

3. 正常盘旋一周所需时间 t

按定义正常盘旋半径为 r，盘旋一周所飞过的路径为 $2\pi r$，盘旋速率为 V_∞，则盘旋一周所需时间 t 为

$$t = \frac{2\pi r}{V_\infty} = 2\pi\frac{V_\infty}{g\tan\phi} = 2\pi\frac{V_\infty}{g\sqrt{n_z^2-1}} \qquad (8-13)$$

可见：

① 一定 r 下，速率 V_∞ 增加，t 减小。

② 一定 ϕ 或 n_z 下，V_∞ 增加，t 增大。

③ 一定 V_∞ 下，ϕ 或 n_z 增加，t 减小。

4. 正常盘旋标准角速度或称标准转弯角速度

在机场空域，空管部门常常要求准备进场着陆的各种飞机做正常盘旋飞行，在空中等待。正常盘旋的角速度 ROT 规定为 $3(°)/s$。换句话说，各种飞机盘旋一周所需时间均为 120 s 或 2 min。这个盘旋角速度称为正常盘旋标准角速度。

飞机在等待着陆的正常盘旋飞行中，速率 V_∞ 大小各不相同，如何操纵才能以标准角速度进行盘旋呢？

① 可以查看图 8.14，从 ROT＝$3(°)/s$ 参考线，根据自己的 V_∞，确定需要的倾斜角 ϕ 进行盘旋。

② 由于 ROT＝$3(°)/s$，则按式（8-12）有

$$\tan\phi = 0.002\ 75 \times V_\infty \qquad (8-14)$$

式中，V_∞ 的单位为 kn（节）。

比如,$V_\infty=100$ kn,则要求的倾斜角 ϕ 可由式(8-14)算出为 $\phi=15°$,进行盘旋。

③ 还可以用更简单的办法计算所需倾斜角 ϕ 的大小。要做 ROT=3(°)/s 的正常盘旋,所需倾斜角 ϕ 等于"1/10 of the airspeed in knots, plus 1/2 the answer"。例如,$V_\infty=100$ kn,所需倾斜角 ϕ 为

$$\phi=(100/10)°+\left[\frac{1}{2}(100/10)\right]°=10°+5°=15°$$

参看图 8.16,都是以标准转弯角速度盘旋,V_∞ 增加,倾斜角 ϕ 增加的情况。

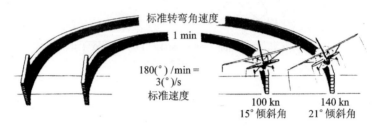

图 8.16

④ 利用侧滑仪指示,见图 8.17。它显示的是飞机以标准转弯角速度盘旋时的情况。飞行员始终保持"杆、舵和油门"三者的协调操纵动作,使侧滑仪上的小飞机图标始终对准标准转弯角速度标记即可。该图所示为右盘旋。

图 8.17

5. 小 结

① 从列举的正常盘旋半径 r、角速度 ROT 和正常盘旋一周所需时间 t 的公式和相关的曲线知,它们的大小取决于 V_∞、ϕ 或 n_z 的不同组合关系,并应有相应的推力或拉力或相应的功率提供保证,才能实现正常盘旋。

② 一般来说,飞机正常盘旋半径 r 小、ROT 大,则称该飞机的正常盘旋机动性能好。这对于军用飞机来说相当重要,但相应地也要求盘旋空速 V_∞ 减小或者倾斜角 ϕ 或过载 n_z 增大。然而,飞机的飞行速度 V_∞ 和 n_z 的大小都有一定限制。了解这些限制对飞行安全十分重要,它也是飞行员需要和必备的知识。

8.1.4 飞机的设计机动飞行包线($V-n$ 图)

飞机做定直平飞,$L=W$,或者说飞机的过载因子 $n_z=1.0$。飞机做正常盘旋,比如 $\phi=60°$ 的盘旋,由式(8-4)或图 8.7 可知,$n_z=2.0$。换句话说,升力增大,超过重力的 2 倍了。

飞机的结构受力是有限制的。空气动力升力过大,飞机结构会产生弹性变形,甚至破损,从而危及飞行安全。每个飞行员都应当熟悉所驾驶飞机的使用强度极限。这个重要数据是以飞机的设计机动飞行包线图或称 $V-n$ 图形给出的,在飞机使用手册中可以查到。

飞机类型不同,$V-n_z$ 包线图也不同。此处仅以民用运输类飞机为例来加以说明。

参看图 8.18。V_i-n_z 包线图的纵坐标是法向过载因子 n_z,横坐标是飞行速度 V_i(表速)。每张图适用于给定飞机重量 W、外形(比如襟翼是否收起)、飞行高度 H 和纵向飞行状态(即 $\phi=0,\beta=0$)等。

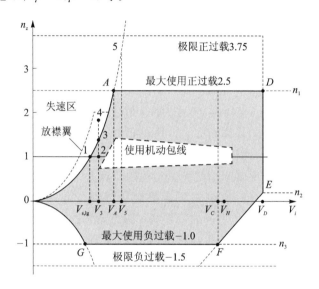

图 8.18

由图可见以下性质。

1. 飞机结构受力限制边界线

① AD 线,最大使用正过载线,$n_z=2.5$,图上用 n_1 表示。

② 最大极限正过载线,$n_z=3.75(1.5\times2.5)$,其中安全系数为 1.5。

③ GF 线,最大使用负过载线,$n_z=-1.0$,图上用 n_3 表示。

④ 最大极限负过载线,$n_z=-1.5$。

图 8.18 上的阴影区(含边界线)内是巡航外形结构强度设计的安全区。在安全区内做机动飞行时,结构在外力的作用下可产生弹性变形,但保持结构完好,卸载后结构无永久变形。在空白区外做机动飞行时,比如超过最大法向过载 n_1,飞机主要承力结构将遭到永久变形甚至破坏或解体。

由图 8.18 还知,飞机最大允许的负过载绝对值均小于最大允许的正过载值,反映出飞机很少做这样的机动或不应当以负升力飞行的实际情况,对民用运输机来说更是如此。

2. 飞机速度限制边界线

(1) 低速度端,设计机动速度 V_A

OA 线是飞机的失速限制边界线(空气动力限制),是飞机升力系数 $C_L = C_{L,max}$ 时,按下式计算所得,即

$$n_{z,max} = \frac{L}{W} = \frac{\frac{1}{2}\rho_0 V_i^2 S C_{L,max}}{W} = \frac{1}{2}\rho_0 V_i^2 \frac{C_{L,max}}{W/S} \qquad (8-15)$$

当给定飞机的 $C_{L,max}$ 和 W/S 保持不变时,失速限制边界线的 $n_{z,max}$ 与 V_i^2 成比例增加,如 OA 线所示。图 8.18 上的点"1"用 $V_{s,1g}$ 表示可保持定直平飞的失速速度;若仍保持 $n_z = 1.0$,但表速增加到 V_3,如图 8.18 上点"2"所示情况,这时飞机的升力系数 C_{L_2} 必小于 $C_{L,max}$;保持 V_3 不变,使迎角增加到失速迎角,$C_{L_3} = C_{L,max}$,法向正过载增加到按式(8-15)计算的 $n_{z,max}$,这正是图上点"3"代表的情况;如果此时迎角再增加,超过失速迎角,飞机机翼失速,升力系数将下降,小于 $C_{L,max}$,法向过载 n_z 也下降。图上点"4"的情况实际上是无法实现的。因此,点"3"对应的法向过载 n_z 是表速 V_3 能够得到的最大值,这也是失速限制边界线的物理含义。它是由飞机的 $C_{L,max}$ 特性决定的法向过载与表速的边界线。显然,按式(8-15)计算失速限制的最大法向过载 $n_{z,max}$ 时,表速 V_3 不得超过 V_A(图上 A 点对应的表速)。其原因是如保持 $C_L = C_{L,max}$(这意味着飞行员把驾驶杆向后拉到飞机的失速迎角),而飞行速度增加到 $V_5(>V_A)$,n_z 也会跟着增加到点"5"处,显然,已超过飞机结构允许的最大使用正过载 n_1,这是不允许的。可见,点 A 代表的情况是飞机的设计机动性能中的一个重要参考点。点 A 的过载 $n_z = n_1$,对应的速度为 V_A,按式(8-15)有

$$V_A = \sqrt{\frac{2n_1}{\rho_0 C_{L,max}}\left(\frac{W}{S}\right)} = V_{s,1g}\sqrt{n_1} \qquad (8-16)$$

式中,$V_{s,1g}$ 是定直平飞 $n_z = 1.0$ 的失速速度,有

$$V_{s,1g} = \sqrt{\frac{2W}{\rho_0 S C_{L,max}}} \qquad (8-17)$$

可见,V_A 则是飞机达到结构设计所允许最大正过载 n_1 情况下的最小飞行速度(表速);或是 $C_L = C_{L,max}$ 时,飞机最大法向正过载不会超过允许值 n_1 的最大表速。V_A 被称为飞机设计机动速度(design maneuvering speed)。

当飞行表速 $V_i < V_A$ 时,飞行员连续后拉驾驶杆,即便使升降舵偏角向上偏转到最大值,造成飞机迎角达到或超过失速迎角,由于机翼的分离失速,飞机的法向过载 n_z 也不会超过 n_1,即不可能造成飞机结构的损坏。但是,当 $V_i > V_A$ 后,飞行员对驾

驶杆的操纵则必须柔和而不能粗猛,否则因拉杆过猛,使飞机迎角达到失速迎角, $C_L = C_{L.max}$,从而使飞机产生的法向过载 n_z 超过 n_1,造成对飞机结构的伤害或造成结构疲劳,缩短使用寿命。

注意,OG 线为负值 $C_{L.max}$ 的限制线。在迎角 $\alpha < 0$ 的情况下,负值 $C_{L.max}$ 的大小(绝对值)往往比正值 $C_{L.max}$ 要小。其他情况类同,不再重复。

(2) 高速度端,最大俯冲速度 V_D

飞行速度限制边界是由飞机结构设计的最大允许动压力 $q_{max} = \dfrac{1}{2}\rho_0 V_D^2$ 来决定的。V_D 是飞机设计俯冲速度(表速)。

在设计机动边界线内部还有两个速度,也值得简单介绍一下。

V_C/Ma_C 是民用运输机的设计巡航速度或设计巡航马赫数。在该设计表速下,飞机的结构可以承受最大的使用过载为 n_1 或 n_3。V_C 的大小也确定了机动边界上 F 点的位置。

V_H/Ma_H 是发动机最大推力状态下,飞机的最大平飞速度或最大平飞马赫数。

应当指出,图 8.18 所示的是某民用旅客运输机的设计机动包线图(示意图)。在安全区中,还注明了该飞机的使用机动包线区,它仅仅占了设计的可用机动包线区中的一小部分。使用中的低速端由抖动升力系数 $C_{L.b}$ 替代 $C_{L.max}$ 的限制而留有余地(因为 $C_{L.b} < C_{L.max}$);使用高速端则参考设计巡航速度来确定,亦留有余地。使用中的最大与最小过载也远小于规定值(根本没有出现负过载)。显然应当避免做高法向过载的机动飞行才有这种可能,这也是为旅客提供舒适的飞行环境所必需的。

最后提一个思考题。本章讲的是飞机的正常盘旋飞行,对于民用旅客运输机而言,显然不应该做大倾斜角 ϕ 或大过载 n_z 的盘旋。但对于特技类,比如运动竞技飞机,就要追求小盘旋半径 r 或高的盘旋角速度 ROT 的动作。那么在图 8.18 上,采用什么速度才能达到这个目的呢?

3. 飞行中可能出现 n_z 过大的情况

① 高表速 $V_\infty (>V_A)$ 情况下,由于气象原因出现向上或向下的突风(gust)或湍流(turbulence),造成瞬间过大的气动载荷增量。

② 高表速 $V_\infty (>V_A)$ 下操纵动作粗猛,或操纵量过大(abrupt control movements),造成瞬间过大的气动载荷增量。

③ 上述两个因素的组合,造成瞬间过大的气动载荷增量,一般会引起颠簸、摇摆。飞行员应通告乘客系好安全带,并按飞行手册中的指令沉着应对,避免上述两个不利因素的叠加而出现险情(参看第 8.3.7 节)。

8.2 飞机的起飞性能

8.2.1 机场场地概况和飞机的起飞过程与特点

1. 机场场地概况

(1) 机场跑道情况

参看图 8.19,这是机场跑道的侧视图。机场跑道长度分为可用滑跑长度(TO-RA)、安全道长度(stopway)和净空道长度(clearway)。下面说明一下它们的定义和情况。

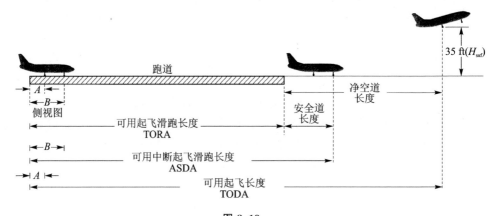

图 8.19

1) 机场可用起飞滑跑长度 TORA(Take-off Run Available)

它就是常说的机场跑道长度(Runway),由地面强度足够的混凝土、沥青道面筑成。它的宽度视机场等级而定,一般不超过 60 m。

2) 机场安全道长度(stopway)

它是指沿起飞方向跑道外端延伸出的一段地面,但地面经过碾压可供飞机中断起飞时使用的道面长度,其宽度与跑道的相同。

3) 机场净空道长度(clearway)

它是指沿起飞方向跑道外端,经过修整可供飞机在其上空无障碍通过、爬升到规定高度 H_{saf}(见图 8.19,比如第一个障碍物的高度为 35 ft)的特定场地或水面的长度。因此净空道长度受限于机场周边的环境。

4) 机场可用中断起飞滑跑长度 ASDA(Accelerate/Stop Distance Available)

$$ASDA = TORA + Stopway \qquad (8-18)$$

5) 机场可用起飞长度 TODA(Take-off Distance Available)

$$TODA = TORA + Clearway \qquad (8-19)$$

6）机场可用起飞平衡场地长度 L_F（a balanced field length）

由于各种客观原因，机场的安全道长度与净空道长度可能不相等，见图 8.20，Clearway＞Stopway，TODA＞ASDA，则称该机场具有非平衡跑道长度。该跑道的俯视图见图 8.20(a)。在同一图上，还给出了另一个具有非平衡跑道长度的机场情况，Stopway＝0，见图 8.20(b)。此外，图 8.20(c)还给出了具有平衡跑道长度机场的情况，Stopway＝Clearway。

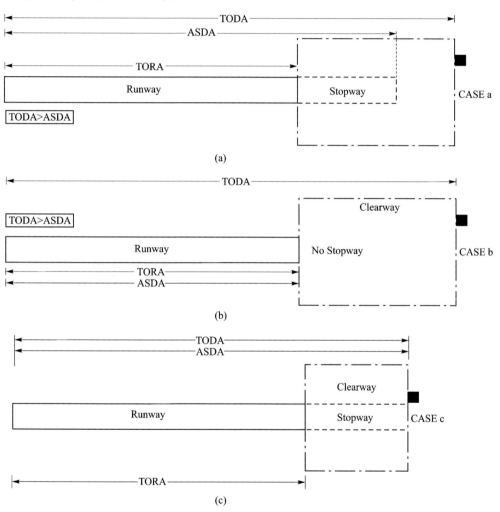

图 8.20

所谓机场可用起飞平衡场地长度 L_F 是指

$$L_F = \min[\text{TODA}, \text{ASDA}] \qquad (8-20)$$

见图 8.20(a)，$L_F=$ASDA；同样，见图 8.20(b)，$L_F=$ASDA。而图 8.20(c)，有 $L_F=$ASDA＝TODA。

介绍这个概念有什么用途呢？参看 8.2.6 小节,讲关于多发动机飞机单发停车的起飞问题时将介绍,非常重要。

(2) 机场环境情况

机场海拔高度、气温以及周边地形和障碍物分布,对机场跑道的建设有重大影响。比如北京首都机场,海拔 35 m,TORA 在 3 600 m 左右;而拉萨机场,海拔 3 648 m,TORA 就长达 4 600 m 了。

2. 飞机起飞过程的两个阶段

起飞一般分为起飞场道段和起飞航道段两个阶段。

(1) 起飞场道段

参看图 8.21。由 $V_\infty = 0$(地面滑跑起始点)到 $V_\infty = V_{LOF}$(离地空速)的地面滑跑段 L_{TOR},加上由离地点爬升到起飞离地安全(越障)高度 H_{saf}、空速达到起飞安全速度 $V_\infty = V_2$ 或 V_3 的空中段 L_{TOA},统称为起飞场道段。起飞场道段在水平面上的投影长度称为飞机起飞长度或距离,用 L_{TO} 表示。

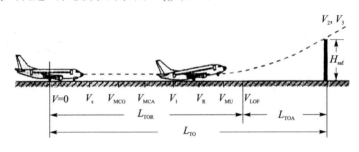

图 8.21

(2) 起飞航道段

参看图 8.22。由起飞离地安全高度 H_{saf}、$V_\infty = V_2$ 开始爬升到高度 $H = 1\,500$ ft 的爬升段称为起飞航道段。民用涡轮喷气式飞机,一般规定 $H_{saf} = 35$ ft(10.7 m);对于活塞式螺旋桨飞机、军用飞机,$H_{saf} = 50$ ft。起飞航道段依据机型而定,对于喷气式旅客飞机一般分成图 8.22 所示的四个阶段。

其中,包括收上起落架,调整油门位置(由起飞推力到最大连续推力油门位置)、收襟翼、保持爬升梯度要求等操纵动作,需按照飞行手册按序进行。

从起飞性能角度来讲,地面滑跑距离 L_{TOR} 和起飞距离 L_{TO} 最为重要。另外,对起飞航道段,最关心的是能否越过障碍,核心是爬升梯度 GC 大小和爬升轨迹的设置问题。在城市中,还会有降噪(声)爬升轨迹要求。

3. 起飞场道段中的各个参考速度

为了起飞的安全,飞行员必须了解与起飞场道段相关的各个参考速度,明白它们对应的含义,以便对临时出现的异常采取应对措施,参看图 8.21。

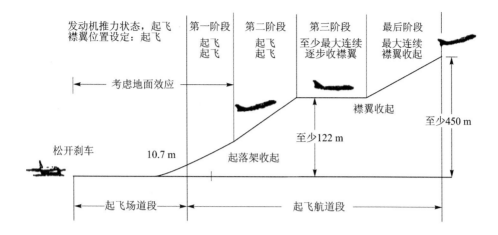

图 8.22

① V_S——失速速度,对应于飞机起飞外形(含放襟翼角度大小)、飞机起飞重量 W、机场密度高度 H_ρ(含机场压力高度 H_ρ 和气温)和失速迎角 α_S 下的空速大小,它是具有重要参考价值的速度。

② V_{MCG}——地面最小可操纵速度(minimum control speed on ground)。多发动机飞机在起飞滑跑过程中,当一台发动机(也称为临界发动机,是指它停车后产生的偏航力矩最大者)停车时,飞行员仅仅依靠操纵方向舵就能保持航向;或飞机偏离跑道中心线的横向位移不超过规定值而回归沿跑道中心滑跑的地面最小滑跑速度,称地面最小可操纵速度。尽管在地面上还可以利用前轮或主轮来克服不对称推力产生的偏航力矩,但适航条例不允许这么做。因此,一台发动机停车时的速度 $V_{EF} <$ V_{MCG}、飞机必须中断起飞。

③ V_{MCA}——空中最小可操纵速度(minimum control speed in air)。多发动机飞机一台发动机停车,但继续起飞离开地面而爬升,保持飞机空中姿态,特别是方向舵操纵能力不足出现飞机侧滑和倾斜(在地面上有主轮支撑难以倾斜)会造成险情。所以 V_{MCA} 应大于 V_{MCG}。图 8.21 注出 V_{MCA} 只表示是一个参考速度,飞机本身仍在地面上滑跑但达到了这个速度而已。

④ V_1——起飞决断速度(decision speed)。多发动机飞机起飞连续加速到 V_1 时,即使一台发动机在此时停车,飞行员亦能继续完成起飞;或者成功中断起飞使飞机安全停在跑道上或安全道上。但是,一台发动机停车时的速度 $V_{EF} < V_1$,则必须中断起飞,如果 $V_{EF} > V_1$,则必须继续起飞才能确保飞行安全。详情参看 8.2.6 小节。

⑤ V_R——起飞抬前轮速度(rotation speed)。起飞加速到 V_R 时,飞行员开始拉驾驶杆抬前轮(对前三点式飞机而言),以增大飞机的迎角和升力系数,从而增大升力,为飞机离地做准备。一般 V_R 至少要大于 V_{MCA} 的 1.05 倍,而且希望大一点,因为抬前轮飞机阻力也会增大,以避免飞机离地速度 V_{LOF} 小于规定值。

⑥ V_{MU}——最小离地速度（minimum unstick speed）。它是指在防止机尾不擦地而留下一定间隙下，飞机以最大可能的俯仰角即起飞迎角离地时的速度，见图8.23。抬前轮要避免机尾擦地。这个迎角（称为护尾迎角）以及相应的升力系数小于最大升力系数条件下的值，故最小离地速度 V_{MU} 要比 V_S 大一些。最小离地速度 V_{MU} 所用迎角与飞机机身长度、起落架的形式及高度紧密相关，是飞机设计时应当考虑的问题之一。

图 8.23

⑦ V_{LOF}——起飞离地速度（lift-off speed）。为了增加安全性，离地时的迎角应当比 V_{MU} 时所用迎角还小一点。所以，$V_{LOF} > V_{MU}$。全发起飞，$V_{LOF} > 1.1 V_{MU}$；一台发动机停车离地，$V_{LOF} > 1.05 V_{MU}$。

⑧ V_2 或 V_3——起飞安全速度（safety speed of take-off）。这是起飞场道段飞行中最重要的参考速度和要求的速度（目标值），也是在达到起飞安全高度 H_{saf} 时，飞行速度必须达到的数值，以该速度开始爬升并转入起飞航道段。多发动机飞机一台发动机停车的起飞安全速度 V_2 不应小于 $1.2 V_S$ 或 $1.1 V_{MCA}$。全发工作时的起飞安全速度 V_3 比 V_2 稍大一点，通常 $V_3 = V_2 + 10$ kn。

在上述各个参考速度中，只有 V_S、V_{MU}、V_{MCG} 和 V_{MCA} 可根据飞机外形或构形和尺寸以及飞行试验结果直接确定。其他参考速度与这几个参考速度之间的关系，按条例要求可参看图8.24。图上的 V_2 与 V_{MCA} 的关系是1.1+，即刚才所述起飞安全速度 V_2 不应小于 $1.1 V_{MCA}$；图上的 V_{MCA} 与 V_S 的关系是1.2−，即刚才所述空中最小操纵速度不得超过 $1.2 V_S$；起飞离地速度 V_{LOF} 与最小离地速度 V_{MU} 的关系是不应小于1.1倍（全发起飞），或者1.05倍（一台发动机停车），图上用 $1.1^* +$ 表示。

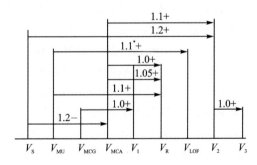

图 8.24

⑨ V_{TIRE}——最大轮胎速度（maximum tire speed）。这是一个由生产轮胎厂家规定的、可以达到的最大地面滑跑速度，以防因轮胎在高应力下旋转、变形产生过高温度，使轮胎内部结构受损、爆裂。对于目前运营的空客与波音系列飞机轮胎，V_{TIRE} 在 $225 \sim 235$ MPH（mile/h）之间。这一限制对起飞中的 V_{LOF} 提出了要求：$V_{\text{LOF}} \leqslant V_{\text{TIRE}}$。

⑩ V_{MBE}——最大刹车板吸收能量最大速度（maximum brake energy speed）。它是指飞机能安全完成刹车减速与中断起飞等任务，不会导制刹车失灵造成事故的最大滑跑速度。相应此状态的刹车将使刹车系统中的温度升到 $400 \sim 500$ ℃之间。这一限制亦对 V_1 提出了要求：$V_1 < V_{\text{MBE}}$。

在上述速度中，V_1、V_R 和 V_2 最为重要。了解这些速度的意义在于：

保证飞行安全，便于飞行员操作，消除驾驶技术上的差异，减小起飞性能上的分散度。

为了便于操作，根据每次起飞时飞机的重量、构形和机场的情况，飞行员可根据飞机飞行手册和管理部门提供的图表，快速查阅 V_1、V_R、V_2 等重要数据，确保起飞飞行万无一失。

4. 起飞飞行过程的特点

① 它是贴近"地面"的运动，有"地面效应"存在，它将对飞机空气动力特性有明显影响。这将在 8.2.5 小节中介绍。

② 起飞过程中空速 V_∞ 比较小，高度 H 比较低，不安全因素增多，对操纵动作精度要求高。

③ 飞机外形（构形）有改变，有收起落架、收襟翼与缝翼等动作，参看图 8.22。

④ 飞机起飞重量 W、重心位置 h、平尾安装角 i_{T} 的大小等，要确认正确无误。

⑤ 必须熟悉机场跑道的状况、机场海拔、气温、周边环境、起飞航线和空管要求等。

飞机的起飞与着陆，是飞行事故多发区间，要引起各方人员密切关注。

8.2.2　飞机起飞滑跑过程中的受力分析与操纵

1. 飞机在地面上滑跑的运动方程

参看图 8.25，它是飞机在地面滑跑过程中的受力图。一共有六个力：重力 W、升力 L、阻力 D、推力 T、地面支反力 N（N_1 为主轮支反力，N_2 是前轮支反力）和机轮与地面的摩擦力 F。

这六个力之间的关系是

$$N + L = W \qquad\qquad (8-21)$$

$$\frac{W}{g}\frac{\mathrm{d}V_\infty}{\mathrm{d}t} = T - F - D \qquad\qquad (8-22)$$

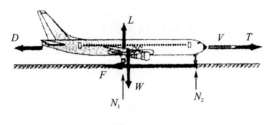

图 8.25

式(8-21)中的 $N=N_1+N_2$。前轮 N_1 与主轮 N_2 的大小与飞机重量 W 和重心位置 h 的大小有关。

式(8-22)中 F 是飞机前轮与主轮摩擦力 F_1 及 F_2 的合力,有

$$F=F_1+F_2=\mu_r N=\mu_r(W-L) \qquad (8-23)$$

式中,μ_r 是机轮与道面之间的滚动摩擦系数,其大小与机轮刹车与否和道面状况有关,见表 8.1 上的数据。

表 8.1　滚动摩擦系数 μ_r 的平均数据表

跑道道面类型	μ_r	
	松开刹车	抱紧刹车
干水泥/柏油道面	$0.035\sim0.05$	$0.3\sim0.5$
湿水泥/柏油道面	0.05	$0.15\sim0.3$
结冰水泥/柏油道面	0.02	$0.06\sim0.10$
硬草皮道面	0.05	0.4
硬泥地道面	0.04	0.3
软草皮道面	0.07	0.2

式(8-22)称为飞机起飞在地面上滑跑的运动方程。

2. 飞机在地面滑跑过程中各个力的变化

飞机做好起飞的准备工作后,加大油门(推到起飞最大油门位置)、松开刹车后,飞机在推力 T 的作用下,由 $V_\infty=0$ 开始逐渐加速;随着滑跑速度 V_∞ 的增大,飞机升力 L 和阻力 D 都逐渐增大,见图 8.26。图上并未画出 L 的变化,但随 L 的增加,支反力 N 将减小,因而 F 下降,它间接反映出升力 L 逐渐增大的事实。因 D 一直增加,故 $D+F$ 也是增加的。

前三点式飞机,如保持前轮着地的三点式姿态滑跑,因滑跑过程中飞机迎角较小,要使升力 L 增加到足够大($\geqslant W$),使飞机离地,就会使需要的起飞滑跑距离 TORR(或用 L_{TOR} 表示)大大增加。因此,为了减小离地空速 V_{LOF} 和 L_{TOR},当 $V_\infty=V_R$(抬前轮速度)时,就应该拉杆抬起前轮做两点式姿态滑跑(参看图 8.23),增大迎角,从而使 L 快速增加(参看图 8.26 上摩擦力 F 迅速减小的情况)。使 V_{LOF} 减小,

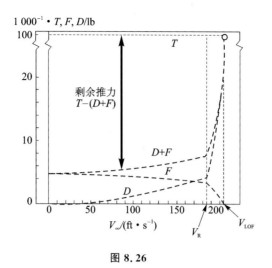

图 8.26

从而减小 L_{TOR} 。

抬起前轮时,飞机转动的中心是后主轮的接地点。增大的升力 L 和阻力 D 产生的都是抬头力矩。因此,当前轮抬起到预定高度时,应向前回杆,减小抬头力矩,维持在预定的两点姿态上。

抬前轮的时机要把握好:过早,由于速度小,拉杆量必然增大,一旦速度增加又需要向前推杆以维持抬前轮的姿态,增加操纵难度;过晚,从拉杆抬前轮到飞机离地的时间短,给修正抬前轮高度、保持适当的离地迎角带来困难,甚至来不及修正,因升力猛增而造成飞机突然离地的情况发生。

对于后三点式飞机,以保持尾轮着地的三点式姿态滑跑,因飞机迎角较大,在较小速度下就能产生足够大的升力使飞机离地。此时起飞滑跑距离虽短,但以较大迎角和较小速度离地。飞机的稳定性和操纵性较差,甚至可能失速。因此,后三点式飞机当滑跑速度达到一定大小后,飞行员应前推驾驶杆,下偏升降舵面,产生绕前主轮接地点的低头力矩,使尾轮抬起,减小飞机迎角,保持以两点式姿态加速滑跑,当速度达到或稍大于 V_{LOF} 时,飞机就离地起飞,参看图 8.27。

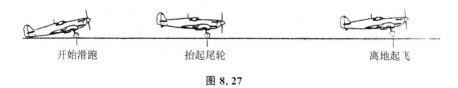

开始滑跑　　　　　　　抬起尾轮　　　　　　　　　离地起飞

图 8.27

8.2.3　飞机起飞需用长度(距离)L_{TO} 和需用时间 t_{TO}

参看图 8.21,飞机起飞需用长度(距离)L_{TO} 和需用时间 t_{TO} 是指飞机起飞场道段的数据,也是我们要介绍的与机场紧密相关的重点内容。由图示可知:

$$L_{TO} = L_{TOR} + L_{TOA} \tag{8-24}$$

和

$$t_{TO} = t_{TOR} + t_{TOA} \tag{8-25}$$

它们分别是飞机起飞需用（地面）滑跑长度（距离）L_{TOR} 与滑跑时间 t_{TOR} 和飞机起飞空中段飞越距离 L_{TOA}（为地面上的投影长度）与飞越时间 t_{TOA}。

1. 飞机起飞需用滑跑的 L_{TOR} 与 t_{TOR}

飞机在地面滑跑过程中，由式（8-22），滑跑加速度 a 为

$$a = \frac{dV_\infty}{dt} = \frac{g}{W}[T - D - \mu_r(W - L)] \tag{8-26}$$

在滑跑过程中，随着滑跑速度 V_∞ 的增加，作用在飞机上的力都在变化（参看图 8.27），故是一个变加速度的运动。

在滑跑过程的某瞬间 t，$a = a(t)$，则 dt 时间内有

$$dV_\infty = a \times dt \quad 或 \quad dt = dV_\infty / a$$

又因

$$dL_{TOR} = (dL_{TOR}/dt)(dt/dV_\infty)dV_\infty$$
$$= (V_\infty/a)dV_\infty = dV_\infty^2/2a$$

所以

$$L_{TOR} = \int_0^{V_{LOF}} \frac{dV_\infty^2}{2a} \tag{8-27}$$

$$t_{TOR} = \int_0^{V_{LOF}} \frac{dV_\infty}{a} \tag{8-28}$$

可见，只需知道 $a(t)$-t 的变化规律，求 L_{TOR} 和 t_{TOR} 的大小，只是一个数值积分问题。

参看图 8.26，在滑跑过程中，$F+D$ 通常比发动机推力 T（图上画的是涡喷发动机的情况）小得多，一般只占推力的 10 %左右（图上数据还不到 10 %）。因此，作为初步分析可将地面滑跑过程当作等加速度运动即 $a =$ const. 来处理。这对涡喷发动机飞机比较合适。

或者，在速度 $0 \sim V_{LOF}$ 之间，取一个叫"平均"速度 $V_\infty = V_{avg}$ 对应的 T、L 和 D 来计算 $a = a_{avg}$，其中，W 和 μ_r 取为常值，即

$$a_{avg} = \frac{g}{W}[T - D - \mu_r(W - L)]_{avg} \tag{8-29}$$

V_{avg} 取多大呢？参看图 8.26 上的剩余推力 $T - (D+F)$ 的变化情况，建议取

$$V_{avg} = V_{LOF}/\sqrt{2} = 0.707V_{LOF} \tag{8-30}$$

换句话说，知道 V_{LOF} 大小，按式（8-30）算 V_{avg}，用这个速度对应的 T、L、D 来计算 a_{avg}，参看式（8-29）。有了 a_{avg}，则由式（8-27）、式（8-28）得

$$L_{\text{TOR}} = \frac{V_{\text{LOF}}^2}{2a_{\text{avg}}} \qquad (8-31)$$

$$t_{\text{TOR}} = \frac{V_{\text{LOF}}}{a_{\text{avg}}} \qquad (8-32)$$

从上述两式知,凡是影响 V_{LOF} 和 a_{avg} 大小的各种因素,都将影响到 L_{TOR} 和 t_{TOR} 的大小。这些因素是飞行员必须了解的。

2. 飞机起飞空中段的 L_{TOA} 与 t_{TOA}

从飞机以 V_{LOF} 离地增速到 V_2,由 $H=0$ 到 $H=H_{\text{saf}}$ 的飞行轨迹是弯曲的;飞机法向过载 n_z 大约由 1.25 变到 1.05,具体大小取决于机型和操纵动作。具体过程比较复杂,一般可从能量守恒角度,对 L_{TOA} 的大小作近似计算。

设飞机起飞重量为 W_{TO},在这段飞行过程中,高度增加 H_{saf},飞行速度增加到 V_2,故相应飞机的位能和动能增加量之和为

$$W_{\text{TO}}\left(H_{\text{saf}} + \frac{V_2^2 - V_{\text{LOF}}^2}{2g}\right)$$

这些能量是飞机平均富余推力 $(T-D)_{\text{avg}}$ 做功的结果,所做之功近似为 $(T-D)_{\text{avg}} \times L_{\text{TOA}}$。从能量守恒的角度看,有

$$L_{\text{TOA}} = \frac{W_{\text{TO}}}{(T-D)_{\text{avg}}}\left(H_{\text{saf}} + \frac{V_2^2 - V_{\text{LOF}}^2}{2g}\right) \qquad (8-33)$$

由上式可知,W_{TO} 增加,L_{TOA} 增大;$(T-D)_{\text{avg}}$ 增加,则 L_{TOA} 减小。

至于 t_{TOA} 则选取起飞空中段的平均空速 $V_{\text{m}} = \frac{V_2 + V_{\text{LOF}}}{2}$,按下式求得,即

$$t_{\text{TOA}} = L_{\text{TOA}}/V_{\text{m}} \qquad (8-34)$$

8.2.4　运营中诸参数对 L_{TO} 和 t_{TO} 的影响分析

从前述式(8-24)、式(8-25)、式(8-31)、式(8-32)以及式(8-33)、式(8-34) 等可以看出,众多的因素直接影响起飞的 L_{TO} 和 t_{TO}。现分别加以说明。

1. 离地升力系数 $C_{L,\text{LOF}}$ 或离地迎角 α_{LOF} 的影响

为飞行安全起见,一般 $V_{\text{LOF}} = (1.1 \sim 1.2)V_{\text{S}}$,而

$$V_{\text{S}} = \sqrt{\frac{2W_{\text{TO}}}{\rho_\infty S C_{L,\max}}} \qquad (8-35)$$

故

$$V_{\text{LOF}} = \sqrt{\frac{2W_{\text{TO}}}{\rho_\infty S C_{L,\text{LOF}}}} = (1.1 \sim 1.2)\sqrt{\frac{2W_{\text{TO}}}{\rho_\infty S C_{L,\max}}} \qquad (8-36)$$

增加 $C_{L,\max}$ 或 $C_{L,\text{LOF}}$,则 V_{LOF} 可以减小,因而使 L_{TOR} 以及 L_{TO} 减小。

因为起飞时放下(打开)襟翼,可以提高 $C_{L,\max}$,相应也可以增大 $C_{L,\text{LOF}}$,从而使

V_{LOF} 减小,达到减小 L_{TOR} 和 L_{TO} 的目的。但是,如果打开襟翼的角度较大时,飞机的阻力系数 C_D 也会大大增加,使阻力 D 大为增加,造成 a_{avg} 大大减小,反而可能使 L_{TOR} 增加。所以,起飞时襟翼可适当打开,但不宜过大,应按飞机手册行事。

2. 起飞重量 W_{TO} 变化的影响

运营中,起飞重量 W_{TO} 因商载变化或所飞航线不同(涉及到载油量大小)是变化的。它的变化对 L_{TOR}、L_{TO} 以及 t_{TOR}、t_{TO} 将产生重大影响。

① 由式(8−36)可知,W_{TO} 增加,V_{LOF} 增大,其比例是

$$\frac{V_2}{V_1}=\left(\frac{W_2}{W_1}\right)^{\frac{1}{2}} \tag{8−37}$$

式中,V 代表 V_{LOF},W 代表 W_{TO}。"1"与"2"代表两种情况。

② 由式(8−29)可知,W_{TO} 增加,a_{avg} 减小,有

$$\frac{a_1}{a_2}=\frac{W_2}{W_1} \tag{8−38}$$

式中,a 代表 a_{avg}。

因此,由式(8−31)、式(8−32)得

$$\frac{L_{TOR,2}}{L_{TOR,1}}=\left(\frac{V_2}{V_1}\right)^2\left(\frac{a_1}{a_2}\right)=\left(\frac{W_2}{W_1}\right)^2 \tag{8−39}$$

$$\frac{t_{TOR,2}}{t_{TOR,1}}=\left(\frac{V_2}{V_1}\right)\left(\frac{a_1}{a_2}\right)=\left(\frac{W_2}{W_1}\right)^{1.5} \tag{8−40}$$

例如:$W_2/W_1=1.1$,按上述式子得 $V_2/V_1=1.05$,$a_1/a_2=1.1$;故 $L_{TOR,2}/L_{TOR,1}=1.21$,$t_{TOR,2}/t_{TOR,1}=1.15$,L_{TOR} 与 t_{TOR} 的增幅不小。

把上述估算结果与飞机试飞数据相比,有

a. 对于起飞推重比 T/W 大的军用飞机,估算结果比较符合实际,即 $L_{TOR} \propto W^2$ 关系可近似用于估算起飞重量 W_{TO} 变化的影响。

b. 对于起飞推重比 T/W 比较小的民用飞机,近似关系 $L_{TOR} \propto W^2$ 仍嫌偏小。比如,$W_2/W_1=1.1$,试飞数据表明 $L_{TOR,2}/L_{TOR,1} \approx 1.25 \sim 1.30$,值得引起注意。

c. 一旦 W_{TO} 增加,则要考虑机场的 TORA(机场可用滑跑长度)是否满足飞机起飞需用滑跑长度 L_{TOR}(或用 TORR 表示)的要求问题。反过来说,机场的 TORA 将是限制飞机 W_{TO} 大小的重要因素之一。

d. 从式(8−33)看,W_{TO} 增加,L_{TOA} 增大,结果飞机起飞需用距离 L_{TO} 大为增加;也存在需要检查机场可用起飞长度(或称距离)TODA 是否满足需要的问题。

3. 机场压力高度 H_p、气压 QNH 和场温 OAT 的影响

① 飞行员做飞行计划时,知道机场的海拔高度 H_a 和机场地区的气压预报值 QNH,则机场的压力高度 H_p 可参看 1.5.2 节,比如,有

$$H_p = H_a + (1\,013.2 - \text{QNH}) \times (27 - 30) \quad (\text{ft})$$

② 由式(8-36)可知,有

$$V_{\text{LOF}} = \sqrt{\frac{2W_{\text{TO}}}{\rho_\infty SC_{L,\text{LOF}}}} = \sqrt{\frac{2W_{\text{TO}}}{\sigma\rho_0 C_{L,\text{LOF}}}} \propto \frac{1}{\sqrt{\sigma}} \qquad (8-41)$$

式中,$\rho_\infty \leqslant \sigma\rho_0$,$\sigma$ 为密度比。

当机场压力高度由 $H_p = 0$(相应的 σ 记为 $\sigma_1 = 1.0$)增加到 $H_{p.2}$(对应的 σ 记为 σ_2),则 V_{LOF} 之比有

$$\frac{V_2}{V_1} = \frac{1}{\sqrt{\sigma_2}} \qquad (8-42)$$

③ 当机场压力高度 H_p 增加时,喷气式发动机的可用推力 T 下降,近似可取为

$$\frac{T_2}{T_1} \approx \sigma_2^{0.7} \qquad (8-43)$$

这也意味着滑跑过程中的加速度比 $a_2/a_1 \approx \sigma_2^{0.7}$。

④ 在机场压力高度 H_p 已知的情况下,如机场气温为 OAT,它与 H_p 在国际标准大气表上所规定的气温 IAS 不一定相等,有 $\text{OAT} = \text{ISA} \pm \Delta t$。如 $\Delta t > 0$,则机场的密度高度 H_ρ 增加,从而使 σ_2 减小;反之,$\Delta t < 0$,则 H_ρ 减小。详情参看 1.5.3 小节。总之,机场的密度比 σ_2 是由 H_ρ 决定的。

⑤ 综合起来看,由式(8-31)、式(8-32)得

$$\frac{L_{\text{TOR.2}}}{L_{\text{TOR.1}}} = \left(\frac{V_2}{V_1}\right)^2 \left(\frac{a_1}{a_2}\right) \approx \left(\frac{1}{\sigma_2^{0.5}}\right)^2 \left(\frac{1}{\sigma_2^{0.7}}\right) \approx \frac{1}{\sigma_2^2} \qquad (8-44)$$

$$\frac{t_{\text{TOR.2}}}{t_{\text{TOR.1}}} = \left(\frac{V_2}{V_1}\right) \left(\frac{a_1}{a_2}\right) \approx \left(\frac{1}{\sigma_2^{0.5}}\right) \left(\frac{1}{\sigma^{0.7}}\right) \approx \frac{1}{\sigma_2} \qquad (8-45)$$

例如,通过计算或查表知起飞机场的密度高度 $H_\rho = 6\,000$ ft,查 ISA 表得 $\sigma_2 = 0.853\,9$,按式(8-44)、式(8-45)估算得,$L_{\text{TOR.2}}/L_{\text{TOR.1}} = 1.37$,$t_{\text{TOR.2}}/t_{\text{TOR.1}} = 1.17$,是个不小的量。(注:所得的量是相对于标准海平面的数据而言的。)

上述估算公式在不同密度高度 H_ρ 下,用于喷气式和螺旋桨式飞机的估算结果与试飞结果的比较,见表 8.2。

表 8.2　密度高度 H_ρ 对起飞地面滑跑距离 L_{LOR} 的影响统计数据

密度高度 H_ρ/ft	空气密度比 σ	$1/\sigma^2$	相对于 ISA 海平面 L_{TOR} 增大的百分数		
			螺旋桨飞机	高 T/W 涡喷飞机	低 T/W 涡喷飞机
海平面	1.0	1.0	0	0	0
1000	0.971 1	1.060 5	2.98	6.05	9.8
2000	0.942 8	1.125	6.05	12.5	19.9
3000	0.915 1	1.195	9.28	19.5	30.1

密度高度 H_ρ/ft	空气密度比 σ	$1/\sigma^2$	相对于 ISA 海平面 L_{TOR} 增大的百分数		
			螺旋桨飞机	高 T/W 涡喷飞机	低 T/W 涡喷飞机
4000	0.888 1	1.264	12.6	26.4	40.6
5000	0.861 7	1.347	16.05	34.7	52.3
6000	0.835 9	1.432	19.65	43.2	65.8

表 8.2 所列数据表明：

a. 对于高推重比 T/W 的喷气军用飞机而言，上述估算比较符合实际情况，即 $L_{TOR} \propto 1/\sigma_2^2$。

b. 对于低推重比 T/W 的涡轮喷气民用旅客运输机，估算结果低估了机场密度高度 H_ρ 变化的影响，应当注意。

c. 对于螺旋桨式飞机，近似估算结果偏高。换句话说，机场密度高度 H_ρ 变化对螺旋桨或飞机起飞性的影响比较小。

此外，H_ρ 增加，L_{TOA} 亦会增大，参看式（8 - 33）。

4. 机场跑道道面情况与道面坡度的影响

（1）机场跑道道面情况

机场跑道道面是水泥/柏油道面还是草皮道面、道面是干还是湿、冬季是否结冰等，都将直接影响到机轮与道面滚动摩擦系数 μ_r 的大小，因而影响飞机的起飞性能，参看表 8.1。

显然，μ_r 增大，a_{avg} 下降，L_{TOR} 增大。

（2）机场道面纵向坡度的影响

道面不在一个水平面上而有坡度，分上坡（uphill slope）方向和下坡（downhill slope）方向，参看图 8.28。

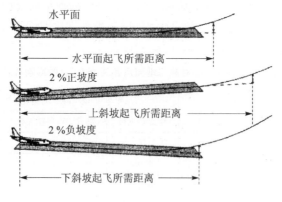

图 8.28

与水平道面相比,飞机起飞沿上坡方向,因重力沿跑道反方向增加一个分量 $W\sin\varepsilon$ 起阻力作用,故 L_{TOR} 增大,因而有 L_{TO} 增大的结果;反之,沿下坡方向起飞,有 L_{TOR}、L_{TO} 减小的结果。粗略估算有

$$\frac{L_{\mathrm{TOR.2}}}{L_{\mathrm{TOR.1}}}=\frac{T/W}{T/W\mp\sin\varepsilon} \tag{8-46}$$

式中,ε 为道面坡度角。$\varepsilon>0$ 为上坡角,上式中取"—"号;$\varepsilon<0$ 为下坡角,上式中取"+"号。T/W 是飞机起飞时的推重比。

5. 顺风(TW)起飞或逆风(HW)起飞的影响

机场有常值风存在时,$V_\mathrm{W}\neq0$。这里只就顺风(TW)起飞或逆风(HW)起飞作讨论。与空中巡航时有相似之处,这时也有空速与地速之分。飞机离地地速 $V_{\mathrm{g.LOF}}$ 与离地空速 V_{LOF} 之间有

$$V_{\mathrm{g.LOF}}=V_{\mathrm{LOF}}\pm V_\mathrm{W} \tag{8-47}$$

式中,"+"号用于顺风起飞,"—"号用于逆风起飞,V_{LOF} 与有无风速 V_W 无关;在滑跑过程中的可用推力 T、升力 L 与阻力 D 等与风速关系不大。因此,如用"1"表示无风情况,"2"表示有风情况,则因滑跑过程中的 $a_1/a_2\approx1.0$,参看式(8-31)、式(8-32)有

$$\frac{L_{\mathrm{TOR.2}}}{L_{\mathrm{TOR.1}}}=\left(\frac{V_2}{V_1}\right)^2\left(\frac{a_1}{a_2}\right)=\left(\frac{V_1\pm V_\mathrm{W}}{V_1}\right)^2=\left(1\pm\frac{V_\mathrm{W}}{V_1}\right)^2 \tag{8-48}$$

$$\frac{t_{\mathrm{TOR.2}}}{t_{\mathrm{TOR.1}}}=\left(\frac{V_2}{V_1}\right)\left(\frac{a_1}{a_2}\right)=\left(1\pm\frac{V_\mathrm{W}}{V_1}\right) \tag{8-49}$$

由上式可知,顺风时,$V_\mathrm{W}>0$,故 L_{TOR} 增大,t_{TOR} 增大;反之,逆风时,$V_\mathrm{W}<0$,故 L_{TOR} 与 t_{TOR} 均减小。

图 8.29 是由式(8.48)得到的常值风对 L_{TOR} 影响的另一种表达式的图形,即 $\Delta L_{\mathrm{TOR}}/L_{\mathrm{TOR.1}}-V_\mathrm{W}/V_1$ 的图形,其中,$\Delta L_{\mathrm{TOR}}=L_{\mathrm{TOR.2}}-L_{\mathrm{TOR.1}}$;顺风 $V_\mathrm{W}>0$,则 $\Delta L_{\mathrm{TOR}}/L_{\mathrm{TOR.1}}>0$;逆风 $V_\mathrm{W}<0$,则 $\Delta L_{\mathrm{TOR}}/L_{\mathrm{TOR.1}}<0$。从概念上可用文字表述如下:

① 逆风起飞,可以在较小的地速下,达到离地空速 V_{LOF},所以 L_{TOR} 减小。

② 顺风起飞,则需要在较大地速下,才能达到离地空速 V_{LOF},所以 L_{TOR} 增加。

顺带指出,风对起飞场道空中段也有影响,见图 8.30。遇顺风,相对于地面的飞行轨迹角 γ' 将减小;遇逆风,飞行轨迹角 γ' 将增加。请问何种情况对飞机起飞越障有利?

6. 螺旋桨式飞机起飞滑跑段的一点说明

螺旋式飞机起飞滑跑中的受力情况与喷气式的相同,也是六个力,同样满足式(8-21)和式(8-22)。不同之处是螺旋桨拉力 T 随 V_∞ 的变化,见图 8.31。由图 8.31(b)可见,与喷气式飞机的主要区别是螺旋桨拉力随着滑跑速度的增大是减小的。因此,要稍微准确计算滑跑性能,需采用数值积分或图解积分式(8.22)。但因

拉力 T 的精确计算涉及到螺旋桨效率 η_{pr} 的计算结果精度,故最终性能需由试飞结果来确定。

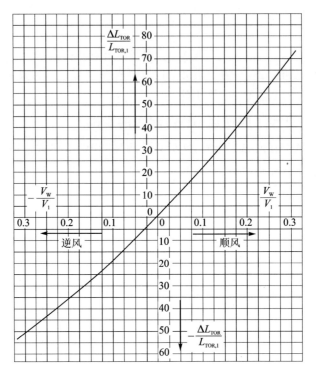

图 8.29

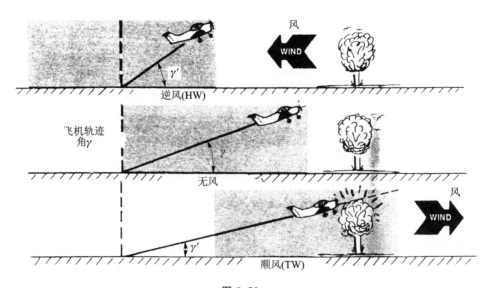

图 8.30

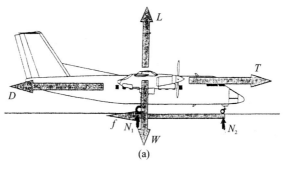

(a)

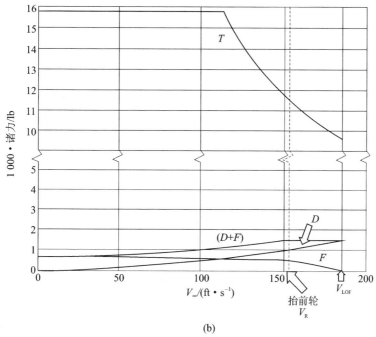

(b)

图 8.31

7. 小　结

正常起飞(指多发动机飞机全发起飞)最为严重的情况是起飞重量 W_{TO} 增大;机场的密度高度 H_ρ 增加(内含高原机场压力高度 H_ρ 增加、夏季外界气温 OAT 高等因素);顺风(TW)、沿道面上坡方向起飞;道面松软,μ_r 大,则 L_{TOR}、L_{TO} 大大增加。这时,必须检查机场可用滑跑长度 TORA 是否满足 L_{TOR} 的要求;机场可用起飞长度 TODA 是否满足要求。如果 $L_{TOR} >$ TORA,或 $L_{TO} >$ TODA 怎么办? 为起飞安全起见,必须限制 W_{TO} 的大小,万万不可大意!

8.2.5　飞机起飞性能图表简介

不同类型的飞机,都可以从相关飞机手册查到该类型飞机的起飞性能表。这里只简单举几个例子,说明前面讨论的参数对性能的影响情况。

1. 螺旋桨式飞机的情况

(1) 某单发螺旋桨式飞机的 L_{TOR} 和 L_{TO}

表 8.3 给出了该飞机三种可能的 W_{TO}、四个机场的海拔高度 H_a 和标准场温 t_F(华氏温度)、两个逆风(HW)风速(mile/h)以及该飞机起飞滑跑距离 L_{TOR} 和起飞距离 L_{TO}(单位为 ft,另注意此表中的 $H_{saf}=50$ ft)。此外,还注明若机场实际温度 OAT 每高出 25 ℉,则 L_{TOR} 和 L_{TO} 增大 10 %。

表 8.3　计算某飞机的 L_{TOR} 和 L_{TO} 表(襟翼放下 20°,干跑道)

总重/ lb	逆风/ (mile·h^{-1})	海平面高度,59 ℉		2 500 ft, 50℉		5 000 ft, 41℉		7 500 ft, 32℉	
		地面滑跑距离	飞越 50 ft 障碍所需起飞距离	地面滑跑距离	飞越 50 ft 障碍所需起飞距离	地面滑跑距离	飞越 50 ft 障碍所需起飞距离	地面滑跑距离	飞越 50 ft 障碍所需起飞距离
2 100	0	335	715	390	810	465	935	560	1 100
	15	185	465	225	540	270	625	330	745
	30	75	260	95	305	125	365	160	450
2 400	0	440	895	525	1 040	630	1 210	770	1 465
	15	255	600	310	700	380	835	475	1 020
	30	115	350	150	420	190	510	245	640
2 650	0	555	1 080	665	1 260	790	1 500	965	1 835
	15	330	735	405	865	490	1 050	655	1 345
	30	160	445	205	535	255	665	335	845

例 1:飞机 $W_{TO}=2\ 100$ lb,机场 $H_p=2\ 500$ ft,实际场温 75 ℉,逆风 15 mile/h 起飞,求飞机起飞滑跑距离 $L_{TOR}=$?

由表 8.3 可知,温度差 $\Delta t_F=(75-50)℉=25$ ℉,则查得未修正温差的 $L_{TOR}=225$ ft,加上温度修正 $\Delta L_{TOR}=225$ ft×10 %≈23 ft,故 $L_{TOR}=248$ ft。

例 2:飞机总重 $W_{TO}=2\ 650$ lb,$H_p=5\ 000$ ft,实际场温 91 ℉,无风。求飞机起飞距离 $L_{TO}=$?

由表 8.3 可知,温度差 $\Delta t_F=(91-41)℉=50$ ℉,查得未修正温差的 $L_{TO}=1\ 500$ ft,加上温度修正 $\Delta L_{TO}=1\ 500$ ft×20 %=300 ft,故 $L_{TO}=1\ 800$ ft。

从表 8.3 所列数据,你能理解 W_{TO}、H_p 和 t_F 以及风对 L_{TOR} 和 L_{TO} 的影响物理原因吗?

(2) 某螺旋桨式飞机的 L_{TO} 计算图表

关于 L_{TO} 的计算,还可以用如图 8.32 所示的图线来进行,同样表达了 W_{TO}、H_p、实际场温 OAT 和风的影响。注:$L_{TOR} \approx 0.59 L_{TO}$。

W_{TO}/lb	起飞表速(假设没有仪表误差)			
	离地		50 ft	
	mile/h	kn	mile/h	kn
3 400	81	70	92	80
3 200	79	69	90	78
3 000	76	66	87	76
2 800	73	63	84	73
2 600	70	61	80	70
2 400	67	58	77	67

(a)

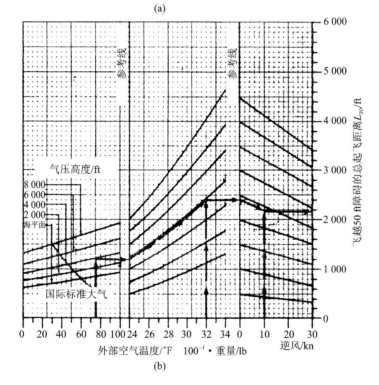

(b)

图 8.32

此外,该图对应的情况为:起飞功率、襟翼收起、道面平整且干燥、无坡度,该机的 V_{LOF} 和 V_2(或 V_3)的大小,可由图(a)来确定;而该机的 L_{TO} 可由图(b)来确定。

2. 喷气式民航飞机的情况

图 8.33 是 B737 - 700 飞机的起飞性能图线之一。它换了一个角度,由机场可用滑跑长度 TORA,机场压力高度 H_p、机场实际气温 OAT(或 OAT)、跑道坡度以及风(顺风或逆风)的数据去确定允许的最大起飞重量 W_{TO}。所列各个因素对 L_{TOR} 的影响趋势你能理解吗?该图也可以反过来用,知 W_{TO} 等原始参数去求 L_{TOR} 的大小。

起飞场地限制——干跑道
襟翼位置1
发动机抽气不打开防冰装置

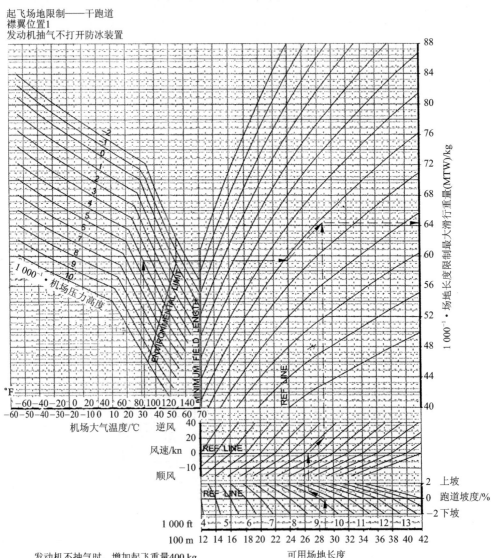

发动机不抽气时,增加起飞重量400 kg。
发动机打开防冰装置,减少起飞重量200 kg。
发动机和机翼打开防冰装置,减少起飞重量750 kg。

图 8.33

8.2.6　多发动机飞机单发停车的起飞问题

为了提高飞行安全性和飞行性能,现代民航旅客运输机多采用双发动机或多发动机布局方案。作为多发动机飞机的飞行员必须了解在起飞滑跑过程中,一旦单台发动机停车失效后,应当如何处置。是否只有一种选择,马上中断起飞才是最安全的应对措施呢?

从起飞安全角度看,应当有两种选择可能性存在:

一是中断起飞(aecelerate-stop-take-off,或 rejected take-off)。

二是继续起飞(accelerated-go-take-off)。

在什么情况下,选择中断起飞或继续起飞才是安全的,正是本节要从概念上去讨论的问题。

1. 中断起飞需用滑跑长度 L_{AS}

参看图 8.34。多发动机飞机起飞滑跑到 $V_{\infty}=V_{EF}$ 时,一台发动机停车失效。飞行员因判断是否失效有时间上的延误,一般取为 2～4 s,这时的滑跑速度用 V_{EFR} 表示;随后采取收油门、刹车等紧急措施,使飞机滑跑速度 $V_{\infty}\to 0$,让飞机停在道面上。总共需要跑道长度有 $L_{AS}=L_1+L_2+L_3$。其中,L_1 为全发时滑跑的长度;L_2 为判断失误延迟 4 s 内滑跑的长度;L_3 为采取紧急刹车等措施之后滑跑的长度。故中断起飞需用滑跑长度 L_{AS} 有[参看式(8.31)]

$$L_{AS}=L_1+L_2+L_3\approx \frac{V_{EF}^2}{2a_1}+4\times V_{EF}+\frac{V_{EF}^2}{2a_3} \qquad (8-50)$$

式中,a_1、a_3 分别为相应滑跑过程中的平均加速度,$a_1>a_3$。a_3 取绝对值。

在给定机型外形、W_{TO}、H_p 和 OAT 以及道面的情况下,可按式(8.50)计算得到 L_{AS}-V_{EF} 的变化曲线,见图 8.35。

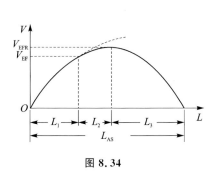

图 8.34

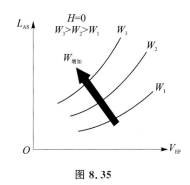

图 8.35

由图可见(给定机场):

① 一定 W 和密度高度 H_ρ 下,V_{EF} 增加,则 L_{AS} 增加。

② 一定 H_ρ、V_{EF} 情况下,W 增大,L_{AS} 增加。

③ 一定 W 和密度高度 H_ρ 下,显然,只有 $L_{AS} <$ ASDA(机场可用中断起飞滑跑长度),中断起飞才是安全的。

2. 继续起飞需用长度 L_{CTO}

在飞机起飞滑跑过程中,当 $V_\infty = V_{EF}$ 时,一台发动机停车失效,但因滑跑速度已经很高,中断起飞需用滑跑长度 $L_{AS} >$ ASDA。为安全起见,必须继续起飞,参看图 8.36。

图上的 L_1 是全发起飞滑跑长度;L_2 是单发停车后,继续起飞滑跑由 V_{EF} 到 V_{LOF} 时离地的长度(显然,因推力减小,平均加速度减小,相对于全发工作滑跑的长度增加,图上已显示出这一结果);L_3 是离地后爬升加速到 H_{saf} 上的速度 V_2 时飞过的起飞空中段水平长度即 L_{TOA}。参看式(8.31)、式(8.33)有

$$L_{CTO} = \frac{V_{EF}^2}{2a_1} + \frac{V_{LOF}^2 - V_{EF}^2}{2a_2} + \frac{W}{(n-1)T - D}\left(H_{saf} + \frac{V_2^2 - V_{LOF}^2}{2g}\right) \quad (8-51)$$

式中,n 为飞机发动机总台数;a_1、a_2 分别为相应滑跑段中的平均加速度,$a_2 < a_1$。

在给定机型外形、W_{TO}、H_ρ 以及道面的情况下,按式(8-51)计算所得 $L_{CTO} - V_{EF}$ 的变化曲线,见图 8.37。

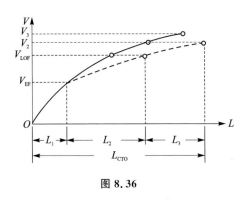

图 8.36

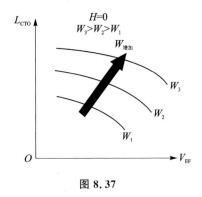

图 8.37

由图可见:
① 一定 W 和密度高度 H_ρ 下,V_{EF} 增加,则 L_{COT} 减小。
② 一定 H_ρ、V_{EF} 下,W 增大,L_{COT} 增加。
③ 一定 W、H_ρ 下,显然,只有 $L_{CTO} \leqslant$ TODA(机场可用起飞长度)才能完成起飞场道段飞行任务,否则会造成越障风险。

3. 飞机起飞需用平衡场地长度(balanced field length)L_{BF} 的概念

在多发动机飞机起飞滑跑过程中,关键单发停车,若中断起飞,飞机所需跑道长度 L_{AS} 随 V_{EF} 增大而增加;若决定继续起飞,则所需起飞长度 L_{CTO} 随 V_{EF} 的增大而减小。

参看图 8.38。在给定机型外形、W、H_ρ 以及道面的情况下,将飞机的 $L_{AS} - V_{EF}$ 曲线与 $L_{CTO} - V_{EF}$ 曲线画在同一张图上,两条曲线必会相交。交点处所对应的 V_{EF} 记为 V_1,或者说,当 $V_{EF} = V_1$ 时,有

$$L_{BF} = L_{AS} = L_{CTO} \qquad (8-52)$$

飞机起飞需用平衡场地长度 L_{BF} 是指 $V_{EF} = V_1$ 时,飞机所需 L_{AS} 与 L_{CTO} 相等的长度。V_1 称为起飞决断速度。显然,$V_{EF} \leqslant V_1$。

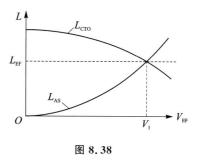

图 8.38

4. 机场可用起飞平衡场地长度 L_F

在 8.2.1 小节已有介绍,对于指定机场有三个长度:TORA、ASDA 和 TODA。所谓 L_F,参看式(8-20),有

$$L_F = \min[\text{TODA}, \text{ASDA}]$$

注意,L_F 与 L_{BF} 定义不同。

5. 多发动机飞机、单发停车飞机的起飞决断速度 V_1

在给定机型外形、W、H_ρ 以及道面的情况下,多发动机飞机在滑跑过程中出现单发停车,是选择中断起飞还是选择继续起飞,与 V_{EF}、飞机的 L_{BF} 和机场的 L_F 三者紧密相关。

(1) 机场 L_F = 飞机 L_{BF}

参看图 8.39。显然这时有:

① 若 $V_{EF} < V_1$,则要求中断起飞。

② 基 $V_{EF} > V_1$,则要求继续起飞。

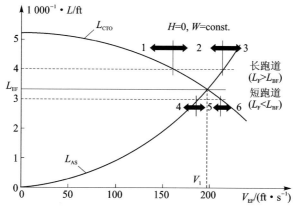

图 8.39

（2）机场 L_F＞飞机 L_{BF}（俗称长跑道）

① 见图上"1"区，必须中断起飞才安全；

② 见图上"2"区，两种选择均可保安全；

③ 见图上"3"区，必须继续起飞才安全。

（3）机场 L_F＜飞机 L_{BF}（俗称短跑道）

① 见图上"4"区，必须中断起飞才安全；

② 见图上"5"区，两种选择均不安全；

③ 见图上"6"区，必须继续起飞才安全。

（4）结　论

从以上讨论可知，当机场 L_F≥飞机 L_{BF} 时，多发动机飞机起飞滑跑中若发生单发停车，则采用 V_1 作为起飞决断速度是合适的，即

① 若 V_{EF}＜V_1，必须中断起飞才安全。

② 若 V_{EF}＞V_1，必须继续起飞才安全。

当机场 L_F＜飞机 L_{BF} 时（短跑道情况），就存在极大风险，因而也是不允许该飞机在该机场起飞的。

换句话说，多发动机飞机起飞，对机场跑道及场地的要求是机场的 L_F 大小，而不是正常起飞滑跑长度 L_{TOR} 或正常起飞距离 L_{TO}。它（机场）应该有 L_F≥L_{BF}，才能允许该飞机起飞。

请注意，先要有飞机的 L_{BF} 后，才能去判断机场的 L_F 是否合乎上述要求。但是，飞机的 L_{BF} 是随飞机起飞重量 W 变化的，参看图 8.40。这是给定机型外形、起飞机场 H_ρ 和道面等情况下，飞机起飞重量 W 变化，飞机的 L_{AS}、L_{CTO} 随 V_{EF} 的变化，以及 V_1 和 L_{BF} 随 W 的变化。

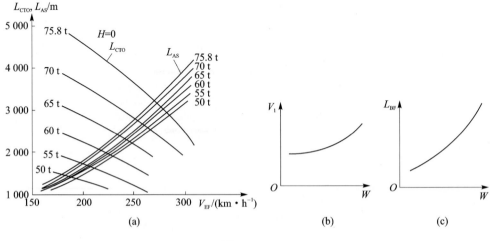

图 8.40

注意,图 8.40(a)上 L_{CTO} 随 W 的变化大大超过 L_{AS} 随 W 的变化,为什么?

由图 8.40(b)、(c)可知,W 增加,V_1 和 L_{BF} 增大。因此,一旦机场的 $L_F < L_{BF}$,唯一办法是限制或减小起飞重量来满足 $L_F \geqslant L_{BF}$ 的要求。

表 8.4 是几架现代喷气旅客飞机的起飞与着陆性能表。起飞性能的代表用了 L_{TO}(飞机起飞需用距离)。

请注意分析各架飞机的 L_{TO} 为什么不同,主要影响因素是什么。此外,也请注意各架飞机的 L_{BF} 大小。由此,应当得出什么结论?

表 8.4　喷气旅客飞机起飞与着陆飞行性能表

机　型	A320 – 200	A340 – 300	B737 – 400	B747 – 400
翼展 b/ft	111.25	197.83	94.75	211
机翼面积 S/ft^2	1 317.5	3 098.4	1 135	5 500
展弦比 A	9.4	10.0	7.9	8.1
旅客人数 PAX	150	295	146	400
最大起飞重量 $W_{TO,max}$/lb	152 040	558 870	138 500	800 000
最大着陆重量 $W_{L,max}$/lb	142 195	410 060	121 000	574 000
地面最大静推力 T_O/lb	2×25 000	2×31 200	2×23 500	4×56 750
L_{TO}/ft	7 152	9 186	7 290	10.859
L_L/ft	4 724	6 444	5 190	7 000
L_{BF}/ft	7 677	9 500	7 600	11 400

多发动机飞机单台停车继续起飞后,它的飞行性能自然比全发飞机的性能有全面下降,但只要操纵应得当,飞机仍具有飞到邻近机场或在本机场安全着陆的能力。由于本课程课时所限,不继续介绍相关内容,有需要时可参看相关书籍和有关手册。

8.3　飞机的着陆飞行性能

8.3.1　飞机着陆飞行过程与特点

1. 飞机着陆飞行过程

(1) 着陆飞行前的预备阶段

以民用喷气旅客机为例,在到达着陆机场空域和控制区准备着陆之前,需要从巡航高度上开始下降飞行到着陆机场空域,这一阶段称为航线下降飞行阶段,也是着陆飞行前的预备阶段,参看图 8.41。航线下降飞行阶段的结束即宣告着陆飞行阶段的开始。正如前述(参看第 7 章),在这个飞行阶段,主要要考虑的问题是下降率 RD 的大小,即下降飞行速度 V_∞ 和下降角 γ 的选择;对于旅客飞机而言,考虑到旅客的舒适度、座舱中的压强改变率大小,相对于海平面的下降率不应当超过 300 ft/min。由于座舱中的增压一般相当于 8 000 ft 压力高度,因此一般而言,由巡航高度下降到 ISA 海平面所需时间不应小于 24 min,这是要考虑的一个因素。另外,发动机的功率或推力不能减小得过多,以维持飞机各个系统的正常工作需要。各类飞机有不同的航线下降方式可供选择。正如图 8.41 上所标注的方式,可采用一个简单的经验办法来控制下降,即若飞机巡航高度为 30 000 ft,则应在距离机场空域大约 90 kn 处就以下降角 $\gamma \approx 3°$ 开始下降,可较好地协调所需下降率 RD 和下降飞行速度 V_∞ 的大小。

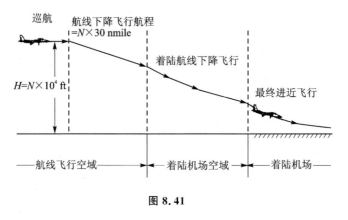

图 8.41

(2) 着陆飞行航道段

到达着陆机场空域和控制区后,飞机进入着陆航线飞机航道段。着陆航线(traffic patlern)的水平视图,参看图 8.42。飞机下降飞行速度和高度均受到空中交通管制(ATC)的限制。空中交通管制和着陆航线飞行的建立,目的在于飞行安全及更有效地使用机场,增加飞机起飞、着陆飞行的流量,供更多飞机着陆和起飞之用。

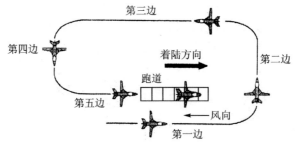

图 8.42

除非有机场塔台的特许或指引,着陆飞机必须按照着陆航线图[如图(8.42)所示]做沿四边(一边叫 upwind leg;二边叫 cross wind leg;三边叫 downwind leg;四边叫 base leg)四个转弯的飞行(称为标准着陆航线或着陆飞行航道段)。在得到塔台允许后,才能做五边最终进近(final approach),完成最后的着陆飞行,即飞机着陆飞行的场道段。

着陆飞行航道段开始飞行高度(相对于机场跑道道面的压力高度)一般在 1 500 ft 左右;第三边飞行高度通常在 1 000 ft 左右。视机场的不同,各边规定的高度也会有变化。

从航线下降飞行段转入着陆航线,视空管的指引有多种方式。参看图 8.43,表示可从第三边以 45°角切入的情况。图上还表示了如果第三边航路上因有其他飞机飞行而发现飞行间隔距离过短时,必须做右转弯的等待航线(holding pattern)飞行来避让。

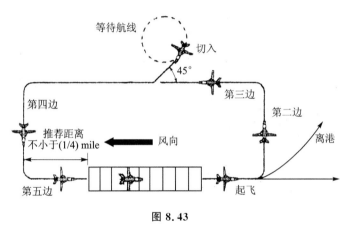

图 8.43

由于沿着陆航线飞行时,飞行速度大小受到限制,飞机的飞行性能只能借助飞机构型的变化来优化,着眼点还是放在如何降低下降率 RD 大小和提高航时长短上。图 8.44 是一架大型喷气式旅客飞机构型变化的情况;襟翼由小到大逐步打开,以及

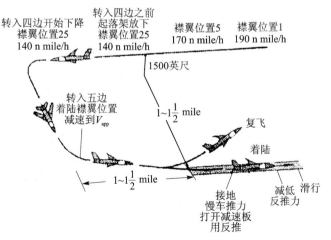

图 8.44

其他装置如起落架等的放下必须有序进行。这些操作一般在第三边航路上开始,直到转入第五边后,襟翼才打开到着陆位置,完成由航线下降构型(实为巡航外形)到着陆外形的演变。这也是着陆航线或称着陆航道段飞行的最重要的任务。不同机型都有相关的着陆航道段飞行操作程序,飞行员必须熟悉,并熟练地按程序进行操作,才能确保着陆飞行安全。

(3) 着陆飞行场道段

飞机转入五边后的飞行,称作着陆最终进近飞行,参看图 8.43、图 8.44 和图 8.45。在这一段飞行中,最关心的是直线下降飞行的下降角 γ 或下降梯度的大小。首先,它必须大于机场的最小障碍物限制面的下降梯度,但也不能太大,以致于在随后的拉平机动(flare manoeuver)飞行阶段中要求的法向过载 n_Z 过大了。对于大型喷气旅客飞机,典型的下降角 $\gamma = 3°$ 左右,即相当于下降梯度为 0.05 左右。小型飞机下降角可以稍大一些。此外,不同机场由于周边环境不同,有的机场下降角要求竟达 5.5° 左右,对此需引起注意。

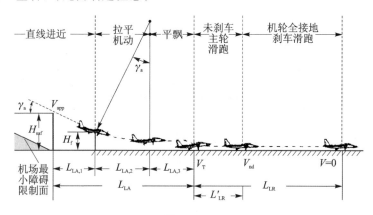

图 8.45

飞机着陆飞行场道段,参看图 8.45,严格讲是从最终进近飞行到达着陆安全高度 H_{saf},$V_\infty = V_{app}$(H_{saf} 一般设置在机场跑道起始端,对于喷气式飞机,H_{saf} 一般取为 50 ft)时,才宣告正式开始,直到飞机的地面滑跑速度 $V_\infty = 0$ 时才宣告结束。

注意,在最终进近和着陆场道段飞行中,空速 V_∞ 乃至 V_{app} 都不得小于飞机的平飞最小阻力速度 V_{md}(参看第 7 章相关内容),以免进入反操纵区,这对保证直线下降飞行轨迹极为有利。由于此时飞机已变换成着陆构型即高阻力外形,V_{md} 将下降,这对降低进近速度 V_{app} 是有利的。另外,为了维持进近速度 V_{app},发动机油门位置不能收得过小。一旦出现必须放弃进近而复飞的情况,因推力不是空转推力,故有利于在较短时间内增大推力,加上迅速收上起落架和减小襟翼下偏角使飞机阻力迅速减小,都有利于出现富余推力使飞机转入爬升状态,从而提高复飞的安全性。

由于着陆航道段的飞行受机场流量等诸多因素影响,故关于飞机着陆飞行性能的优劣均集中在着陆场道段来加以比较与评估。所以,从狭义上讲,飞机着陆飞行性能是指飞机着陆场道段中的性能。

　　飞机在着陆场道中的飞行过程(见图 8.45)又可分为着陆场道空中段：由 $H=H_{saf}$，$V_\infty=V_{app}$ 到飞机主轮接地，$V_\infty=V_T$ 时的这一区段。飞行轨迹由直线变曲线。在 $H=H_f$ 处开始有一个"拉平"的操纵动作(飞行员向后拉杆)。随机型的不同，对于大型飞机，H_f 高一些；对于小型飞机，则 H_f 会低一些。飞机被拉平后，小型飞机有一个短暂的平飘阶段，大型飞机基本上无平飘阶段。

　　在主轮接地后，则转入飞机着陆场道段的地面滑跑阶段。

　　飞机主轮接地点处下降率已降为 RD$=1.5$ ft/s，这也是拉平动作的目的之一；起落架的设计强度可以承受的垂直速度一般在 10 ft/s 左右。接地瞬间机头向上抬着，而前轮未接地。这个姿态有利于利用飞机产生高阻力来减小滑跑速度。当滑跑速度减小以致升降舵产生的抬头力矩不足以保持这个抬头姿态时，则前轮接地，其速度称为前轮接地速度 V_{nd}。从主轮接地到前轮也接地，时间上有 $1\sim3$ s。为减小总的地面滑跑距离，前轮接地时机的早晚可由飞行员掌握。

　　当主轮接地时，飞机向前滑跑速度仍然较大，不宜立即使用刹车装置，否则将造成刹车片过热与轮胎过度磨损。图 8.45 注明了这段不刹车的滑跑(free roll)段，以 L'_{LR} 表示。对于军用战斗机，可以采用放尾部阻力伞或打开减速板等措施来增大飞机阻力，达到减速目的，见图 8.46。

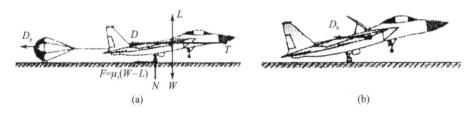

图 8.46

　　一旦前轮接地形成三点着陆姿态滑跑时，机轮刹车是最常用和最有效的减速手段。只要滑跑速度小于 V_{MBE}，就应立即刹车，这样可耗散或吸收飞机滑跑动能的 $70\%\sim90\%$。关于刹车时道面的摩擦系数 μ_r，可参看图 8.26。为帮助飞行员控制好刹车状态，在刹车装置中装有自动刹车系统。

2. 着陆航线飞行中的几个参考速度

　　在着陆航线飞行中有诸多参考速度，它也是飞行员操控飞机的依据，在此小结一下。

　　① V_S(或 V_{SO})——飞机着陆外形下的失速速度。

　　② V_{app}(或 V_{REF})——飞机最终进近速度，一般 $V_{app}\geqslant1.3V_S$。

　　③ V_T(或 V_{TD})——主轮接地速度，$V_T\approx1.15V_S$。

　　④ V_{nd}——前轮接地速度，$V_{nd}<V_T$。

⑤ V_{FE}——襟翼可放下的最大速度。

⑥ V_{LE}——起落架可放下的最大速度。

3. 飞机着陆飞行的特点

通过以上对着陆飞行过程的描述,飞机经历了外形的演变、飞行高度和速度的减小与控制,由于逐渐接近地面,还有地面效应的出现(将在本章 8.3.6 小节叙述)对飞行姿态的干扰等,因此:

① 在整个飞行过程中,飞行员工作负担重,操纵动作多,有着陆航线的操控和飞机姿态的操控,比如在二边与四边飞行中遭遇侧风应当如何操控飞机(这将在第 10 章介绍),保持航线。每个机型都有自己的操纵程序需要熟悉与掌握。此外,还有通信、观察任务,以及做好应对可能出现的机械故障和排除措施等。

② 在五边飞行中,对最终进近飞行轨迹控制精度要求高,比如,对飞机着陆姿态俯仰角 θ、下降角 γ、V_{app}、RD、拉平高度 H_f、V_T 等要求,需要飞行员反复练习与掌握操作要领,才能逐渐达到要求。

③ 着陆飞行性能参看图 8.45,比如飞机着陆滑跑长度 L_{LR} 或着陆距离 L_L($=L_{LA}+L_{LR}$),在实际运营中分散度很大。图 8.47 是某飞机着陆时的接地点位置实测的结果。造成这种结果与飞行员操纵技术动作有差异有关;与最终进近速度、高度和下降角保持不够准确,以及拉平高度的判断误差等因素有关。这无疑将对飞机着陆飞行性能带来很大影响。

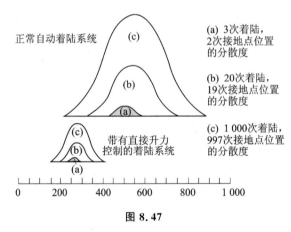

图 8.47

8.3.2 飞机着陆滑跑中的受力分析

1. 飞机在地面上滑跑的运动方程

飞机在接地滑跑过程中,作用在飞机上的仍是六个力,参看图 8.48,有重力 W、升力 L、阻力 D、地面支反力 N 和地面摩擦力 F;推力 T 一般为空转推力。与起飞滑跑情况相比,它们之间的相对大小发生了很大变化。

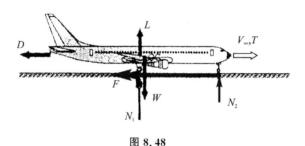

图 8.48

六个力之间的关系仍然是：

$$N + L = W \tag{8-53}$$

$$\frac{W}{g}\frac{\mathrm{d}V_\infty}{\mathrm{d}t} = T - D - F \tag{8-54}$$

因为 $D + F > T$，所以 $\mathrm{d}V_\infty/\mathrm{d}t = a < 0$，是减速滑跑。$F$ 的大小仍可按式(8-23)计算，不过应采用刹车时的 μ_r 值，见图 8.26。

式(8-54)称为飞机着陆在地面滑跑中的运动方程，形式上与式(8-22)完全相同。

2. 飞机地面滑跑过程中各个力的变化

参看图 8.49，是某飞机($W_L = 200\,000$ lb)在着陆滑跑过程中所受的力的变化图。最主要的是摩擦力 F 的变化，从主轮接地到前轮接地，F 迅速增大，意味着升力迅速减小。阻力 D 也随滑跑速度 V_∞ 减小而不断减小。推力为空转状态，T 约为最大推力 T_{max} 的 10 %，几乎不随 V_∞ 变化。$D + F$ 的大小在三点着地滑跑中近于常值。

8.3.3　飞机着陆需用长度(距离)L_L 与需用时间 t_L

如图 8.45 所示，飞机着陆需用长度 L_L 包括着陆场道空中段 L_{LA} 和地面滑跑段 L_{LR} 以及它们经历的时间 t_{LA} 和 t_{LR}，故有

$$L_L = L_{LA} + L_{LR} \tag{8-55}$$

和

$$t_L = t_{LA} + t_{LR} \tag{8-56}$$

1. 飞机着陆空中段 L_{LA} 和经历的时间 t_{LA}

作为近似计算，从 H_{saf}、V_{app} 开始，在 H_f 高度上有一个拉平机动，飞机由直线下降转为平飘接地，参看图 8.45。从能量守恒角度分析，可参式(8-33)的推导，可得

$$L_{LA} = \frac{W_L}{(D-T)_{avg}}\left(H_{saf} + \frac{V_{app}^2 - V_T^2}{2g}\right) \tag{8-57}$$

式中，W_L 是着陆重量；H_{saf} 为着陆安全高度，一般取为 50 ft。

飞过 L_A 所经历的时间 t_{LA}，可依据平均空速 $V_m = (V_{app} + V_T)/2$ 来估算，有

$$t_{LA} = L_{LA}/V_m \qquad (8-58)$$

2. 飞机着陆滑跑长度 L_{LR} 和经历的时间 t_{LR}

飞机着陆在地面的滑跑过程中,由式(8-54),滑跑加速度 a 为

$$a = \frac{dV_\infty}{dt} = \frac{g}{W}(T - D - F) \qquad (8-59)$$

参看图 8.49 可知,因 $D+F>T$,所以 $a<0$ 是减速滑跑。参考推导式(8-27)、式(8-28)的过程,同样可以得到下式:

$$L_{LR} = \int_{V_T}^{0} \frac{dV_\infty^2}{2a} = -\int_{0}^{V_T} \frac{dV_\infty^2}{2a} \qquad (8-60)$$

$$t_{LR} = \int_{V_T}^{0} \frac{dV_\infty}{a} = -\int_{0}^{V_T} \frac{dV_\infty}{a} \qquad (8-61)$$

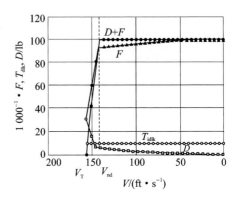

图 8.49

因为 $a=a(t)$,故求 L_{LR} 和 t_{LR} 也是一个数值积分或用图解积分来求解的问题。

同样参看图 8.49 知,作为工程估算,可以假定地面滑跑过程是一个以 $a_{avg} = $ const. 的等减速运动,故有

$$L_{LR} = \frac{V_T^2}{2a_{avg}} \qquad (8-62)$$

$$t_{LR} = \frac{V_T}{a_{avg}} \qquad (8-63)$$

由上述两式知,要想减小 L_{LR} 和 t_{LR} 的大小,主要手段是要控制好接地速度 V_T 以及滑跑过程中平均减加速度 a_{avg} 的大小。

8.3.4 运营中诸参数对 L_L 和 t_L 的影响分析

1. 接地升力系数 $C_{L_{TD}}$ 或接地迎角 α_{TD} 的影响

为接地安全起见,$V_T \approx 1.5V_S$。V_S 为着陆外形下的失速速度,有

$$V_S = \sqrt{\frac{2W_L}{\rho_\infty SC_{L,max}}} \qquad (8-64)$$

故有

$$V_T = \sqrt{\frac{2W_L}{\rho_\infty SC_{L,T}}} = \sqrt{\frac{2W_L}{\rho_\infty SC_{L,max}} \frac{C_{L,max}}{C_{L,T}}} = 1.15V_S \qquad (8-65)$$

换言之,$C_{L,T} \approx 0.756C_{L,max}$。要减小 V_T,则需要增大 $C_{L,max}$,放襟翼并使下偏角 $\delta_{F,T}$ 增大,是主要手段。$\delta_{F,T}$ 增大,在使 $C_{L,max}$ 增大的同时,也使飞机的阻力系数 C_D

大大增加,从而使 a_{avg} 绝对值增大,也起到减小 L_{LR} 和 t_{LR} 的作用。它与起飞情况完全不同,是一个一举多得的办法。着陆时襟翼下偏角度比起飞时大许多的原因就在于此。

不过,着陆时襟翼下偏角也不能过大。因为要顾及到飞机纵向力矩的平衡问题,参看第 9 章 9.3.7 小节。此外,放襟翼也不能一步到位,要按照飞机着陆飞行程序去进行操作,见图 8.44,否则也会出现飞机纵向力矩平衡与稳定性、着陆航线的保持等问题,危及飞行安全。

由于放襟翼使 $C_{L,T}$ 增加,使接地速度 V_T 减小,从而减小飞机的 L_{LR} 的示例可参看图 8.50。该图上,还显示了着陆时发动机推力 T_{idle} 的大小与打开反推力对 L_{LR} 的影响。

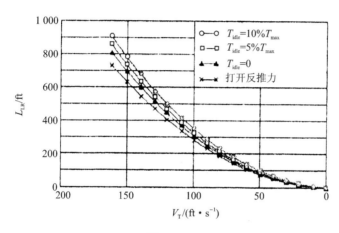

图 8.50

2. 应按着陆程序适时放下起落架

见图 8.44,该飞机按着陆程序在第三边就放下起落架。放下起落架引起飞机阻力 D 大大增加,这并不是件坏事,反而有利于飞机减速。但因飞机升阻比 K 下降,将使着陆航线下降角 γ 增大,请参考第 7 章 7.3 节。为了维持适当的下降角 γ,飞行员可适当加大一点油门来控制。

3. 着陆重量 W_L 变化的影响

飞机运营中,着陆重量 W_L 因商载和航线变化也是变化的。

在给定机场密度高度 H_ρ 和 $C_{L,T}$ 的情况下,W_L 变化,会直接影响到 V_T 大小。因此,如果情况"1"的 V_T 和 a_{avg} 用 V_1、a_1 表示,情况"2"的 V_T 和 a_{avg} 用 V_2、a_2 表示,则按式(8-65)有

$$\frac{V_2}{V_1} = \sqrt{\frac{W_2}{W_1}} \tag{8-66}$$

按式(8-59)看,W_L 增大,a_{avg} 绝对值减小;但因使 F 增大,使 a_{avg} 绝对值增大,两者的效果几乎相抵消,换言之有

$$\frac{a_1}{a_2} \approx 1.0 \qquad (8-67)$$

这个情况与起飞时的情况完全不同。利用式(8-62)、式(8-63),有

$$\frac{L_{\text{LR},2}}{L_{\text{LR},1}} = \left(\frac{V_2}{V_1}\right)^2 \left(\frac{a_1}{a_2}\right) = \frac{W_2}{W_1} \qquad (8-68)$$

$$\frac{t_{\text{LR},2}}{t_{\text{LR},1}} = \left(\frac{V_2}{V_1}\right)\left(\frac{a_1}{a_2}\right) = \left(\frac{W_2}{W_1}\right)^{\frac{1}{2}} \qquad (8-69)$$

例如：$W_2/W_1 = 1.10$,则有 $V_2/V_1 = 1.05$,$L_{\text{LR},2}/L_{\text{LR},1} = 1.1$,$t_{\text{LR},2}/t_{\text{LR},1} = 1.05$,远小于起飞时重量变化的影响。试与式(8-39)和式(8-40)比较一下。

但是,对于大、中型飞机而言,无论是因单台关键发动机停车但必须继续起飞,还是正常起飞后突发故障,一般因飞机重量 W_{TO} 大,如立即返场着陆,因 W_L 大于飞机允许的最大着陆重量 MLW,必造成对飞机机体的损坏,比如起落架受损等,故要依照相关的应急操作程序进行操纵,如应急飞到放油区,应急"放油"来减轻重量或在空中盘旋以消耗燃油等手段来减轻着陆重量。

4. 着陆机场压力高度 H_p、场温 OAT 和气压 QNH 的影响

① 关于着陆机场海拔高度 H_a、场温 OAT 与气压 QNH 等,对机场压力高度 H_p、密度高度 H_ρ 的影响与讨论起飞时的情况相同,不再重复。

② 着陆机场 H_p 增加,空气密度 ρ 减小,接地速度 V_T 增大;与密度比 $\sigma_1 = 1.0$ 情况相比,有

$$\frac{V_2}{V_1} = \frac{1}{\sqrt{\sigma_2}} \qquad (8-70)$$

③ 着陆时,发动机推力很小,受 H_p 变化的影响更小。

④ 着陆时机轮摩擦力 F 受 H_p 变化的影响也很小,因此,按式(8-62)、式(8-63)、式(8-70)有

$$\frac{L_{\text{LR},2}}{L_{\text{LR},1}} = \left(\frac{V_2}{V_1}\right)^2 \left(\frac{a_1}{a_2}\right) = \left(\frac{V_2}{V_1}\right)^2 = \frac{1}{\sigma_2} \qquad (8-71)$$

$$\frac{t_{\text{LR},2}}{t_{\text{LR},1}} = \left(\frac{V_2}{V_1}\right)\left(\frac{a_1}{a_2}\right) = \left(\frac{V_2}{V_1}\right) = \frac{1}{\sigma_2^{0.5}} \qquad (8-72)$$

可见,着陆机场的压力高度 H_p、场温 OAT 和气压 ONH 对 L_{LR}、t_{LR} 的影响,相比起飞机诸个参数对 L_{TOR}、t_{TOR} 的影响要小许多。试与式(8-44)、式(8-45)比较一下。

例如,查表知着陆机场的密度高度为 $H_\rho = 6\,000$ ft;查 ISA 表知 $\sigma_2 = 0.853\,9$,按式(8-71)、式(8-72)估算得 $L_{\text{LR},2}/L_{\text{LR},1} = 1.17$,$t_{\text{LR},2}/t_{\text{LR},1} = 1.08$。

5．机场道面情况与道面纵向坡度的影响

（1）机场道面情况的影响

干硬道面，μ_r 增加，对减小 L_{LR} 有利。道面积水、结冰，μ_r 减小，将增大 L_{LR}。

（2）机场道面纵向坡度的影响

上坡方向着陆，使 L_{LR} 减小，有利。

下坡方向着陆，使 L_{LR} 增加，不利。

6．顺风（TW）或逆风（HW）着陆的影响

对有常值风 V_W 存在下的着陆，$V_W \neq 0$。这时也有对地空速（地速）与对空空速之分。飞机接地地速 $V_{g,T}$ 与接地空速 V_T 之间，有以下关系：

$$V_{g,T} = V_T \pm V_W \tag{8-73}$$

式中，"＋"用于顺风着陆的情况，"－"用于逆风着陆的情况。如用"1"代表无风情况，用"2"代表有风情况，则参照式（8-62）、式（8-63），有

$$\frac{L_{LR,2}}{L_{LR,1}} = \left(\frac{V_2}{V_1}\right)^2 \left(\frac{a_1}{a_2}\right) = \left(1 \pm \frac{V_W}{V_T}\right)^2 \tag{8-74}$$

$$\frac{t_{LR,2}}{t_{LR,1}} = \left(\frac{V_2}{V_1}\right) \left(\frac{a_1}{a_2}\right) = 1 \pm \frac{V_W}{V_T} \tag{8-75}$$

式中，$a_1/a_2 = 1.0$。有风或无风，不会影响滑跑加速度大小。

逆风着陆，$V_W < 0$，在同一 V_T 下，$V_{g,T}$ 减小，对减小 L_{LR} 有利；顺风着陆，$V_W > 0$，在同一 V_T 下，$V_{g,T}$ 增大，对减小 L_{LR} 不利。

7．小　结

正常着陆最不利的情况是：W_L 增大，H_p 增加，沿 TW 和下坡方向着陆，道面松软、积水或结冰，此时将大大增加需要的 L_{LR} 和 t_{LR}。

注意，飞机着陆需用长度 L_L 与需用时间 t_L 参看式（8-55）、式（8-56）。关于着陆空中段的 L_A 的大小，见式（8-57）。它在 L_L 中所占比例不小。影响 L_A 的主要因素是 W_L，着陆重量 W_L 增加，L_A 增大。

8.3.5　飞机着陆飞行性能图表简介

同样，不同类型飞机，也可以从相关飞机飞行手册或资料中查到该飞机的着陆飞行性能图表。

下面介绍螺旋桨式飞机的情况。

（1）某螺旋式飞机的 L_{LR} 和 L_L 计算表

参看表 8.5，该表说明了着陆重量 W_L、机场压力高度 H_p 和场温 OAT、V_{app} 的影响。表中是襟翼放下 $40°$，无动力下滑的情况。如遇逆风（顶风），风速每增加 6 kn，距离减小 10 %。

表 8.5　着陆距离表

总重/ lb	进场速度/ (mile·h⁻¹)	海平面,59 ℉		2 500 ft, 50 ℉		5 000 ft, 41 ℉		7 500 ft, 32℉	
		着陆 滑跑/ ft	飞越50 ft 障碍/ ft	着陆 滑跑/ ft	飞越50 ft 障碍/ ft	着陆 滑跑/ ft	飞越50 ft 障碍/ ft	着陆 滑跑/ ft	飞越50 ft 障碍/ ft
2 300	68	415	1 015	445	1 070	480	1 130	520	1 190
2 600	72	470	1 105	505	1 165	545	1 230	590	1 300
2 900	76	520	1 190	560	1 260	605	1 330	655	1 405

例 1：已知 $W_L = 2\,300$ lb,无动力下滑,$V_{app} = 68$ mile/h,机场 $H_p = 0$ ft,场温 59 ℉,无风,求 $L_{LR} = ?$

由该表可知,$L_{LR} = 415$ ft。

例 2：已知 $W_L = 2\,600$ lb,$V_{app} = 72$ mile/h,机场 $H_p = 2\,500$ ft,场温 50 ℉,逆风 $V_w = 12$ mile/h。求 $L_L = ?$

由表 8.5 可知,无风时 $L_L = 1\,165$ ft。对逆风进行的修正量为 1 165 ft×20 % = 233 ft。所以,修正后飞机的 $L_L = 932$ ft。

(2) 某螺旋桨式飞机的 L_L 计算表

关于 L_L 的计算,还可以用图 8.51 所示图线来进行。它同样表达了 W_L、H_p、OAT 和风的影响。请仔细阅读图上所注明的前提条件。

(3) 喷气式民航飞机的情况

图 8.52 是 B757 飞机的着陆飞行性能图之一。图上所用示例是在给定 W_L、H_p、风速 V_w,以及刹车状况和道面的情况(干或湿跑道)下,查该机着陆需用长度 L_L 的大小。

图上示例为 $W_L = 230\,000$ lb、机场 $H_p = 6\,000$ ft、顺风 15 kn、刹车防滑、全刹车、干跑道情况下,所需 $L_L = 7\,900$ ft。

最后郑重申明,上述介绍的 L_L 是飞机着陆需用的长度。考虑到飞行员操纵技术动作的误差对着陆性能的影响,为着陆飞行安全起见,要求对于喷气机客机着陆需用长度 L_L 不得超过机场可用着陆跑道长度(LDA)(它就是常说的机场跑道长度,在起飞时用机场可用起飞滑跑长度 TORA 来表示)的 60 %;对于蜗轮螺旋桨式客机的 L_L,不得超过 LDA 的 70 %。换句话说,对喷气式客机,着陆安全裕度达 40 %;对蜗轮螺旋桨式飞机,着陆安全裕度达 30 %。图 8.53 说明对着陆机场跑道(干跑道)的要求。

如果道面为湿跑道,还会增加安全裕度,参看图 8.54 上所示的情况。

W_L/lb	$V_{i,app}$	
	mile/h	kn
3 400	90	78
3 200	87	76
3 000	84	73
2 800	81	70
2 600	78	68
2 400	75	65

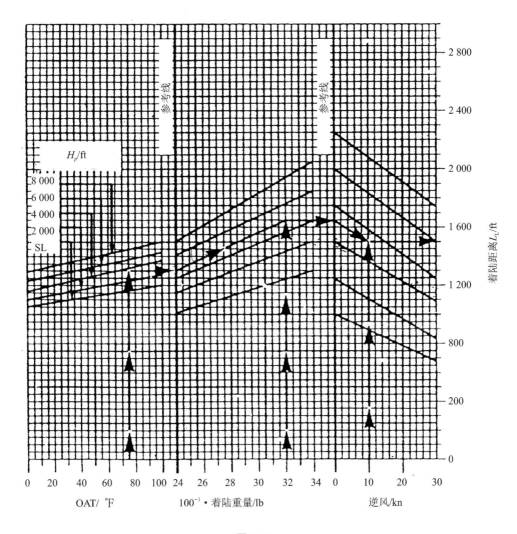

图 8.51

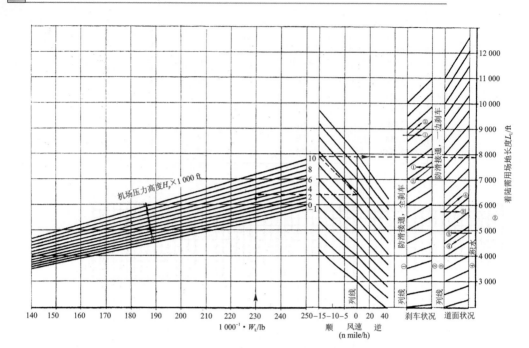

图 8.52

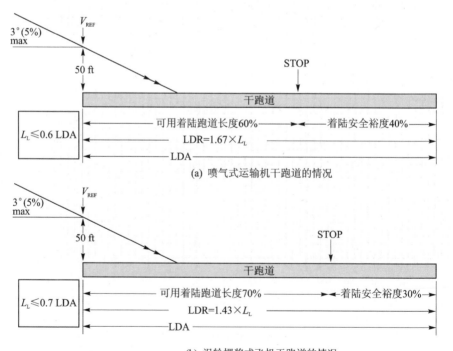

(a) 喷气式运输机干跑道的情况

(b) 涡轮螺桨式飞机干跑道的情况

图 8.53

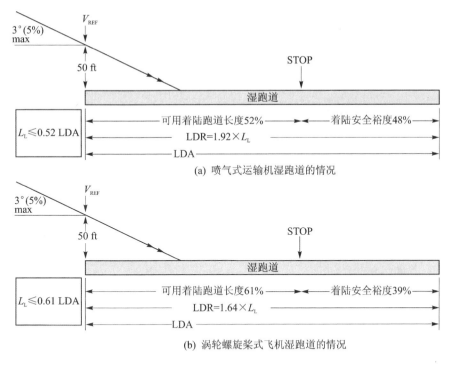

(a) 喷气式运输机湿跑道的情况

(b) 涡轮螺旋桨式飞机湿跑道的情况

图 8.54

8.3.6　地面效应(ground effect)

无论是起飞或着陆都会受到地面的影响,这里指的是有地面存在时(含水面,这对海军飞行员来说,掠海面做超低空飞行时也是如此),对飞机空气动力特性带来的变化,因而影响飞机的飞行性能和操纵。这统称为地面效应问题。

1. 地面效应区域

当飞机在 $h/b=1\sim2$ 区域内运动时,称该区域为地面效应区。h 是飞机重心离地面的高度,b 是飞机机翼的翼展长度,参看图 8.55。比如 B747-400 的翼展长度 $b=64.3$ m,则表明它贴近地面的高度 h 在 130 m 以下时,地面效应已将逐渐显现,称为处于地效区内了,用 IGE 代表。对于 B737-300 飞机来说,$b=94$ ft(29 m),所以,当 $h<29\sim58$ m 时就处于 IGE 了。飞机起飞,先处于地效区内,一旦 $h/b>1\sim2$,就脱离地效区(OGE)了。在飞机着陆飞行中,先在 OGE 区,一旦进入 $h/b=1\sim2$ 空域内,就算进入 IGE 区了。

从图 8.55 上看,由于地效的影响,将导致空气流过机翼时的情况发生变化,减小机翼翼梢涡和拖出的尾涡强度,从而减小下洗流,使飞机机翼和平尾的有效迎角增大。

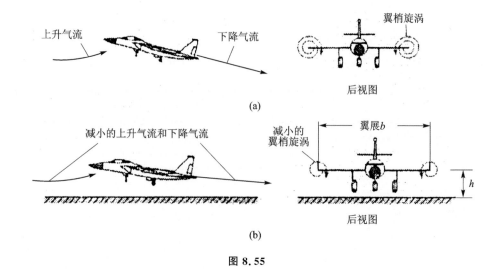

(a)

(b)

图 8.55

2. 地效对飞机空气动力带来的变化

(1) 飞机升力特性 C_L-α 曲线的变化

见图 8.56,在 IGE 中,飞机升力线斜率 $C_{L\alpha}$ 增加,但失速迎角 α_S 减小,$C_{L,\max}$ 下降。飞机升力线斜率增加,是因为地面的出现,逼迫气流向上流动,减小机翼上的下洗速度,从而使机翼的有效迎角增大,升力增大,故飞机进入 IGE 后,有上飘趋势。在航空发展初期,因有地效的"帮助",飞机离地以为试飞成功,可一旦脱离地效区,升力陡降,发生坠机的事故就在所难免了。

(2) 飞机阻力极曲线的变化

飞机的阻力系数 C_D 与升力系数 C_L 的关系发生有利变化,参看图 8.57,是因地效存在使飞机诱导阻力系数 C_{D_i} 减小,导致总阻力系数 C_D 减小、升阻比 K 增大的缘故。

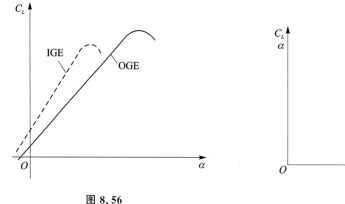

图 8.56

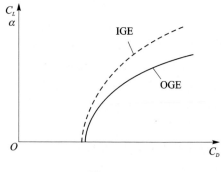

图 8.57

(3) 飞机平飞需用推力(或拉力)T_r - V_∞ 线的变化

因有图 8.57 上的变化,导致在同一重量 W 和高度 H 下,平飞需用推力曲线向左下方移动,见图 8.58。不动油门和驾驶杆,飞机有自动加速、爬升趋势。

(4) 飞机纵向力矩 $C_{m,CG}$ - C_L 曲线的变化

在给定机型外形、W、H 和重心位置 h 的情况下,飞机绕重心(CG)的俯仰力矩系数 $C_{m,CG}$ - C_L 的曲线,因地效将发生如图 8.59 所示的变化(有关飞机纵向力矩问题,将在第 9 章详细介绍)。在图上的 OGE 线和 IGE 线与横坐标的交点"1"点和"2"点处,$C_{m,CG}=0$,为飞机俯仰力矩平衡点,也就是可以实现定直平飞状态的点。换句话说,在 OGE 区已经配平的飞机(见"1"点),一旦进入 IGE 区,则将产生不平衡力矩,使飞机自动低头。飞行员如不微调驾驶杆和油门杆位置,预期的飞行状态将不可能实现。

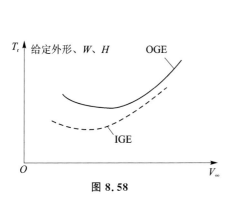

图 8.58

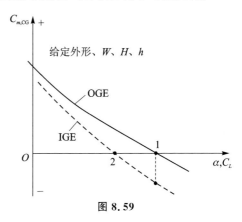

图 8.59

(5) 在 IGE 区的情况

在 IGE 区中,空速表读数较实际空速偏小。其原因是地效使静压孔位置处的静压偏高所致。基于同样原因,使气压高度表的读数也偏低,影响飞行员对飞机的准确操纵。

(6) 飞出 IGE 区或进入 OGE 区的情况

飞机飞出 IGE 或进入 OGE 区,地效影响发生逆转,表现为:

① 飞机 C_L 减小,飞机自动下沉;

② 飞机诱导阻力系数 C_{D_i} 增加,阻力系数 C_D 增加,飞机升阻比 K 下降;

③ 平飞需用推力曲线向右上方移动;

④ 出现抬头力矩;

⑤ 空速表、气压高度表读取恢复正常。

飞机着陆飞行时,性能数据分散度很高,地效影响使飞行员操纵产生偏差也是一个重要原因。

8.3.7　复杂、恶劣天气现象对飞行性能的影响

1. 低空风切变(low-level wind shear)的影响

风是大气中的一个自然现象。如果刮风的范围比较大,而且风速的大小或方向随时间与空间位置的变化不是很大时,可当成定常风或常值风来对待。这时,飞机随常值风一起飘移,但风速 V_W 大小不影响飞机的空速,只改变飞机的地速大小。它对飞行性能的影响已在前面有关章节讨论过了。

但是,当刮风的范围比较小,随位置(含垂直高度与水平距离)的改变,风速与风向变化比较大时,随时间的变化较小的一种变值风场,将产生称为风切变的现象。最典型的情况是被称为雷暴、积雨云等天气条件下产生的微下冲气流(microburst)风场。风场范围在 150~3 000 m,持续时间大约 15 min。参看图 8.60,是微下冲气流风场的示意图。微下冲气流受到水平地面的阻挡而改变方向,形成水平风。这个水平风场的速度大小是变化的。靠近中心最大逆风可达 20~50 kn,最大顺风亦是如此。离地面的高度增加,逆风和顺风都减小。在图上还画了飞机进近着陆进入并穿过微下冲气流时,飞行路线发生变化的情形(示意图)。

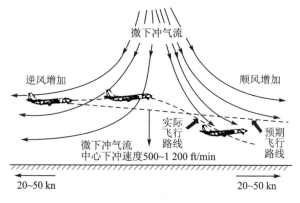

图 8.60

值得注意的是,飞行穿越微下冲气流未到中心区时,飞机遭遇到的逆风越来越大,称为正逆风切变区;飞过中心区后,飞机遭遇到的顺风越来越大,称为正顺风切变区。它们对进近着陆飞行的影响大不相同。在微下冲气流中心区,飞机遭遇到的是下冲气流,速度可达到 500~1 200 ft/min(或 2.54~6 m/s)。

风速随高度变化的风切变称为垂直风切变,如图 8.61 所示就是垂直风切变,它的强度是以单位高度风速变化量来表示的,单位高度以 30 m(或 100 ft)为单位。比如,垂直风切变强度达到中等强度则为 2.4~4.5 m/s/30 m,或 0.08~0.15 m/s/m。风速随水平距离变化的风切变,称为水平风切变,其强度是以单位距离风速的变化量来表示的,单位距离以 1 000 m 为单位。当强度达到 2.6 m/s/km 时,就可能会对民

用运输机飞行安全构成威胁了。

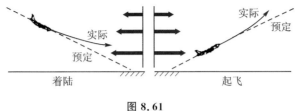

图 8.61

为什么低空风切变会对飞行造成很大影响呢？我们来讨论一下这个问题。

以垂直风切变为例来加以说明。

参看图 8.62,是飞机进近、着陆时遭遇到垂直顺风切变的情况。飞机下降高度 100 ft,可逆风风速突然减小 20 kn。与遭遇常值风情况完全不同,两个高度上的地速均为 100 kn,可是空速则由 125 kn 降为 105 kn。空速的减小导致飞机升力的下降,如未及时采取对策,飞机将突然下掉高度。维持地速不变的原因是短期飞机动量不变或惯性所致。

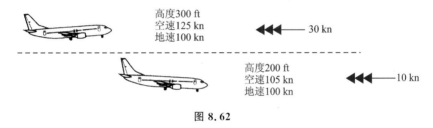

图 8.62

参看图 8.63,高度增加 100 ft,逆风增大 20 kn,这是什么垂直风切变？它对飞机的飞行带来什么影响？请自己分析。

图 8.63

在图 8.60 上,表述了飞机进近着陆遭遇低空风切变的情况。另在图 8.64 上,描述了飞机起飞遭遇低空风切变的情况。在起飞爬升前方遇到了微下冲气流区,开始是负逆风切变区(逆风越来越小),经中心区遭遇下冲气流后,飞行轨迹转向后则进入负顺风切变区(顺风越来越大),空速减小,升力下降导致飞机迅速掉高度,甚至可能坠落地面出现险情。所以,起飞前如已知航线上有风切变,应该延后起飞。

一旦已经进入低空风切变区,特别是在进近着陆过程中,参看图 8.60,开始进入

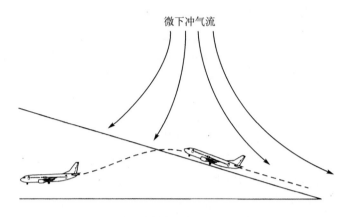

微下冲气流

图 8.64

正逆风切变区,下滑轨迹变上升时,误认为功率过剩,用收油门来应对;到达中心区突遇下冲气流下沉时,往往用推油门增大推力来应对,虽然推油门没错,但因有时间上的滞后并不立即见效;接着遭遇顺风切变区,因空速下降,飞行员采用常规处置方法为增速而推杆来减小飞机俯仰角和迎角,就更加剧了飞机的下沉。这一系列操纵动作不仅不能帮助飞机穿越微下冲气流区,反而增加了飞机撞地的危险。

目前推荐的进近着陆穿越低空风切变的操纵要点是:一旦遭遇正逆风切变区,要迅速加大油门使飞机发动机进入起飞推力状态;同时拉杆使飞机的俯仰角保持在 15°左右。使飞机飞行轨迹高于或接近于未遭遇微下冲气流场的进近着陆轨迹而安全着陆。不言而喻,飞机进近速度 V_{app} 会高于未遭遇低空风切变时的大小,因而着陆需用长度 L_L 和着陆跑道需用长度 L_{LR} 也会相应增长。

当然,如果确认飞行前方有风切变空域,让飞机绕行避开则最安全;或者等待机场空域低空风切变现象消失后再进行着陆亦不失为良策。

2. 大气中的湍流(turbulence, rough air, vertical gust turbulent air)的影响

大气中的湍流或扰流、突风、颠簸气流或简称"遇到气流"等,是指大气中的一种非定常流动现象,它在空间占据的范围不是很大,但空气的流动速度(包括速度的大小和方向),特别是垂直速度分量 v 随时间和位置变化很大的那种湍流,不仅会造成空速表、垂直速度表等工作不正常,还会引起飞机上下颠簸和摇摆,重者飞机将濒繁地被抛上抛下,引起飞行高度、速度与迎角起伏变化;乘机旅客如不扎紧安全带,亦会被抛起或摔倒造成人体伤害,更为严重时甚至造成飞行事故。

因为湍流产生的垂直速度分量 v 的最大值在低、中空高,而在高空低,因此:

① 飞机在低、中空做低速飞行,遭遇强湍流,最担心的是飞机迎角过大,造成"失速"的问题,见图 8.65。

② 飞机在中空做高速飞行时,因为飞行动压力 q_∞ 较大,遭遇强湍流最担心的是附加突风过载 Δn_z 增加过大,造成客舱中抛物、飞机部件遭损坏的问题。

③ 喷气运输机在高空巡航时,空速 V_∞ 或飞行马赫数 Ma_∞ 虽大,但飞行动压力 q_∞ 并不大,所以在遭遇强湍流时,过载 Δn_z 增加不是主要的;主要的也是迎角增加不能过大,否则会引起"激波失速"的问题。高速时飞机的抖动升力系数 $C_{L,b}$ 随 Ma 增加而下降,可见也需要限制飞行马赫数 Ma_∞ 的大小。

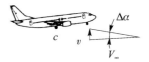

图 8.65

④ 可见,为防低空、低速飞行的飞机"失速",必须限制飞机穿越湍流区(颠簸气流区)的最小表速 $V_{RA,i}$ 值;为防高空、高速飞行的飞机"激波失速",必须限制飞机穿越湍流区(颠簸气流区)的最大飞行马赫数 Ma_{RA} 值。$V_{RA,i}$ 和 Ma_{RA} 的大小取决于机型。

⑤ 实例:以 B737 - 300 飞机为例,见表 8.6。该飞机穿越强湍流区的应对措施是:对于任意一个重量 W 与飞行高度 H 的组合,推荐的穿越表速与马赫数为 $V_{RA,i}=280$ kn,$Ma_{RA}=0.7$。但是,对于每一个重量 W 与 H_p 组合,发动机功率设定的不同,由发动机低压转子转速 N_1 大小来表示(因为涡扇发动机的 EPR(压力比)表在湍流中指示不正确了,改用 N_1 来控制发动机功率大小)。例如,$W=110\,000$ lb,$H_p=30\,000$ ft,$N_1=82.4\%$。

表 8.6 中 ISA、TAT 的含义是飞行时的标准总温。参看第 4 章式(4 - 9),指的是在 ISA 中的总温 T 大小。在实际飞行中,外界气温 OAT 与 ISA 规定不同时,同一 Ma_∞ 下造成 T_t 的大小有差别,表中表明了每差 10 ℃,N_1 转速应调整的比例数。比如,$H_p=30\,000$ ft 时,ISA、TAT 为 $-23°$,如实际 T_t 与它差 10 ℃,则应调整数为 1.6 %;如果后者(实际值)高于前者(ISA 规定值),则应调高 1.6 %;如果后者低于前者,则应调低 1.6 %。

表 8.6　穿越湍流区

穿越速度 IAS/Ma	$1\,000^{-1}$ 压力高度/ft	$1\,000^{-1}$ · 总重/lb					ISA, TAT/ ℃	每差 10 ℃,N_1 调整比例/% 低— 高+
		70	80	90	100	110		
		发动机低压转子 转速/r·min⁻¹						
280/.70	35	77.1	79.0	81.0	83.4		−36	1.6
	30	77.2	78.2	79.4	81.1	82.4	−23	1.6
	25	76.7	77.5	78.3	79.2	80.1	−13	1.5
	20	74.7	75.4	76.1	77.0	77.9	−6	1.4
	15	72.7	73.5	74.2	74.8	75.7	1	1.2
	10	70.5	71.3	72.1	72.9	73.9	9	1.3

例:飞机 $W=110\,000$ lb,$H_p=30\,000$ ft,实际总温 $T_t=-8$ ℃。由表知 ISA、TAT 为 -23 ℃,故实际总温高 15 ℃(23 ℃-8 ℃),故应调大 N_1 为 $15/10\times1.6\%=$

2.4 %，即 N_1 应为 84.4 %。

⑥ 小结。穿越颠簸气流区的操纵要点是：

a. 按表 8.6 上的要求控制油门杆，达到低压转子转速％N_1（RPM）值，同时操纵驾驶杆以保证 280/0.7 的速度要求。

b. 断开自动驾驶仪，严防出现 PIO（飞行员诱导振荡），但必须接受穿越湍流或颠簸气流区时有较大的速度和高度变化。

3. 飞机积冰对起飞、着陆飞行的影响

（1）飞机机体表面积冰

飞机机体表面积冰，一般讲要满足三个条件：

① 大气中存在温度低于 0 ℃而未冻结的可看得见的过冷的水滴（supercooled droplets）。

② 大气气温必须等于或低于 0 ℃。

③ 机体表面温度必须低于 0 ℃。

（2）飞机机体表面积冰的两种情况

在机体表面积冰有两种情况：一是在地面上的积冰，二是在空中飞行时的积冰。我们只介绍一下在地面上积冰的情况。

在寒冷的冬季，暴露在大气之中、低于 0 ℃的机体表面上，除水气会在机体表面上结霜外，冻雨也会滴在机翼上表面直接结冰；或者沿翼面向下流或向后流从而在下翼面以及在副翼或襟翼等活动部分处结冰。雪也会堆积在机体的上表面上。如果在机体表面上的冰、雪和霜的堆积比较多，飞行前必须清除；有时堆积数量不多，没有仔细观察或者认为起飞滑跑过程中会被吹掉，于是不除冰就起飞，最终会造成飞机起飞失事的严重后果。这也是飞机适航条例所不允许的。

为什么呢？请看图 8.66。这是积霜和积冰后，飞机升力特性的变化示意图。它

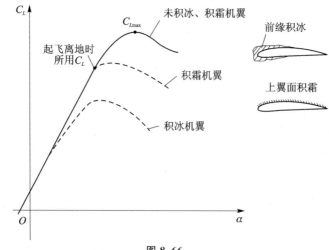

图 8.66

的后果是飞机 $C_{L,\max}$ 和 α_S 大大下降。

此外,机体表面积冰,还会使飞机阻力 D 增加,升阻比 K 下降。表8.7是某飞机($W_{TO,\max}=300\ 000$ lb)积冰对飞机空气动力特性和起飞性能的影响(数值计算例子)。

表8.7　积冰对飞机气动特性、起飞性能的影响

气动特性	未积冰		积　冰	
$C_{L\max}$	2.0		1.2	
e	0.76		0.684	
C_{D_0}	0.018		0.027	
K_m	16.2		12.5	
μ_r	0.02		0.05	
起飞性能	90% $W_{TO,\max}$	100% $W_{TO,\max}$	90% $W_{TO,\max}$	100% $W_{TO,\max}$
L_{TOR}/ft	2 051	2 525	3 656	4 619
L_{TO}/ft	2 588	3 185	4 484	5 658
L_{BF}/ft	3 619	4 438	8 315	10 553
V_1/(ft $\cdot$ s^{-1})	186	202	208	228
V_{LO}/(ft $\cdot$ s^{-1})	218	230	281	296
V_2/(ft $\cdot$ s^{-1})	236	249	305	321

在这个例子中,$C_{L,\max}$ 下降 40 %;零升阻力 C_{D_0} 增加 50 %;跑道滚动摩擦系数 μ 由干水泥跑道的 0.02 增加到 0.05(道面积雪)。刹车时的 μ_r 由干水泥跑道的 0.35 减为湿水泥跑道的 0.2。机场 OAT$=-20$ ℃,$H_p=0$ m,或机场的密度高度为 $H_p=-3\ 893$ ft 或 $-1\ 189$ m。

计算结果表明,飞机地面滑跑距离 L_{TOR} 增加 80 % 左右,起飞距离 L_{TO} 增加 75 %,而飞机起飞需用的平衡场地长度 L_{BF} 增加近 134 %。

具体对于 $W_{TO,\max}=300\ 000$ lb 情况来看,$L_{BF}=10\ 553$ ft$=3\ 217$ m,已超过大多数目前使用中的机场跑道长度(一般为 10 000 ft,3 038 m),离世界上最长跑道长度为 12 000 ft(3 700 m)也不远了。(北京首都国际机场跑道长度为 3 600 m 左右,可堪称世界上最长跑道之一)。因此,这说明飞机积冰加上跑道积冰雪,再加上单发停车等因素综合在一起,为保证起飞安全性,对机场的可用平衡场地长度 L_{BF} 的要求是十分苛刻的。如机场跑道长度不能满足这一要求,则应限制起飞重量的大小了。

对于飞机设计人员来讲,应当在易于结冰的地区,如机翼和尾翼前缘地区、螺旋桨叶的前缘、驾驶舱风挡、发动机进气道前缘(唇口)以及重要的飞行测量仪表、空速管总压的进口、静压测量孔、无线电天线等处采用加热防冰或除冰措施,把积冰的可能性减小到最小程度。因为功率有限,要把整个机体表面都采取防冰措施是不可能的,也是不经济和不现实的。

图 8.67(a)是螺旋桨式运输机防冰系统的布置示意图。它使用充压胶带把图示易积冰的部位包裹上,见图 8.67(b)和(c)。图(b)是未打开防冰开关,充压胶带紧贴蒙皮表面上。图(c)是打开防冰开关,引入加压热空气使其膨胀破冰与除冰。这属于机械、附带热力除冰方法。

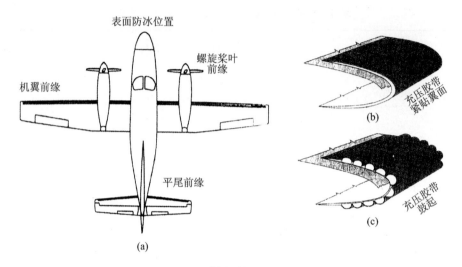

图 8.67

图 8.68 是大、中型民用喷气式旅客飞机,在其易积冰部位布置"piccolo tubings"(带孔的笛形管系),从压气机引入压力约为 25 psi、温度约为 200 ℃的空气,通过笛形管系在防冰腔中吹出来除冰。图 8.68(b)是其工作示意图。这属于热力除冰方法。

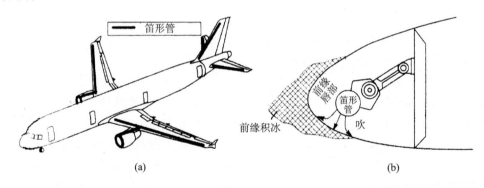

图 8.68

飞机在地面起飞前的除冰,是属于液体除冰方法。

研制与开发积冰探测系统 IDS(Icing Detection System)也很重要。对于机翼和尾翼前缘地区,一旦探测到有积冰,则可启动如图 8.67、图 8.68 所示的除冰系统除冰,既安全又经济。

自 20 世纪 80 年代以来,从研究发生的一系列与积冰相关的重大伤亡航空事故看,多数发生在起飞与着陆(这涉及在空中飞行结冰)飞行之中,特别是发生在带积冰和结霜的起飞之中。为了飞行安全,在航空界得到一个共识,那就是"No person shall takeoff or attmpt to takeoff in an aircraft that has forst,or snow adhering to any of its critical surfaces (clean aircraft concept)."译为:在飞机任一关键翼面上如果有霜和冰雪凝结,则飞行员不应该起飞(洁净飞机外形概念)。

第 9 章

飞机纵向定直飞行中的
稳定性与操纵性

9.1 飞机纵向定直飞行中的俯仰力矩特性

当飞机做无倾斜($\phi=0$)、无侧滑($\beta=0$)、$V_\infty=$const. 的直线飞行时,称为纵向定直飞行。如何能实现这一飞行状态呢?应先从飞机各个部件上的空气动力、对飞机重心产生的俯仰力矩谈起。

9.1.1 飞机各部件空气动力提供的俯仰力矩

在给定飞机机型外形、飞机重量 W 和飞行高度 H、空速 V_∞ 的情况下,飞机各个部件都会产生升力、阻力和零升力矩,参看图 9.1。

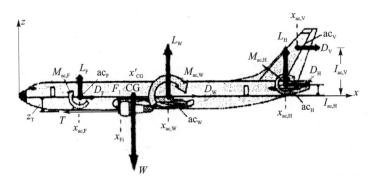

图 9.1

图上注明了机翼上产生的升力 L_W、阻力 D_W,它们的作用点在机翼的空气动力中心 $x_{ac,W}$(也称为机翼焦点位置)上;零升力矩为 $M_{ac,W}$。平尾上相应的空气动力参数用 L_H、D_H、$x_{ac,H}$ 和 $M_{ac,H}$ 表示;机身上用 L_F、D_F、$x_{ac,F}$ 和 $M_{ac,F}$ 表示等。

此外,还需要知道飞机的重心位置 x'_{CG}。

1. 全机升力 L 对飞机重心产生的俯仰力矩

讨论纵向定直飞行时,俯仰力矩的参考点自然应当选在重心位置 x'_{CG} 处。

由图 9.1 可知,全机升力 L 有

$$L = L_F + L_W + L_H \tag{9-1}$$

它的作用点称为飞机的空气动力中心位置(或飞机焦点位置),用 x'_{ac} 表示。它的大小在已知 L_F、$x_{ac,F}$、L_W、$x_{ac,W}$ 和 L_H、$x_{ac,H}$ 的情况下,很容易计算而得。(图 9.1 上并未注出 x'_{ac} 的位置。)

一旦知道 x'_{ac} 或"ac"点位置,即可用图 9.2 的形式绘出,图上的参考弦长是飞机的平均空气动力弦长(MAC),用 C_A 表示。飞机焦点位置和重心位置均以 C_A 弦长的前缘点为原点向后量取的距离,有 x_{ac} 和 x_{CG}。(注意,它与 x'_{ac} 和 x'_{CG} 并不相等,因所取原点位置不一样,一个是在机头,一个是在 MAC 弦前缘点)。由图 9.2 可知,全机升力 L 对重心的俯仰力矩,有

$$M_a = -L(x_{ac} - x_{CG}) \tag{9-2}$$

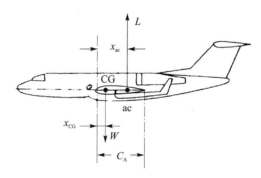

图 9.2

将式(9-2)化成系数形式,有

$$C_{ma} = \frac{M_a}{q_\infty S C_A} = -C_L(h_{ac} - h_{CG}) \tag{9-3}$$

式中,$C_L = L/q_\infty S$,$h_{ac} = x_{ac}/C_A$,$h_{CG} = x_{CG}/C_A$。

2. 全机阻力 D 对飞机重心产生的俯仰力矩

各个部件上的阻力作用点不会通过重心。参看图 9.1,如立尾阻力 D_V 作用点在重心之上,将产生抬头力矩(视为正值);而发动机吊舱的阻力 D_n 则将提供低头的俯仰力矩,故各个部件阻力所贡献的俯仰力矩总合一般不正好等于零,而是有

$$\Delta C_{m,D} \neq 0 \tag{9-4}$$

这个俯仰力矩增量的特点是:

① 数量上一般比较小;

② 它随飞机迎角或升力系数的改变量一般也比较小。换句话说,可用飞机零升力状态下的各部分阻力对重心的俯仰力矩贡献总合来近似,即

$$\Delta C_{m,D} \approx C_{m0,D} \qquad (9-5)$$

3. 飞机各部件外形提供的零升俯仰力矩系数

(1) 部件外形产生零升俯仰力矩的概念

以机翼为例,它产生零升俯仰力矩的原因有(参看第3章):

1) 翼型弯度的贡献

参看图9.3,在翼型迎角 $\alpha = \alpha_0$ 时,正弯度翼型(见图(a))产生的弦向升力分布所提供的零升俯仰力矩系数为 $C_{m0} < 0$;负弯度翼型(见图(b))提供的 $C_{m0} > 0$。零升俯仰力矩是一个力偶矩。

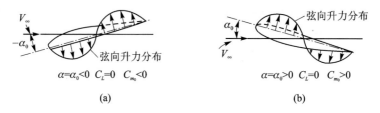

图 9.3

2) 机翼后掠加外洗扭转

参看图9.4。图(a)是外洗扭转的定义:翼梢剖面弦线相对于翼根剖面弦线有一个向下的扭转角 ε。图(b)是在机翼零升力迎角 α_0 下,沿翼展升力分布的情况。由图可知,这时将提供一个 $\Delta C_{m0}(>0)$ 增量。

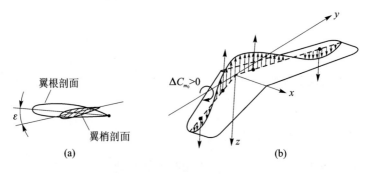

图 9.4

(2) 飞机的"纵向上反"贡献

参看图9.5。它是机翼和平尾在机身上安装情况示意图。机翼安装角 $i_W > 0$;平尾安装角 $i_H < 0$。飞机的这种气动布局形式,称为"纵向上反"。图上还标出了飞机的零升力线方向。当空速 V_∞ 沿零升力线方向流向飞机时,$\alpha = \alpha_0$,将提供一个正的 $\Delta C_{m0}(>0)$ 增量。

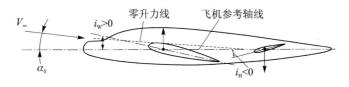

图 9.5

（3）飞机外形提供的零升力矩 C_{m0} 的概况（无升降舵的偏转）

这里只介绍两架军用飞机 C_{m0} - Ma_∞ 变化曲线，供参考，见图 9.6。

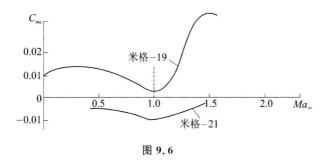

图 9.6

9.1.2　飞机动力装置工作对俯仰力矩的贡献

1. 喷气式发动机工作时对俯仰力矩的贡献

喷气式发动机工作时产生的推力 T 对飞机重心产生的俯仰力矩正负，取决于推力 T 与重心的垂直距离，见图 9.7。

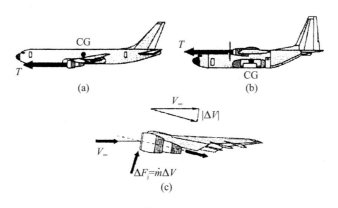

图 9.7

如果是下吊发动机短舱布局的形式，推力 T 对重心的俯仰力矩 $\Delta C_{m,T} > 0$（俯仰抬头力矩），见图（a）。

如果是后机身支撑发动机短舱布局，则推力 T 对重心的俯仰力矩 $\Delta C_{m,T} < 0$（低头力矩），见图（b）。

此外,当飞机迎角较大时,来流 V_∞ 方向与进气道轴线夹角较大,在入口处气流方向变化大,会出现法向力 ΔF_j;视 ΔF_j 与重心的纵向距离而定,出现正的或负的俯仰力矩,$\Delta C_{m_j} \neq 0$,见图 9.7(c)。

但是,总的 $\Delta C_{m,T}$ 的数值不应过大,否则会影响到飞行员对飞机的操纵与控制,恶化飞机的可操纵性。特别是在一定 H、V_∞ 或 Ma_∞ 下,当飞机俯仰角 θ 或迎角 α 产生变化时,发动机推力 T 提供的 $\Delta C_{m,T}$ 变化也不会太大,近似可视为常值。

2. 螺旋桨工作时对俯仰力矩的贡献

螺旋桨工作产生的拉力 T,只要它的作用线不通过飞机重心,参看图 9.8,就会产生俯仰力矩。图上情况的 $\Delta C_{m,T} < 0$(低头力矩)。当然,从操纵角度讲,改变油门位置引起拉力变化产生的俯仰力矩变化,也应当越小越好。

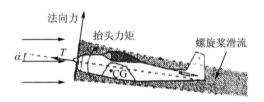

图 9.8

另外,螺旋桨的滑流在飞机迎角较大时,通过桨盘平面上的转向,也会在桨盘平面上产生法向力,见图 9.8。该力也会影响到飞机俯仰力矩的大小,产生的增量 $\Delta C_m > 0$。

3. 螺旋桨工作时产生的其他力矩问题

在飞机运动过程中,螺旋桨工作除了产生拉力 T 和俯仰力矩 M_T 外,由于它自身工作所具有的特点,还会产生偏航力矩 N_T 和滚转力矩 L_T 等。它们将增加操控飞机飞行的难度。这是每一个螺旋桨飞机飞行员必须事先了解的问题。

(1) 滑流的影响

右转螺旋桨飞机产生的向右旋转的气流(一般称为螺旋桨滑流),流过机身和尾翼(平尾和立尾)不仅将增大飞机阻力,而且还将产生平尾的附加俯仰力矩增量,$\Delta C_{m,H} < 0$,以及立尾的偏航力矩增量,$\Delta C_{n,V} < 0$(向左偏航力矩增量),参看图 9.9(a)。为了减小滑流产生的偏航力矩,在立尾安装角上,可采取图 9.9(b)所示的设计措施。

(2) 螺旋桨的反作用力矩

见图 9.8 或图 9.9(a),右转螺旋桨产生拉力的同时,产生向右旋转的滑流,根据作用力与反作用力原理,滑流也给螺旋桨一个大小相等、方向相反的反作用力矩,力图阻止螺旋桨转动。因此右转螺旋桨将对机体产生向左转动的滚转力矩,使飞机向左倾斜,$\phi < 0$。为了制止反作用力矩对飞行的影响,在加大油门的同时,飞行员应向右压杆;在减小油门的同时,应及时回杆。

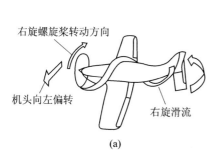

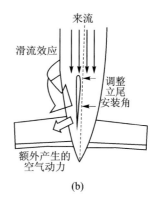

图 9.9

　　如果在起飞过程中,在跑道上向前滑跑时,右转螺旋桨使飞机向左倾斜,将增大左轮与地面的摩擦力,导致飞机机头向左偏转。为了消除这一偏航力矩,保持滑跑方向,应及时向右压杆修正,见图 9.10。

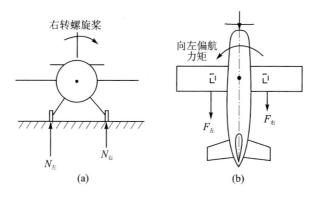

图 9.10

(3) 转动螺旋桨的进动(陀螺)力矩效应

　　参看图 9.11。图示为右转螺旋桨。用右手按图示方法就可定出进动(陀螺)力矩的方向。四指指向代表飞行员操纵机头转动方向,而拇指指向代表产生的进动力矩方向。比如,飞行员蹬左舵使飞机向左偏头,右转螺旋桨的进动作用将产生俯仰抬头力矩,使飞机抬头。如果飞行员推杆使飞机低头(这时,四指指向向下),则右转螺旋桨的进动作用将使飞机向左偏头。

(4) 螺旋桨叶迎角反对称效应,又称 P -因子效应

　　参看图 9.12,代表后三点式右转螺旋桨飞机,在起飞滑跑初期,螺旋桨旋转平面向后倾斜,飞机迎角较大。这就导致出现向下运动桨叶迎角大于向上运动桨叶迎角;叶片相对空速也是向下的大于向上的,因而使得向下运动的叶片产生的拉力大于向上的,这就是 P -因子效应,使飞机产生向左的偏头力矩。当尾轮抬起后,螺旋桨轴

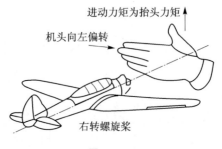

图 9.11

与滑跑方向接近于平行,则 P -因子效应作用就不大了。

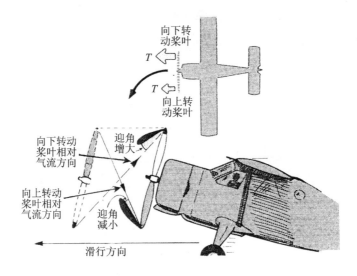

图 9.12

无论是在地面上滑跑还是在空中飞行,只要发动机功率大、飞行迎角大,则 P -因子效应的作用就会增强。飞行员必须了解这一点,并采取相应措施来克服这一效应。

上述四点是螺旋桨式飞机特有的现象。螺旋桨工作,除了提供拉力 T 外,还会产生额外的升力、阻力和力矩,从而改变飞机的稳定性与操纵性,故情况比喷气式飞机复杂。比如飞机做纵向飞行,$\beta = \phi = 0$;还需要额外蹬舵或压杆,需要额外地增加方向舵偏角、副翼偏角才能保持预定的纵向飞行状态。

9.1.3 偏转升降舵产生的俯仰操纵力矩

1. 升降舵操纵效能 C_{m,δ_e}

飞行员前推驾驶杆,杆位移增量 $\Delta d_e > 0$,升降舵偏角增量 $\Delta \delta_e > 0$,对飞机重心位置产生俯仰力矩增量 $\Delta C_m < 0$;反之,拉杆,$\Delta d_e < 0$,$\Delta \delta_e < 0$,$\Delta C_m > 0$。

升降舵操纵效能的定义是

$$C_{m,\delta_e} = \Delta C_m / \Delta \delta_e \quad (<0) \tag{9-6}$$

它的物理含义是：升降舵每偏转一个单位偏角产生的绕飞机重心俯仰力矩系数增量。

2. 偏转升降舵对飞机重心产生的俯仰力矩系数增量

$$\Delta C_m = C_{m,\delta_e} \Delta \delta_e \tag{9-7}$$

注意，民用运输机升降舵操纵效能 C_{m,δ_e} 的大小，主要与升降舵的操纵力臂长度 l_e 和升降舵舵面积 S_e 的乘积 $(l_e S_e)$ 以及飞行马赫数 Ma_∞ 有关。民用运输机升降舵操纵力臂长度 l_e 相对地讲比较大，升降舵面积 S_e 比机翼面积 S 要小许多；换句话说，偏转升降舵对飞机而言，主要是俯仰力矩系数的贡献，而不是升力系数的贡献。因此，近似可以认为，由式(9-7)产生的 ΔC_m 只是改变了飞机零升力矩系数的大小而已。

9.1.4　飞机对重心的俯仰力矩系数公式

参看图 9.1，我们分析了飞机各部件上的空气动力、发动机工作和偏转升降舵对飞机重心的俯仰力矩贡献。现以飞机重心位置为参考点，将所有作用力和力矩合成，得图 9.13，它与图 9.1 作用相当。图中，对飞机重心位置的俯仰力矩系数有

$$C_{m,CG} = -C_L(h_{ac} - h) + \Delta C_{m,D} + C_{m0} + \Delta C_{m,T} + C_{m,\delta_e} \Delta \delta_e \tag{9-8}$$

或者

$$C_{m,CG} = C'_{m0} - C_L(h_{ac} - h) \tag{9-9}$$

式中

$$C'_{m0} = C_{m0} + C_{m,\delta_e} \Delta \delta_e + \Delta C_{m,T} + \Delta C_{m,D} \tag{9-10}$$

式中，C_{m0} 为飞机外形提供的零升力矩系数，$C_{m,\delta_e} \Delta \delta_e$ 为偏转升降陀产生的零升力矩系数，$\Delta C_{m,T}$ 和 $\Delta C_{m,D}$ 分别为发动机推力和飞机阻力提供的零升力矩系数。

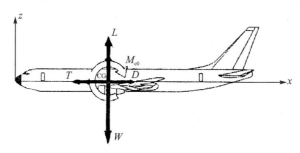

图 9.13

式(9-9)表明，对飞机重心的俯仰力矩系数由两项组成。一项是飞机的零升俯仰力矩系数 C'_{m0} 的贡献，参看式(9-10)；另一项是飞机升力 C_L 的贡献。式(9-9)称

为飞机纵向俯仰力矩系数公式,它是分析飞机纵向俯仰力矩平衡、纵向静稳定性和静操纵性的出发方程,十分重要,需要仔细体会与掌握。

9.1.5 飞机纵向俯仰力矩平衡的两种状态

从绕飞机重心的纵向俯仰力矩系数公式(9-9)看,要取得纵向俯仰力矩平衡状态,即满足 $C_{m,CG}=0$ 的 C_L,与飞机的零升力矩系数 C'_{m0} 的大小与正负、飞机空气动力中心位置(或称焦点位置)h_{ac} 以及飞机重心位置 h 的安排有关。

1. $C'_{m0}>0$ 的情况

参看图 9.14,飞机的零升力矩系数 $C'_{m0}>0$,它产生的是抬头力矩。在飞机外形和飞行马赫数 Ma_∞ 一定时,飞机的焦点位置 h_{ac} 大小为定值。安排飞机重心位置 h 不同的值会得出不同的结果。由式(9-9)知,有(俯仰力矩 $C_{m,CG}$ 曲线的斜率)

$$C_{m,C_L}=\Delta C_{m,CG}/\Delta C_L=-(h_{ac}-h) \tag{9-11}$$

这时,只有安排 $h<h_{ac}$(重心位置 h 位于空气动力中心位置 h_{ac} 的前面),力矩曲线的斜率 $C_{m,C_L}<0$,才能得到纵向定直平飞状态,$C_{m,CG}=0$,即图 9.14 上的"a"点,此时,配平的升力系数 $C_L=C_{L_a}$。

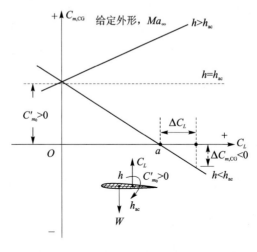

图 9.14

2. $C'_{m0}<0$ 的情况

参看图 9.15,飞机的零升力矩系数 $C'_{m,0}<0$,它产生的是低头力矩。

显然,这时只有安排 $h>h_{ac}$(重心位置 h 位于焦点位置 h_{ac} 的后面),使 $C_{m,C_L}>0$,才能得到纵向力矩平衡点"b"点,有 $C_{m,CG}=0$,此时,配平的升力系数 $C_L=C_{L_b}$。

可见,飞机的 C'_{m0} 的正负与大小,对飞机纵向力矩的配平、配平升力系数 C_L 的大小及重心位置 h 的安排(相对于 h_{ac} 的位置)关系重大。

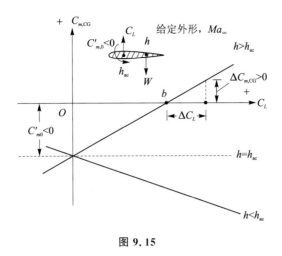

图 9.15

9.2 飞机纵向定直飞行中的纵向静稳定性

9.2.1 飞机纵向静稳定性的定义

它是指在飞机纵向定直平飞中的一个平衡状态,如图 9.14 上的"a"点飞行状态或如图 9.15 上的"b"点飞行状态,受到外界一个微小干扰打破平衡(如遭遇突风、平飞速度 V_∞ 近似不变,但飞机迎角 α 发生微小变化,即 $\Delta\alpha \neq 0$);当外界干扰消失瞬间,飞机具有自动恢复原平衡状态(自动恢复原先迎角)的趋势,则称该飞机具有纵向静稳定性或称具有迎角静稳定性。

参看图 9.14 上的"a"点状态,当外界干扰使飞机 $\Delta\alpha > 0$ 或 $\Delta C_L > 0$ 时,一旦外来干扰消失,ΔC_L 产生的 $\Delta C_{m,CG} < 0$(因为 ΔC_L 作用在焦点处,故对重心产生的是低头力矩),有自动恢复原来平衡飞行状态的趋势,则称该飞机具有纵向静稳定性或迎角静稳定性。

反观图 9.15 上的"b"点状态,外来干扰使角 $\Delta\alpha > 0$ 或 $\Delta C_L > 0$,一旦处来干扰消失,ΔC_L 产生的 $\Delta C_{m,CG} > 0$,它没有自动恢复原来平衡状态的趋势。所以,这个平衡状态不具有纵向静稳定性或不具有迎角静稳定性。

所有运营中的飞机,为了便于操纵和飞行安全,必须要具有纵向静稳定性或迎角静稳定性,否则是被禁止飞行的。

9.2.2 保证飞机具有纵向静稳定性的条件

参看图 9.14 上的"a"点,它是一个定直平飞平衡状态,它应同时满足:

$$L = W$$
$$T = D$$

$$M_{CG} = 0 \qquad\qquad (9-12)$$

在第 7 章中讨论定直平飞性能时,主要从式(7-1)、式(7-2)出发。而式(9-12)是一个前提条件,纵向力矩不平衡,飞行姿态就不能保持,所有讨论都失去现实意义了。

由此,可以提出飞机具有纵向或迎角静稳定性的条件是:

$$C_L > 0 \qquad\qquad (9-13a)$$

$$C'_{m0} > 0 \qquad\qquad (9-13b)$$

$$h < h_{ac} \quad 或 \quad C_{m,C_L} = \Delta C_{m,CG}/\Delta C_L < 0 \qquad\qquad (9-13c)$$

特别是式(9-13c),每个飞行员每次登机上岗,都必须检查重心位置 h 的大小。每架飞机都有自己的重心前限和后限要求。比如,B737 飞机,运营中飞机的重心变化必须在 $h = 0.07 \sim 0.37$ 之间。关于这一点,请参阅第 6 章有关内容。只要 h 在前限和后限之间,就满足 $h < h_{ac}$ 的条件了。

总之,在设计飞机时,对于飞机可能做的定直平飞状态,已采取措施来满足上述式(9-13)的三个条件要求。

9.2.3 两种不同性质的升降舵偏角 δ_e 的平衡曲线

1. 改变升降舵偏角 δ_e 的作用

从飞机俯仰力矩方程式(9-10)知,飞行员推拉驾驶杆偏转升降舵的作用,只是改变飞机零升力矩系数 C'_{m0} 的大小。驾驶杆中心位置,$\delta_e = 0$。推杆,$\Delta d_e > 0$,$\Delta \delta_e > 0$;因升降舵操纵效能 $C_{m,\delta_e} < 0$[见式(9-6)],故 $\Delta C'_{m0} < 0$。拉杆,$\Delta d_e < 0$,$\Delta \delta_e < 0$,则 $\Delta C'_{m0} > 0$。

2. 具有迎角静稳定性$(C_{m,C_L} < 0)$情况下的升降舵偏角 δ_e 的平衡曲线

参看图 9.16,俯仰力矩平衡点"a"处对应的定直平飞状态,相应于 $\delta_e = 0$(驾驶杆中立位置)。拉杆 $\Delta \alpha > 0$,$\Delta C_L > 0$;而 $\Delta \delta_e < 0$,飞机的 C'_{m0} 正值增大,则俯仰力矩平衡点移到"f"点,$\delta_e < 0$。推杆,$\Delta \alpha < 0$,$\Delta C_L < 0$;而 $\Delta \delta_e > 0$,飞机的 C'_{m0} 正值减小,则俯仰力矩平衡点移到"e"点,$\delta_e > 0$,参看图 9.16(a)。升降舵平衡舵偏角 $\delta_e - C_L$ 的关系曲线,参看图 9.16(b)。在给定 W 和 H 的情况下,俯仰力矩平衡点处 δ_e 与空速 V_∞ 的关系曲线,参看图 9.16(c)。在图(b)和(c)的曲线上,各点均满足 $C_{m,CG} = 0$ 条件,且有

$$\Delta \delta_e / \Delta C_L < 0 \qquad\qquad (9-14)$$

或

$$\Delta \delta_e / \Delta V_\infty > 0 \qquad\qquad (9-15)$$

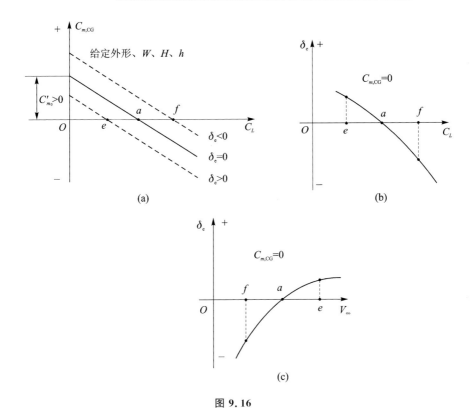

图 9.16

3. 不具有迎角静稳定性($C_{m,C_L}>0$)情况下的升降舵偏转角 δ_e 的平衡曲线

参看图 9.17。俯仰力矩平衡点"b"处,对应的定直平飞状态,相应于 $\delta_e=0$(驾驶杆中立位置)。改变升降舵偏角由负到正,平衡点位置由点"c"到"b"点再到"d"点。同样可画出平衡状态的 δ_e-C_L、δ_e-V_∞ 曲线,见图 9.17(b)、(c)。曲线上各点均满足 $C_{m,CG}=0$ 的条件,而且有

$$\Delta\delta_e/\Delta C_L>0 \qquad\qquad (9-16)$$

或

$$\Delta\delta_e/\Delta V_\infty<0 \qquad\qquad (9-17)$$

注意,两种情况下,当 $\Delta V_\infty>0$ 时,由式(9-15)知,具有迎角静稳定性($C_{m,C_L}<0$)时,有 $\Delta\delta_e>0$;由式(9-17)知,不具有迎角静稳定性($C_{m,C_L}>0$)时,有 $\Delta\delta_e<0$。想想这对操纵飞机会带来什么问题?

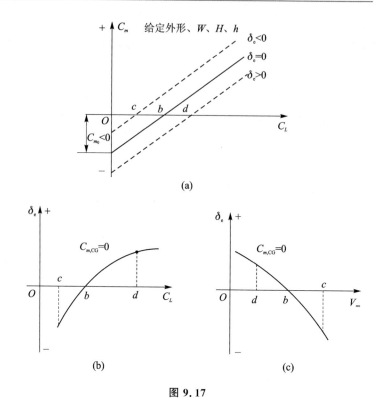

图 9.17

9.3 飞机纵向定直飞行中的纵向静操纵性

9.3.1 飞机纵向静操纵性的定义

它是指在飞机纵向定直平飞中，由一个纵向力矩平衡状态转到另一个新的纵向力矩平衡状态，所需升降舵偏角、驾驶杆力和杆位移量变化（含大小与方向）的特性。或者简言之，飞机的纵向静操纵性是指升降舵偏角偏转改变飞机纵向力矩平衡能力的大小。

至于在一个平衡飞行状态下偏转升降舵后，飞机如何转变到另一个新的平衡飞行状态的进程（随时间变化的全过程），则称为飞机纵向动操纵性。

9.3.2 对飞机纵向静操纵性的基本要求

① 在给定飞机机型、W、H（飞行高度）、h（重心位置）的情况下，对应不同 C_L，偏转升降舵均能取得所需的纵向力矩平衡，即满足 $C_{m,CG}=0$。

② 从一个平衡飞行状态转到另一个新的平衡状态，如 $\Delta V_\infty > 0$，飞行员应当推杆，杆位移 $\Delta d_e > 0$，推杆力应当增加，$\Delta F_e > 0$，升降舵偏角 $\Delta \delta_e > 0$；反之，如 $\Delta V_\infty <$

0,则应拉杆,$\Delta d_e < 0$,推杆力应当减小,$\Delta F_e < 0$,升降舵偏角 $\Delta \delta_e < 0$。或者统一的要求是(俗称纵向静操纵性指标):

$$\Delta \delta_e / \Delta V_\infty > 0 \qquad\qquad (9-18)$$

$$\Delta d_e / \Delta V_\infty > 0 \qquad\qquad (9-19)$$

$$\Delta F_e / \Delta V_\infty > 0 \qquad\qquad (9-20)$$

上述要求符合飞行员的自然生理习惯,亦称为正常操纵动作。

③ 我们在第 7 章中,也从受力平衡条件出发,讨论过在定直平飞中的静操纵原理。在飞机正常操纵区,也有

$$\Delta \delta_e / \Delta V_\infty > 0 \qquad 或 \qquad \Delta \delta_e / \Delta C_L < 0$$

表明从受力平衡条件出发和从纵向力矩平衡条件出发,对纵向静操纵性指标要求是一致的,相互并不矛盾。

9.3.3　保证飞机具有纵向静操纵性的条件

① 要满足式(9-18)等的要求,参看图 9.16,飞机必须具有迎角静稳定性。

② 飞机升降舵及操纵系统设计必须满足式(9-18)、式(9-19)和式(9-20)的要求。

满足了上述两个条件,飞机才具有纵向静操纵性。

若飞机不具有迎角静稳定性,参看图 9.17,从力矩平衡关系出发,则得到

$$\Delta \delta_e / \Delta V_\infty < 0$$

从力平衡关系出发,得到的是

$$\Delta \delta_e / \Delta V_\infty > 0$$

飞行中飞行员要实现平衡飞行状态之间的转换,应当如何操纵升降舵面呢?从式(9-17)看,要增速 $\Delta V_\infty > 0$,要求 $\Delta \delta_e < 0$(要求拉杆);而从式(7-31)看,要增速 $\Delta V_\infty > 0$,要求 $\Delta \delta_e > 0$(要求推杆)。这与要求飞行员完成所需操纵动作是相互矛盾的。

结论是,不具有纵向静稳定性或迎角静稳定性的飞机,不具有纵向静操纵性。这种飞机是不允许在空中飞行的。

9.3.4　运营中飞机重心位置 h 和飞行高度 H 的变化对飞机纵向静操纵性的影响

1. 飞机重心位置 h 变化的影响

给定机型外形、W 和 H,飞机做定直平飞,即使 h 在规定范围内,h 的变化不仅对飞机迎角静稳定性有直接影响,对飞机纵向静操纵性也有重要影响。

(1) 重心位置前移的影响

按式(9-11)有

$$C_{m,C_L} = \Delta C_{m,CG} / \Delta C_L = -(h_{ac} - h)$$

一定 h_{ac} 下，重心前移，h 减小，飞机的 $C_m - C_L$ 曲线的斜率负值增大，但不会影响 C'_{m0} 大小，见图 9.18(a)，$h_2 < h_1$，在同一 δ_e 下(图上表示起始 $\delta_e = 0$)，定直平飞平衡点由"a"点变为"b"点。对应这两个重心位置的升降舵偏角平衡曲线 $\delta_e - C_L$，见图 9.18(b)。把横坐标换成 V_∞，平衡曲线 $\delta_e - V_\infty$，则见图 9.18(c)。

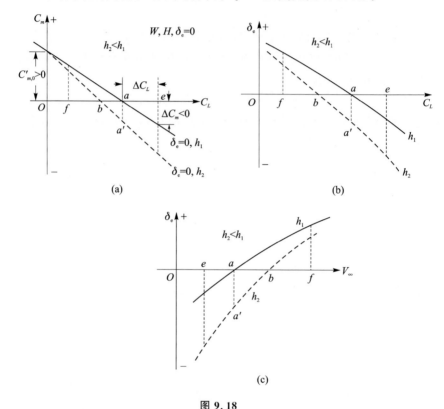

图 9.18

可见，仍想以"a"点对应的 C_L 或对应的 V_∞ 平飞，重心位置前移(由 $h_1 \rightarrow h_2$)，则必须克服由此而出现的低头力矩，必须增加拉杆量，$\Delta\delta_e < 0$(图示 $a - a'$)。或者说，重心前移，升降舵偏角平衡曲线 $\delta_e - V_\infty$ 向右下方移动，但不是平移，即 $\Delta\delta_e / \Delta V_\infty$ 还将增大，见图 9.18(c)。

注意，每个机型的升降舵偏角的上偏量都有最大值限制；反过来说明，重心的前移量也是有限制的。这表明，飞机重心位置的前限 h_{min} 将由飞机的纵向静操纵性要求决定。

(2) 重心位置后移的影响

重心位置后移，h 值增大，h_{ac} 一定时，由式(9-11)知，$C_{m,CL}$ 负值减小，飞机迎角静稳定性下降，从而出现重心的后限问题。这说明，飞机重心位置的后限 h_{max} 将由飞机的纵向静稳定性要求决定。当然重心后移，升降舵偏角平衡曲线向左上方移动，且 $\Delta\delta_e / \Delta V_\infty$ 减小，对静操纵性也有直接影响。

对一般民用运输机而言,$h_{ac} - h_{max} \approx 0.1 \sim 0.15$。

2. 飞机巡航飞行高度 H 变化的影响

现代喷气式民用运输机,巡航高度都比较高,它主要是从飞行性能角度来考虑的,参阅第 7 章有关内容。但巡航高度升高,也会带来纵向静操纵问题。

(1) 不计空气压缩性影响

由式(9-9)有

$$C_{m,CG} = C'_{m0} - C_L(h_{ac} - h)$$

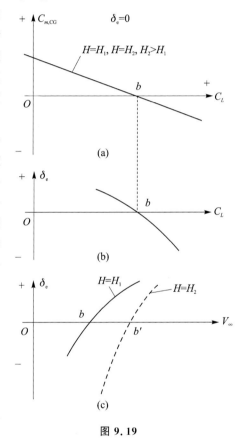

图 9.19

给定机型外形、W、δ_e,对飞机重心的俯仰力矩曲线 $C_{m,CG} - C_L$ 和升降舵偏转角平衡曲线 $\delta_e - C_L$ 不会随 H 的变化而变化,见图 9.19。但是,对于同一个平衡点如"b"点,在不同 H 下对应的平飞速度 V_∞ 却不相同。$H_2 > H_1$,则平飞速度 $V'_b > V_b$。如果仍想在 H_2 高度上以 V_b 平飞,因空气密度 ρ 下降,则飞机必须用较大迎角才能保持平飞;换言之,必须额外增大拉杆量才行。见图 9.19(c),在同一 W 下,巡航高度 H 增加,该飞机的升降舵偏转角平衡曲线 $\delta_e - V_\infty$ 将向右下方移动,而且 $\Delta\delta_e/\Delta V_\infty$ 正值增加。增加同一个 ΔV_∞,推杆量不一样大了。这不是飞行员对操纵动作的期望。

(2) 计及空气压缩性影响

以同一空速 V_∞ 在不同高度上平飞,飞行马赫数 Ma_∞ 是变化的,H 增加,Ma_∞ 增大。这时,不仅飞机的零升力矩系数 C'_{m0} 会变化,而且飞机的空气动力中心位置 h_{ac} 也会变化,参看图 9.20。

由图 9.20 可知,若按低亚声区来安排重心位置 h_1,以保证满意的 $h_{ac} - h_1$ 的大小,则会出现因飞行马赫数 Ma_∞ 增大,h_{ac} 增加,造成飞机迎角静稳定性过大,形成如同重心位置前移和飞行高度 H 增加的相同效果,使 $\Delta\delta_e/\Delta V_\infty$ 正值过大,严重恶化飞机的纵向静操纵性。

对于高空高速飞机,因 H 和 Ma_∞ 变化范围大,从而造成 $\Delta\delta_e/\Delta V_\infty$ 变化过大,则飞行员操纵飞机就会变得十分困难。飞行员希望:在各个空速 V_∞ 下,一定舵偏角增量 $\Delta\delta_e$,对应的速度增量 ΔV_∞ 最好一样大或者差别越小越好。否则,如 H 增加,则造

成 $\Delta\delta_e/\Delta V_\infty$ 正值增加过大。要得到同一速度增量 ΔV_∞，低空推杆量小，高空推杆量迅速增大，即操纵动作变化大，从而增大了操作难度。

飞行马赫数 Ma_∞ 变化范围大，也有同样不良的效果，参看图 9.21。图上虚线代表不计空气压缩性时，飞机的升降舵偏角 δ_e 的平衡曲线；实线代表计及空气压缩性影响的结果。由图可见，在 $Ma_\infty < Ma_{\infty,e}$ 范围，空气压缩性影响使 $\Delta\delta_e/\Delta V_\infty$ 正值增大；特别是在 $Ma_{\infty,e} < Ma_\infty < Ma_{\infty,d}$ 范围内，还出现 $\Delta\delta_e/\Delta V_\infty < 0$ 的情况，飞机丧失了纵向静操纵性，俗称飞机出现速度不稳定性。有关这个问题将在下节介绍。

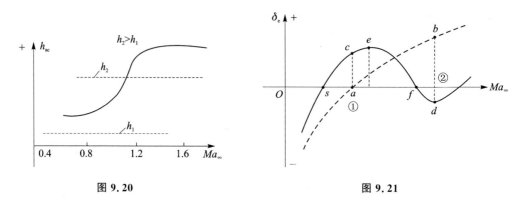

图 9.20   图 9.21

9.3.5 改善飞机纵向静操纵性的措施

不同类型飞机，有不同改善飞机纵向静操纵性的措施，下面举例说明。

① 当飞行马赫数 Ma_∞ 增加时，引起 h_{ac} 增加带来的问题，用调动机内油箱中的燃油分布使飞机重心 h 后移来缓解，如"协和号 Concord"飞机。

② 由升降舵形式改为全动式平尾形式，因操纵面效能 $C_{m,i_H} = \Delta C_{m,CG}/\Delta i_H$ 绝对值增大（注，i_H 是全动平尾的偏转角），来减小全动平尾偏转转角的变化量。现在大部分高速军用飞机都采取了这个措施。

③ 放弃低亚声速区飞机的"固有的"迎角静稳定设计模式，将重心 h 后移，$h_2 > h_1$，保证高速区内飞机具有"固有的"迎角静稳定性，参看图 9.20。但为了保证低亚声区飞机具有纵向静操纵性，必须安装"人工"增稳装置，使飞机在低亚声速区飞行时具有"人工"迎角静稳定性。

④ 由传统的简单机械式操纵系统转变为现代化飞机操纵系统，比如驾驶杆与舵偏转角之间的传动比，可以随飞行高度 H、马赫数 Ma_∞ 变化而改变，即安装力臂调节系统。低空、小传动比，高空、大传动比，推杆量一样但舵偏角偏转角度不一样大，缓解了因飞行高度增加、$\Delta\delta_e/\Delta V_\infty$ 增大要求推杆量增大的压力。

此外，还有人工液压助力器和人工载荷系统乃至改用电传操纵系统等，用来改善飞机的静操纵性。

9.3.6　高速飞行中出现的速度静不稳定性与马赫数配平装置

(1) 高速飞行中飞机的速度静不稳定现象(跨声速区飞机的自动俯冲或称 "Mach Tuck")

参看图 9.21,我们已经提到,在 $Ma_{\infty,e}$ 与 $Ma_{\infty,d}$ 之间,升降舵偏角平衡曲线的 $\Delta\delta_e/\Delta V_\infty$ 已变为负值,飞机已丧失纵向静操纵性。飞机要加速,$\Delta V_\infty>0$ 或 $\Delta Ma_\infty>0$,为了保证绕重心的力矩平衡,飞行员不仅不能推杆,反而被要求拉杆才行,否则即使不动杆,飞机也会自动进入俯冲,俗称 Mach Tuck。图 9.22 是某军用超声速飞机定直平飞中全动平尾偏转角 i_H-Ma_∞ 的平衡曲线和平衡杆力 F_e-M_∞ 的平衡曲线。在 $Ma_1\sim Ma_2$ 之间产生 Mach Tuck 现象十分明显。

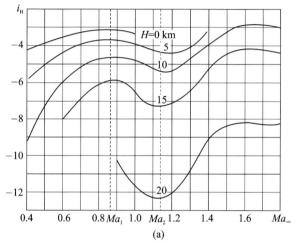

(a)

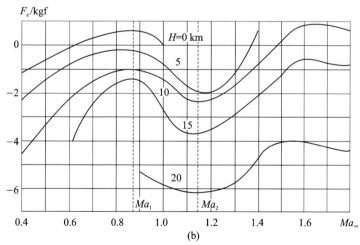

(b)

图 9.22

（2）产生 Mach Tuck 现象的物理原因

给定机型外形、W 和 H 的定直平飞中，在进入跨声速区之后，随着飞机空气动力中心位置 h_{ac} 的增加（后移），不仅使飞机的迎角静稳定性大大增加，而且飞机的压力中心位置也大大后移，产生很大的低头力矩。为了纵向力矩的平衡，升降舵非但不能下偏（推杆），反而要求上偏（拉杆），即出现 $\Delta\delta_e/\Delta V_\infty < 0$ 或 $\Delta i_H/\Delta Ma_\infty < 0$ 的现象，即反操纵现象。Mach Tuck 现象也称为飞机速度静不稳定现象。

（3）马赫数配平装置（Mach Trimmer）

为了消除或减轻飞机自动俯冲现象，可在操纵系统中安装马赫数配平装置。参看图 9.23，一旦进入 $Ma_{\infty,e} - Ma_{\infty,d}$ 区域（参看图 9.21），随着 Ma_∞ 的增加，Mach Trimmer 促使安定面的安装角 i_H 负值增大（下偏），使额外产生的抬头力矩超过需要配平的低头力矩，此时，为了保持定直平飞，飞行员非但不需要拉杆，反而需要推杆，得到需要的纵向静操纵性，见图 9.23(b)中的"c"线所示情形，从而消除了"自动俯冲"现象或 Mach Tuck 现象。

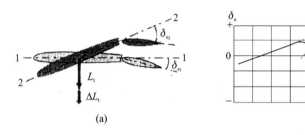

(a)   (b)

图 9.23

9.3.7　飞机起飞、着陆中升降舵操纵效能检查

1. 起飞抬前轮状态

只就前三点式飞机起飞抬前轮情况作讨论。参看图 9.24，从起飞性能分析知，滑跑速度 V_∞ 到达抬前轮速度 V_R 时，必须及时拉杆将前轮抬起离开道面。注意，此时飞机转动是围绕主轮与道面接地点 O 发生的，并不是围绕飞机重心转动。

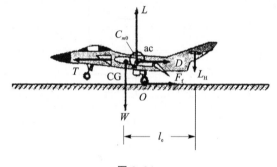

图 9.24

于是产生如下情况：

① 升降舵偏转产生抬头的力臂 l_e，相对于重心而言，它将减小，故升降舵操纵效能 C_{m,δ_e} 绝对值减小，从而要求升降舵的向上偏转角增大。

② 在 $V_\infty < V_R$ 时，$L < W$，$W-L$ 项对转动中心 O 点产生的是低头力矩，要求升降陀的向上偏转角增大。

③ 自始至终，$T-D$ 项对转动中心 O 点产生低头力矩，要求升降舵的向上偏转角增大。

④ "地效"使平尾处下洗速度减小，从而将增加平尾升力，增加对转动中心 O 点产生的低头力矩，要求升降舵向上偏转角增大。

⑤ 起飞时如放襟翼角度较大，在增大飞机 $C_{L.\max}$ 的同时，会使飞机的 C'_{m0} 负值增大产生低头力矩，要求升降舵向上偏转角增大。

⑥ 如果飞机重心位置靠前，h 值减小，飞行员俗称"头重"，则将使 $W-L$ 项的作用增强，产生的低头力矩增加，要求升降陀向上偏转角增大。

如上所述，必须检查 $V_\infty = V_R$ 时，飞行员拉杆，升降舵操纵效能是否足够，能否及时将前轮抬起到位，安全完成起飞任务。

2. 飞机着陆前姿态

正如前述，飞机着陆主轮接地前，有一个拉平动作，见图 9.25。试分析围绕飞机重心产生低头力矩的各个因素：

① 着陆时放襟翼角度最大，襟翼阻力 D_f 大大增加，零升力矩系数 C'_{m0} 负值也增大，产生的都是低头力矩。

② 放起落架的阻力 D_g 产生的是低头力矩。

③ 飞机的升力产生的是低头力矩。

④ "地效"使平尾升力增加，产生的是低头力矩。

⑤ 飞机重心位置靠前，将使飞机升力产生的低头力矩增加。

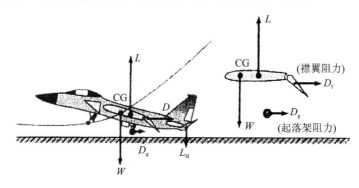

图 9.25

因此，必须检查拉平飞机时，飞机升降舵操纵效能是否足够，能否拉平飞机处于所需的着陆姿态。

9.4　飞机纵向定直飞行的动稳定性和动操纵性

9.4.1　飞机纵向动稳定性与静稳定性的区别

飞机纵向定直飞行平衡状态的稳定性是指飞机在一定条件下的一种运动属性，通常是指飞机保持原来平衡飞行状态或反抗外界扰动的能力大小。飞机受到瞬时扰动，一旦扰动消失，研究飞机在最初瞬间的扰动运动趋势或研究扰动运动的全过程以及最终是否恢复到原来平衡飞行状态，可分为静稳定性和动稳定性这两种概念和问题。

既然飞机动稳定性的研究包括受扰动后飞机运动参数随时间 t 变化的全过程，强调的是飞机最终是否恢复到原来平衡飞行状态，那么无论从理论角度还是实用角度看，它才是飞机平衡飞行状态是否具有稳定性的真正标准。出现静稳定性概念有历史上的原因，但静稳定性为飞行提供了实用信息，也十分有价值。

9.4.2　飞机纵向动稳定性的描述方法

1. 具有动稳定性的情况

图 9.26 代表了两种具有动稳定性的情况。(a)为振荡收敛型的情况，(b)为非振荡收敛型的情况。

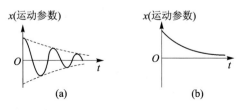

图 9.26

图上变化的运动参数 x，代表的是飞机的迎角增量 $\Delta\alpha$、速度增量 ΔV 等。一旦扰动源消失，偏离的运动参数将通过振荡或非振荡形式，逐渐恢复到原态。该图是既具有静稳定性又具有动稳定性的情况。

2. 不具有动稳定性的情况

参看图 9.27。图(a)是具有静稳定性、不具有动稳定性的情况。图(b)是既不具有静稳定性，又不具有动稳定性的情况。

3. 具有中立动稳定性的情况

参看图 9.28。图(a)是具有静稳定性，但因无阻尼力矩(下面即将介绍)，振幅始

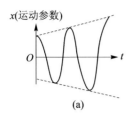 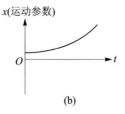

图 9.27

终保持不变,故没有动稳定性。图(b)是不具有静、动稳定性的情况。

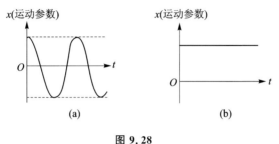

图 9.28

9.4.3　飞机纵向受扰运动的两种振荡模态

这里只讨论图 9.26(a)中所示的飞机具有动稳定性的情况。

处于纵向定直平衡飞行状态的飞机,在受到外部或内部因素的扰动后(一般来说,这些扰动都是小扰动),飞机的平衡飞行状态被打破,一旦干扰消失,飞行进入受扰运动阶段。飞机做纵向定直飞行,描述飞行的状态参数有:飞行速度 V_∞、飞行高度 H、飞机的俯仰角 θ 或飞机的爬升角 γ 和飞机的迎角 α 等。参看图 9.29,是一架飞机做无动力定直下滑飞行中(基准平衡状态),受到突风干扰,$t=0$,迎角突增 $\Delta\alpha=2.39°$,而 $\Delta V_\infty=\Delta\theta=\Delta q=0$($q$ 是飞机俯仰转动角速度),一旦干扰消失后,诸运动参数 $\Delta\alpha(t)$ 和 $\Delta q(t)$,以及 $\Delta V_\infty(t)$ 和 $\Delta\theta(t)$ 随时间 t 的变化情况(计算结果)。

由图 9.29 可见,这些运动状态参数随时间 t 的变化,分成两种截然不同的情况。飞机迎角 $\Delta\alpha$ 和俯仰转动角速度 Δq 随时间 t 的变化与飞机速度 ΔV_∞ 和飞机俯仰角 $\Delta\theta$ 随时间 t 的变化有很大差别。$\Delta\alpha(t)$ 的振荡周期 T[见图 9.29(b)]只有 3.1 s;而 $\Delta V_\infty(t)$ 的周期 T 达 72 s 多[见图 9.29(a)]。

因此,对于具有动稳定性的飞机,受扰运动中的运动参数变化可分为短周期振荡(Short-Period Oscillation,SPO)和长周期振荡(Long-Period Oscillation,LPO)两类运动,见图 9.30。

短周期运动,是受扰运动初期阶段 $\Delta\alpha(t)$ 迅速变化的运动,空速还来不及变化太多,故可近似认为空速 $V_\infty=$ const. 下的运动,见图 9.30(a)。长周期运动是受扰运动的中、后期阶段,可近似看成 $\alpha=$ const. 或 $\Delta\alpha=0$ 的情况下,$\Delta V_\infty(t)$ 随 t 缓慢变化的运动。

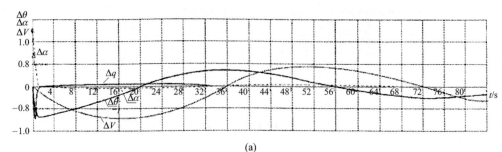

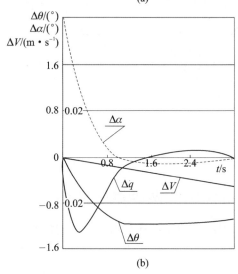

图 9.29

短周期运动之所以出现,其主要原因是飞机具有较大的静稳定性,初始 $\Delta\alpha>0$ 产生较大的稳定力矩(低头力矩),而飞机绕横轴 Oy 的转动惯量相对较小,必然引起较大绕 Oy 轴的角加速度,从而使飞机的迎角迅速变化;当迎角增量由正值变为负值时,又产生相反的静稳定性力矩,使飞机向相反方向转动,于是便形成了飞机迎角的短周期振荡运动。

关于 $\Delta\alpha(t)$ 振幅迅速减小是因为在振荡过程中,旋转在平尾上产生强大的阻转力矩(又称俯仰阻尼力矩),见图 9.31。当飞机抬头旋转时,相当于在平尾上增加了正迎角增量 $\Delta\alpha(t)_H>0$,产生了 $\Delta L_H>0$,它将阻止飞机转动,而耗费转动能量,使振荡运动很快衰减下来。其他部件,如机翼也会产生阻尼力矩,见图(b)。一般来说,飞机短周期运动在头几秒钟就基本结束,飞机俯仰力矩重新趋于平衡。

长周期运动反映的是受扰运动中、后期沿航迹切线方向上的力重新取得平衡的过程。由于沿航迹切线方向上的不平衡力相对飞机质量通常是小量,因而线加速度数值不大,飞机受扰的开始阶段反应不明显。随着时间的增加,线加速度的变化逐渐

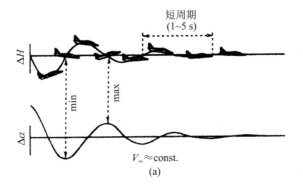

(a)

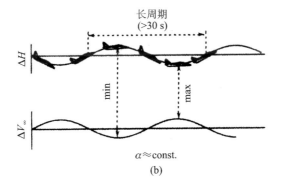

(b)

图 9.30

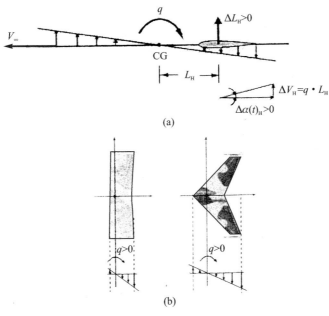

图 9.31

增加,使升力和阻力发生相应的变化。当升力渐渐增加并超过重力在航迹法线方向上的分量时,使飞行高度止跌回升,过航迹最低点 c,使航迹和缓上弯和爬升,飞机爬升角增量 $\Delta\gamma>0$,见图 9.32。随后,重力在航迹切线方向上的投影(切向力)和阻力增量之和大于发动机的推力,使速度减小,升力变小。从 c 点到 d 点时,速度增量和升力增量减小为零,但飞机仍有垂直上升速度而飞过原先的平飞高度。由于速度继续下降,升力增量逐渐变为负值,升力小于重力,飞机出现向下的法向加速度,航迹便和缓地下弯;到 e 点时,速度增量负值和负升增量均达到最大值,因而高度又逐渐降低,$\Delta\gamma<0$,重力在航迹切线方向上的分量增加和速度增加,升力在下降的过程中又不断增大;到达 f 点时,速度和升力又回复到原先平衡状态的数值。再向下飞行运动时,速度增量和升力增量又出现,然后航迹再次向上弯曲。如此反复进行,就形成了飞行速度和航迹角与高度的振荡运动,见图 9.32(a)、(b)和(c)。振荡周期长达 30 s 以上。随着飞行时间 t 的增加,ΔV_∞、Δr、ΔH 的峰值由于阻力的阻尼作用,将缓慢下降。

如果速度变化时,发动机推力的变化比阻力的变化大,那么产生长周期振荡就不会衰减,见图 9.32(d),甚至振幅还会增大,见图 9.32(d)上虚线所示的情况。

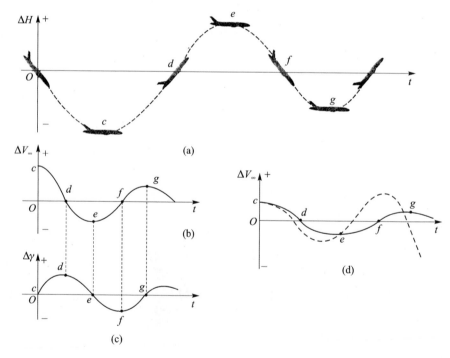

图 9.32

所以,在长周期运动中使飞机恢复初始速度的趋势主要取决于速度变化时升力变化的规律。如果随着速度的增加,升力也增加;速度降低,升力也降低,而阻力随之的变化量又很小,则长周期就十分接近于一个无阻尼的简谐振荡了。对于高升阻比 L/D 外形的飞机,振荡周期会更长,必要时需增加人工阻尼器。

9.4.4　飞机纵向动稳定性小结

我们知道,飞机是一个要求在空中自由运动的物体,它的转动惯量较小,而移动惯量(质量)却相当大。在空中受到扰动后,飞机绕它的主轴转动角加速度远大于它的移动线加速度,因此,飞机的迎角和俯仰角改变快,而飞行速度改变慢。这就是运动参数为什么按照两种不同规律即短周期和长周期变化的根本原因所在。

这种划分到底有什么实际意义呢?

对于长周期运动,飞行员的反应与要求是:首先不应当是非周期性的动不稳定状态,像图 9.27(b)所示状态。如果这样,飞机往往会急剧地偏离原来的平衡飞行状态,出现险情。如果长周期运动是动不稳定的,像图 9.27(a)所示状态,则飞行员的反应时间是比较宽容的,因为长周期振荡的周期很长(通常为几十秒)。在这段时间内飞行员完全来得及操控飞机,使其不致偏离既定的平衡飞行状态太远或者制止这种偏离现象。

对于短周期运动,若飞机是动稳定的,其振幅衰减也很快,飞行员甚至可能未直觉查出这种"振荡"。如果飞机短周期运动是不稳定的,则短周期运动的振幅会很快增加,飞行员往往来不及反应并予以制止;而且由于短周期响应的频率和人的正常反应频率很接近,飞行中如果飞行员企图通过操纵来使这一振荡衰减,就有可能适得其反,导致飞行员诱发振荡(Pilot Induced Oscillation,PIO),振荡非但未制止,反而使振幅倍增,造成险情。正因为短周期运动对飞行安全、乘员的舒适度、射击的准确性以及操纵反应特性都有重大影响,故对短周期运动特性要求也更高。

在实际飞行中,特别是云中飞行、在大气湍流中飞行的情况(参看第 8 章),不仅对短周期运动要注意,即使对长周期运动也不可长时间处于无人监控的状态。飞行员应当理解和掌握上述飞机受扰运动的特点,从而更加理性地去操纵飞机。

9.4.5　飞机纵向动操纵性简介

1. 静操纵性与动操纵性

正如前述,飞机的静操纵性是指飞机由一个平衡状态转到另一个新的平衡状态所需要的升降舵偏角、驾驶杆力和杆位移变化(含大小方向)的特性。或者简单说,飞机静操纵性研究的是偏转升降舵改变飞机平衡状态能力大小的问题。至于因升降舵偏转,飞机由一个平衡状态如何具体转换到另一个新的平衡状态的全过程,则属于飞机动操纵性研究的范畴或问题。或者简单说,飞机动操纵性研究的是偏转升降舵、飞机飞行状态的变化与反应问题。

2. 开环系统和闭环系统

在飞行中,飞行员操纵飞机常可采用两种模型来描述:对于不需要精确控制飞机的飞行速度、姿态和航迹的飞行状态,例如爬升、下降、巡航等,飞行员一般同时通过操纵驾驶杆和操纵油门杆来改变飞机的飞行状态参数。而此种运动参数的变化并不能及时地影响飞行员的操纵。在这种情况下,如果以飞行员施加的操纵杆力作为输入量,引起飞行运动参数的变化作为输出量,则上述操纵方式可用图 9.33(a)所示的方框图来表示。操纵系统和飞机这两个环节组成的这一串联系统,不形成封闭回路,称为开环系统。

与之对应的是,对于需要精确控制飞机飞行速度、姿态和航迹的飞行状态,例如编队、地形跟踪、着陆进近等,飞行员要随时注意飞机运动参数的变化,反复地调节油门杆位置和升降航偏角,以便及时修正飞机的姿态,达到精确操纵的目的。在图 9.33(b)中,以俯仰姿态角 θ 操纵为例具体说明了对飞机进行精确操纵的原理。由图可以看出,在这种操纵方式中,通过飞机运动参数的反馈,使飞行员、操纵系统和飞机三个环节形成了闭环回路,称为闭环系统。这时,飞行员所施加的操纵是按照飞机运动参数的变化而及时调整的。由于在操纵量杆力 F_s 中考虑了反应量,显然能达到比开环系统更为精确的控制。

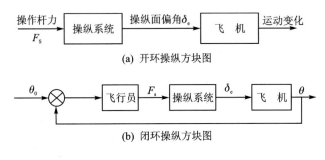

(a) 开环操纵方块图

(b) 闭环操纵方块图

图 9.33

宏观地说,在整个飞行过程中,飞行员总是按照飞行任务的要求和飞机的实际运动情况来调整飞机的姿态、航迹和运动参数的。换句话说,应当按闭环系统模型来研究飞机的操纵运动。然而对于前面提到的某些并不需要精确控制飞机运动参数、航迹和姿态的飞行任务,在一定的时间间隔内,飞机的运动参数并不能及时影响输入和操纵量,因此,按开环系统来讨论飞机的操纵运动和飞机的动操纵性,仍有重要的实用价值。

3. 飞机对阶跃输入操纵的反应

在分析飞机动操纵性或飞机对操纵的反应时,升降舵偏角可以作为一种输入量。而操纵面的偏转通常是通过飞行员操纵来实现的。飞行员操纵动作不同,舵面的输入形式也就变化,从而飞机对操纵的反应也会不同。

可以把飞行员对升降舵偏角的操纵动作分解,看成是若干典型操纵动作的叠加。所谓典型操纵动作,可能有以下几种,见图 9.34。图(a)代表瞬间拉杆或推杆动作,即 $t<0, \delta_e(t)=0, t\geq 0, \delta_e(t)\neq 0 (=\text{const.})$ 的情况。图(b)代表飞行员实施精确操控、理想化的正弦形操纵动作。图(c)代表缓慢机动飞行中,等速偏转舵面的情况。

现只就图(a)的操纵形式、飞机运动参数的反应作简单说明。

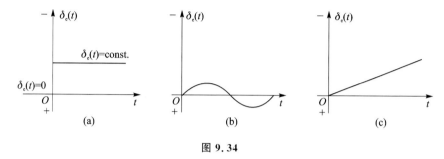

图 9.34

飞机做纵向定直平飞,飞行员迅速地拉杆,使升降舵偏角上偏 1.72°,即 $\Delta\delta_e = -1.72°$ 后,飞机对此操纵动作[接近于图 9.34(a)所示动作]的反应见图 9.35。

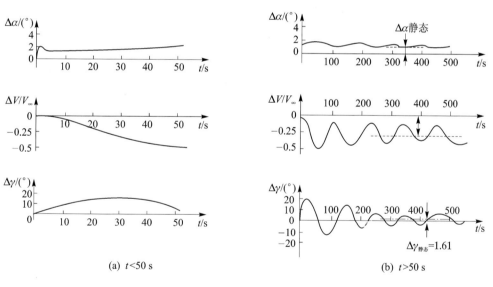

(a) $t<50$ s　　　　　(b) $t>50$ s

图 9.35

由图 9.35 可见,飞机迎角 α 的变化呈短周期振荡形态,振荡周期很短,很快趋于对应新升降舵偏角的平衡静态值。但飞机的速度 ΔV_∞ 和爬升角 $\Delta\gamma$ 参数的变化呈长周期振荡形态。当飞机重新到达新的平衡状态时,飞机状态的主要特征是:飞机转为减速(只有原来速度的 71% 左右)爬升,稳定轨迹爬升角 $\gamma=1.61°$,相应的飞机迎角增加 1.69°。这个结果完全符合静操纵的预期。在第 7 章中讲述过,原来做定直平飞,在正常操纵区拉杆,飞机应转入"减速、爬升"状态。

飞机做纵向定直平飞,飞行员迅速前推油门杆增大推力(但推力作用线通过重心,故并未引起俯仰力矩变化的前提下),推力大于阻力,平衡状态被打破,飞机的受扰运动的变化参看图 9.36。

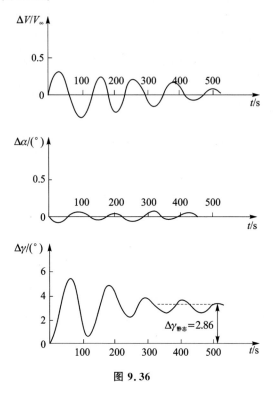

图 9.36

由图 9.36 可见,飞机最初的反应是 $\Delta V > 0$(增速)、$\Delta \gamma > 0$(爬升),而 $\Delta \alpha < 0$;但几分钟之后,新的平衡状态变成维持原有飞行速度和迎角的爬升飞行,$\Delta \gamma = 2.86°$。各个运动参数仍呈振荡状态。受扰运动的最终结果仍与静操纵性的预期"油门管升降"相符。

但是,从动操纵性角度分析,尚须仔细考察受扰运动的初期反应,比如参看图 9.35(a),现放大图在图 9.37 上。

由图可见,上偏升降舵后,飞机迎角增量 $\Delta \alpha$ 或飞机过载增量 $\Delta n (= \Delta L/W)$ 首次达到稳定值的时间,即反应时间 t_f;振荡过程中,$\Delta \alpha(t)$ 偏离稳定值的最大偏差,称为最大超调量,相应的反应时间用 t_{max} 表示;$\Delta \alpha(t)$ 偏离稳定值的最大超调量与稳定值之比小于 $\pm 2\% \sim \pm 5\%$ 所需时间取为 t_s。显然,t_f、t_{max}、t_s 越短,最大超调量越小,则操纵反应越好。

总之,要使飞机具有良好的操纵反应,除需保证飞机具有一定的静稳定性外,还必须保证飞机具有良好的阻尼特性。

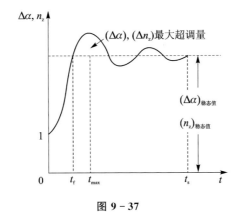

图 9 - 37

　　最终,由飞机试飞研究院和试飞员通过飞行实践来确定飞机是否满足纵向动态飞行的品质要求,然后才交付运营方使用,并有相应的操作手册供一般飞行员参照执行。

第 **10** 章

飞机侧向定直飞行中的
稳定性与操纵性

10.1 飞机侧向定直飞行的特点

飞机做侧向定直飞行时，$\alpha \neq 0$，侧滑角 $\beta \neq 0$，见图 10.1。关于侧滑角的定义，见第 6 章。这时，飞机上将产生绕纵轴 Ox 的滚转力矩 $L \neq 0$、绕立轴 Oz 的偏航力矩 $N \neq 0$ 和沿横轴 Oy 的横向力 $Y \neq 0$；与此同时，还会产生滚转角速度 $p \neq 0$、偏航角速度 $r \neq 0$ 和横向移动速度 $v \neq 0$ 的运动。

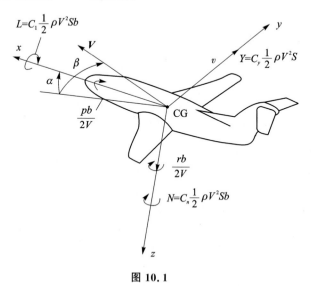

$$L = C_1 \frac{1}{2} \rho V^2 Sb$$

$$Y = C_y \frac{1}{2} \rho V^2 S$$

$$N = C_n \frac{1}{2} \rho V^2 Sb$$

图 10.1

在图 10.1 上未画出因迎角 $\alpha \neq 0$ 出现的升力 $L \neq 0$、阻力 $D \neq 0$ 和绕横轴 Oy 的俯仰力矩 $M \neq 0$，以及随之而产生的俯仰角速度 $q \neq 0$ 等，这些在前面已经讨论过了。

如果 $\beta=0$，$\phi=0$，则 $L=N=Y=0$，$p=r=v=0$，即前面一直在讨论的纵向定直飞行状态。

如果想保持 $\beta=$ const.、倾斜角 $\phi=$ const. 的侧向定直飞行（$V_\infty=$ const.），飞行员则必须操纵副翼偏转角 δ_a、方向舵偏转角 δ_r 乃至油门杆等才有可能实现。这也是本章要讨论的重点内容。

飞机的大多数飞行状态都属于纵向飞行状态。除了少数飞行状态，有 $\beta\neq0$ 或 $\phi\neq0$ 情况出现，而且 β 角和 ϕ 角都不会太大。

因此，讨论侧向定直飞行都是以纵向定直飞行为出发点，作为基准状态。一旦出现 β 或 ϕ，则进入侧向飞行，就会出现 L、N、Y 等。这也是本章要讨论的内容。

10.2　飞机的横向静稳定性

10.2.1　飞机横向静稳定性的定义

飞机的横向静稳定性是指因内部或外部扰动打破了原先 $\phi=0$、$\beta=0$ 的平衡状态（原先为纵向飞行状态）而出现 $\phi\neq0$、$\beta\neq0$；在扰动消失瞬间，飞机具有自动恢复原先平衡状态的趋势，即具有自动消除倾斜（或自动消除坡度）的趋势。

参看图 10.2。伴随着飞机突然倾斜，$\phi>0$，飞机将出现沿 Oy 轴的移动速度 v，从而导致出现右侧滑角 $\Delta\beta>0$。如果因出现右侧滑，飞机自动产生出一个向左滚转的横向滚转力矩 $\Delta L<0$，表明飞机具有消除倾斜的趋势，则称该飞机具有横向静稳

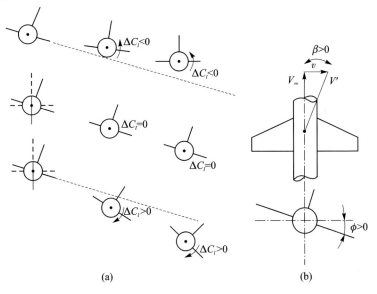

(a)　　　　　　　　　　　(b)

图 10.2

定性;反之,若产生的横向滚转力矩 $\Delta L>0$,则表明飞机不具有自动消除倾斜的趋势,反而加速倾斜,则称该飞机具有横向静不稳定性。若不产生横向滚转力矩,即 $\Delta L=0$,则称该飞机具有横向中立静稳定性。

请指出在图 10.1(a)上,谁具有横向静稳定性,谁具有横向中立静稳定性,谁具有横向静不稳定性。

为了保证便于操纵飞机与飞行的安全,飞机必须要具有横向静稳定性。

10.2.2 飞机横向静稳定性的表示方法

飞机横向滚转力矩为 L,用横向滚转力矩系数 C_l 表示,其关系是:
$$C_l=L/(q_\infty Sb) \tag{10-1}$$
式中,b 是飞机机翼的翼展长度。

因此,飞机横向滚转力矩 L 与侧滑角 β 的关系可用 C_l-β 变化关系来描述,参看图 10.3。

换句话说,尽管倾斜角 ϕ 并不直接产生滚转力矩,但倾斜出现的沿 Oy 轴的移动速度 $v>0$,将使飞机出现侧滑角 $\beta>0$,接着出现的滚转力矩系数 C_l 随 β 的变化,在初始平衡点处($\phi=\beta=0$)的斜率正负号及其大小,代表的就是飞机横向静稳定性的情况。

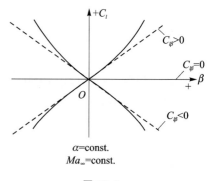

图 10.3

比如,一旦飞机右倾斜,$\Delta\phi>0$,飞机立即出现 $\Delta v>0$,且出现右侧滑角 $\Delta\beta>0$;若飞机产生的滚转力矩系数 $\Delta C_l<0$,显然,它则具有横向静稳定性,即
$$C_{l\beta}=\Delta C_l/\Delta\beta \quad (<0) \tag{10-2}$$
即 C_l-β 曲线在初始平衡点处的斜率 $C_{l\beta}$ 应小于零,$C_{l\beta}<0$。它产生的横向滚转力矩系数增量为
$$\Delta C_l=C_{l\beta}\Delta\beta \quad (<0) \tag{10-3}$$
这个滚转力矩有力图清除倾斜、起到横向静稳定性的作用。$C_{l\beta}$ 称为飞机横向静稳定导数。

10.2.3 如何保证飞机具有横向静稳定性

要保证飞机的 $C_{l\beta}<0$,必须在飞机外形和布局上采取相应的设计措施:比如机翼采用"上反角"布局;机翼机身采用"上单翼组合"形式等。此外,机翼后掠角与立尾也有贡献。

1. 机翼上反角的贡献

① 参看图 10.4，这是一个有上反角 Γ 的直机翼情况。机翼上反角 Γ 是指机翼翼弦平面与垂直于飞机几何对称平面（Oxz 平面）的参考平面（Oxy 平面）之间的夹角，向上 $\Gamma > 0$（称为上反角）；向下 $\Gamma < 0$（称为下反角）。

② 上反角（$\Gamma > 0$）产生横向静稳力矩的原因如下：

一旦出现侧滑（$\beta > 0$，右侧滑），来流 V_∞ 在垂直于几何对称平面方向上有速度分量 $V_\infty \sin \beta \approx V_\infty \beta$（$\beta$ 是小量）；当 $\Gamma > 0$ 时，右半翼上的迎角增量 $\Delta \alpha_R \approx V_\infty \beta \Gamma / V_\infty \approx \beta \Gamma > 0$；而在左半翼上的迎角增量 $\Delta \alpha_L \approx -\beta \Gamma < 0$。所以，右半翼上的升力 > 左半翼上的升力，因而产生向左滚转的力矩，$\Delta C_l < 0$，故上反角起到横向静稳定性的作用，见图 10.4 和图 10.5。

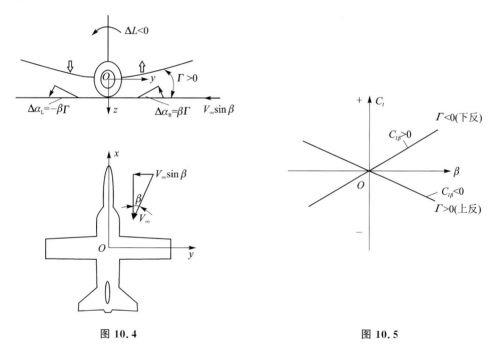

图 10.4　　　　　　　　　　　　　　　　　图 10.5

2. 机翼与机身组合形式

一般，机翼与机身组合形式可分成三种：上单翼组合型（HW）、中单翼组合型（MW）和下单翼组合型（LW）。在图 10.6 中绘出了 HW 和 LW 的示意图。

图（a）为 HW 组合，一旦出现右侧滑，$\beta > 0$，会有 $V_\infty \sin \beta \approx V_\infty \beta$ 出现，没有机翼时，横向流将绕过机身，产生向上和向下的绕流，不会影响滚转力矩大小。现在出现上单翼，情况就发生了变化。右半机翼翼根区域出现迎角正增量分布；反之，左半机翼翼根区域出现迎角负增量分布，导致出现横向静稳定力矩，$\Delta C_l < 0$，见图 10.7。

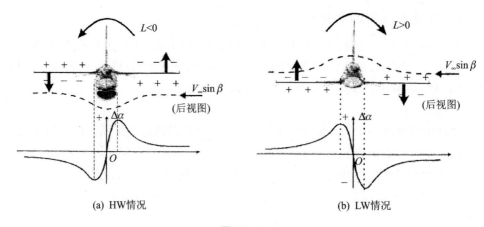

(a) HW情况   (b) LW情况

图 10.6

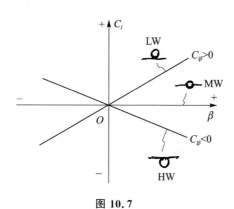

图 10.7

3. 机翼后掠角贡献

高速飞机为了减小阻力,机翼多半采用了后掠角。机翼采用后掠角后,大大改变了飞机的横向静稳定特性,见图 10.8。

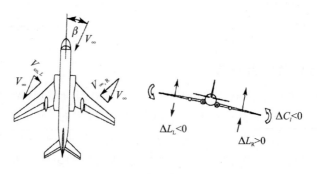

图 10.8

后掠机翼,迎角 $\alpha > 0$,一旦出现右侧滑,则 $\beta > 0$。这时来流 V_∞ 在垂直于前缘方向的投影,叫有效空速。右侧滑,右半翼前缘有效后掠角减小,为 $\Lambda_0-\beta$;左半翼前缘有效后掠角增加,为 $\Lambda_0+\beta$。因此,右半翼有效空速增加,变为 $V_{\infty,R}=V_\infty\cos(\Lambda_0-\beta)$,而左半翼有效空速减小,变为 $V_{\infty,L}=V_\infty\cos(\Lambda_0+\beta)$。显然,$V_{\infty,R}>V_{\infty,L}$。因此,右半翼上升力增量 $\Delta L_R>0$;左半翼上升力增量 $\Delta L_L<0$。结果产生向左的滚转力矩,$\Delta C_l<0$,后掠起了横向静稳定性的作用,有时也称为后掠的"上反"效应。

当然,上述分析是在机翼迎角 $\alpha>0$、$C_L>0$ 的情况下才成立。C_L 越大,后掠角所提供的横向静稳定性贡献越大。有的后掠角大的飞机,低速飞行时,会因 C_L 过大造成横向静稳定性过大的情况,出现机翼下反角的布局的原因也在此。

4. 螺旋桨滑流对飞机横向静稳定性的贡献

对于如图 10.9 所示的螺旋桨飞机,一旦出现侧滑角 $\beta>0$ 时,螺旋桨滑流与机翼的相互干扰,将对飞机的滚转力矩特性产生重要影响。由于右侧滑,左半机翼受到滑流的影响,所产生的附加升力将产生向右滚转的力矩,起到横向静不稳定的作用。

5. 立尾对飞机横向静稳定性的贡献

一般来说,飞机立尾对飞机横向静稳定性的贡献并不大,但是对于高速飞机,特别是对立尾面积相对比较大的飞机来讲,立尾的贡献不能忽略。注意,立尾的设计主要是为了保证飞机具有方向(或侧向)静稳定性来考虑的(参看 10.4 节),这里只是它的副产品。

一旦飞机有了侧滑角 $\beta>0$,参看 10.3 节,在立尾上产生的横向力(亦称侧向力)

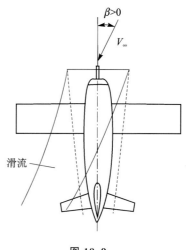

图 10.9

$Y_V<0$,它对飞机纵轴(Ox 轴)将产生向左的滚转力矩,是起横向静稳定性作用的。

10.2.4　飞机横向静稳定性导数 $C_{l\beta}$ 的变化情况

1. 低、亚声速飞机的 $C_{l\beta}$ 变化情况

参看图 10.10(b),是一架螺旋桨飞机的横向静稳定性导数 $C_{l\beta}$ 风洞模型实验结果。

由图可见,该飞机的 $C_{l\beta}$ 主要来自机翼上反角的贡献,该机平尾和立尾的贡献也不小。此外,螺旋桨滑流对飞机横向静稳定性起到的静不稳定作用也十分明显。

2. 高速或超声速飞机的 $C_{l\beta}$ 变化情况

图 10.10(c),是一架超声速飞机 $C_{l\beta}-Ma_\infty$ 的变化情况。

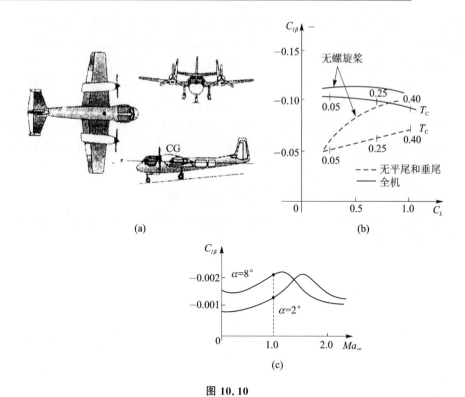

图 10.10

该机在整个飞行马赫数范围内，都满足 $C_{l\beta}<0$ 的要求，具有横向静稳定性。但是，比如在亚声速区，$Ma_\infty<1.0$，随迎角增加，$C_{l\beta}$ 负值增大，表明这是一架后掠机翼飞机。如飞机横向静稳定性过大，特别是横向静稳定性与飞机方向静稳定性（参看 10.4 节）之间大小比例失调，则会对飞机侧向飞行中的动稳定性带来不良后果（参看 10.9 节），值得引起注意。

10.3 飞机的横向力(亦称侧向力)特性

10.3.1 飞机横向力系数的导数 $C_{Y\beta}$

当飞机有侧滑时，$\beta\neq0$，不仅将产生滚转力矩 L，而且还将产生横向力 Y 和偏航力矩 N，参看图 10.1。有侧滑时，飞机上产生的横向力 Y 可用横向力系数 C_Y 来表示，则有

$$C_Y=Y/(q_\infty S) \tag{10-4}$$

图 10.11 上是飞机有右侧滑时，各个部件产生横向力的示意图，说明机身头部（$C_{Y,F}$）、机翼机身组合段（$C_{Y,WF}$）、立尾（$C_{Y,V}$）、进气道进口（$C_{Y,P}$），以及全机（C_Y）的情况。

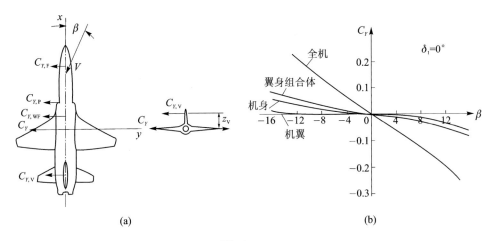

图 10.11

由图 10.11 可见,在全机的横向力系数 C_Y 中,贡献最大的是立尾,其次是机身和翼身组合段。从图 10.11(b)上看,横向力系数贡献大小,可用横向力系数 C_Y、对侧滑角 β 的一阶导数来代表,即

$$C_{Y\beta} = \Delta C_Y / \Delta \beta \quad (< 0) \tag{10-5}$$

一旦出现侧滑,$\Delta \beta \neq 0$,则产生的横向力系数 ΔC_Y 为

$$\Delta C_Y = C_{Y\beta} \Delta \beta \tag{10-6}$$

10.3.2　飞机横向力系数导数 $C_{Y\beta}$ 的变化情况

1. 低速、亚声速飞机的 $C_{Y\beta}$ 变化情况

在图 10.12 上,是图 10.10 上的双发螺旋桨飞机 $C_{Y\beta}$ 的风洞模型实验结果,可供参考分析。飞机为巡航外形。图上还分别列出了翼身组合体(无平尾和立尾情况)和全机结果,并考虑了螺旋桨滑流的影响。

由图 10.12 可见,在巡航外形下,立尾对 $C_{Y\beta}$ 的贡献最大,占 6 成以上,其余为机身等的贡献。螺旋桨工作时对飞机的 $C_{Y\beta}$ 影响清晰可见,尽管数量上不是太大。此外,如放襟翼特别是放起落架,将增大飞机 $C_{Y\beta}$ 的绝对值。

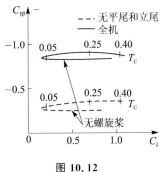

图 10.12

2. 高速或超声速飞机的 $C_{Y\beta}$ 变化情况

图 10.13 列出了两架超声速战斗机 F-100 和米格-21 的 $C_{Y\beta}$ 随飞行马赫数 Ma_∞ 的变化情况。注意,马赫数 Ma_∞ 的影响是不小的。

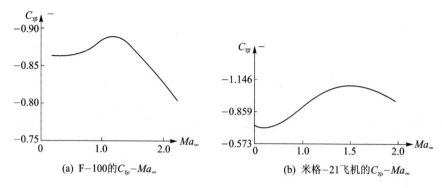

(a) F-100 的 $C_{y\beta}$-Ma_∞　　　　　　(b) 米格-21 飞机的 $C_{y\beta}$-Ma_∞

图 10.13

10.4　飞机的方向静稳定性

10.4.1　飞机方向静稳定性的定义

初始平衡飞行状态为纵向定直飞行状态。偏航力矩 N 和侧滑角 β 均等于零。飞机方向静稳定性是指因内部或外部扰动打破了原先 $\beta=0$ 的平衡状态而出现 $\beta\neq 0$，在扰动消失瞬间，飞机具有自动恢复原先平衡状态的趋势，即有消除 β 角而向 $\beta=0$ 状态恢复的趋势。简单点说，飞机具有自动消除侧滑角 β 的趋势，则称飞机具有方向静稳定性。

参看图 10.14。比如当飞机受到干扰向右倾斜，$\phi>0$，出现右侧滑，$\beta>0$ 时，在没有飞行员的干预下，飞机能自动产生一个正值的偏航力矩 $N>0$ 或一个正值偏航力矩系数 $C_n>0$，来消除侧滑角 β；或者，出现向左倾斜，$\phi<0$，出现左侧滑时，$\beta<0$，飞机能自动产生一个负值偏航力矩 $N<0$ 或一个负值偏航力矩系数 $C_n<0$，来消除侧滑角。这样设计出来的飞机称为具有方向静稳定性。偏航力矩系数 C_n 的定义为

$$C_n = N/(q_\infty Sb) \tag{10-7}$$

10.4.2　飞机方向静稳定性的表示方法

参看图 10.14。根据方向静稳定性的定义，从 C_n-β 变化关系来看，有

$$C_{n\beta} = \Delta C_n/\Delta\beta > 0 \tag{10-8}$$

或

$$C_{n\beta} = \Delta C_n/\Delta\beta < 0 \tag{10-9}$$

或

$$C_{n\beta} = \Delta C_n/\Delta\beta = 0 \tag{10-10}$$

式(10-8)代表具有方向静稳定性的情况，而式(10-9)和式(10-10)分别代表不具有方向静稳定性和具有方向中立静稳定性的情况。

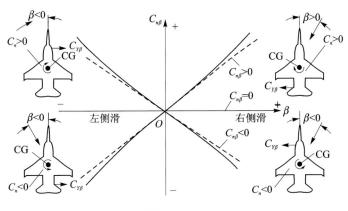

图 10.14

10.4.3　如何保证飞机具有方向静稳定性

要保证飞机具有方向静稳定性,或保证 $C_{n\beta} > 0$,关键在立尾的设计上。立尾面积 S_V 的大小和立尾横向力 $C_{Y,V}$ 作用点到飞机重心的距离 L_V(立尾产生偏航力矩的力臂长度)必须精心选择,或者说立尾的尾容量系数 $(S_V L_V)/(Sb)$ 的大小必须保证飞机的横向力 C_Y 作用在飞机重心位置之后,可参看图 10.11。一旦出现侧滑,$\Delta\beta > 0$,横向力 C_Y 将产生方向静稳定力矩,因而飞机具有方向静稳定性,$C_{n\beta} > 0$;飞机产生的偏航力矩系数增量为

$$\Delta C_n = C_{n\beta} \Delta\beta > 0 \qquad (10 - 11)$$

这个偏航力矩系数增量有自动消除飞机侧滑角的作用,这就是飞机具有方向静稳定性的具体含义;有时,也称它为飞机的"风标"静稳定性,即具有与来流方向自动保持一致的趋势。但这不是说飞机具有自动保持对地航向的能力,完全不是一码事。请特别留意。

10.4.4　飞机方向静稳定性导数 $C_{n\beta}$ 的变化情况

1. 低速、亚声速飞机方向静稳定性导数 $C_{n\beta}$ 的变化情况

在图 10.15 上,仍是图 10.9 上的螺旋桨飞机的 $C_{n\beta}$ 风洞模型实验结果。该实验结果显示该飞机方向静稳定性全靠立尾的贡献。

2. 高速或超声速飞机的 $C_{n\beta}$ 的变化情况

图 10.16(a)是美制 F - 100 飞机的 $C_{n\beta}$ 曲线;图 10.16(b)是苏制米格 - 21 飞机的 $C_{n\beta}$ 曲线。两种绘图方式说明的是同一类数据。由图(b)来看,它更清楚地表明了立尾在方向静稳定性上的重要性。

由图 10.16 还可以看出,超声速、大 C_L 下(做机动飞行)飞机 $C_{n\beta}$ 下降,甚至出现

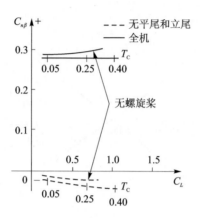

图 10.15

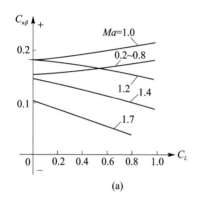

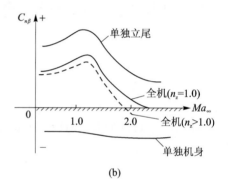

图 10.16

丧失方向静稳定性的情况,这是在飞行中不允许出现的情况。超声速战斗机有双立尾布局,或加下立尾布局等,都是改进 $C_{n\beta}$ 过小所采取的措施。

3. 几架喷气式飞机的数据表

在表 10.1 中,列出了几架飞机低速时的 $C_{l\beta}$、$C_{n\beta}$、$C_{Y\beta}$ 数据,以供参考、分析。

表 10.1　几架喷气式飞机的数据表

机　型	飞行 Ma_∞	飞行 H/ft	$C_{l\beta}/\mathrm{rad}^{-1}$	$C_{Y\beta}/\mathrm{rad}^{-1}$	$C_{n\beta}/\mathrm{rad}^{-1}$
B747	0.25	0	-0.22	-0.96	0.15
C880	0.25	0	-0.20	-0.88	0.14
jetstar	0.25	0	-0.16	-0.72	0.12
A－4D	0.25	0	-0.12	-0.98	0.25

由表 10.1 中可见,飞机外形变化不小,但在低速、亚声速飞行中,除个别飞机外,它们的 $C_{l\beta}$、$C_{Y\beta}$ 和 $C_{n\beta}$ 在数值上差别并不是很大,值得注意。

10.5　飞机副翼和方向舵的操纵效能

若想保持侧滑角 $\beta=$ const. 的侧向定直飞行,应当如何操纵飞机呢? 显然,这时必须操纵飞机的副翼和方向舵才有可能。在这里先分别介绍它们的工作原理和操纵效能(操控能力)。

10.5.1　飞机副翼的操纵效能 $C_{l\delta_a}$

副翼位于左右半翼外侧。飞行员向右压驾驶杆,右半翼上的副翼向上偏转,定义 $\delta_a<0$;左半翼上的副翼向下偏转,定义 $\delta_a>0$,见图 10.17。现以右半翼上的副翼偏转方向为准,故向右压驾驶杆,副翼负向偏转,$\delta_a<0$ 或 $\Delta\delta_a<0$;向左压驾驶杆,副翼正向偏转,则 $\delta_a>0$ 或 $\Delta\delta_a>0$。

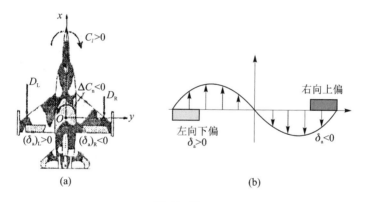

图 10.17

由图 10.17 可知,向右压杆,右半翼上的升力减小,左半翼上的升力增加,从而产生向右滚转的空气动力力矩,力图使飞机向右滚动、倾斜。副翼偏转角增量为 $\Delta\delta_a<0$,产生的滚转力矩系数增量为 $\Delta C_l>0$,则副翼的操纵效能 $C_{l\delta_a}$ 为

$$C_{l\delta_a} = \Delta C_l/\Delta\delta_a \quad (<0) \tag{10-12}$$

这表明,副翼操纵效能大小的含义是指副翼单位偏转角产生的飞机滚转力矩系数的大小。由副翼偏转而产生的滚转力矩系数增量为

$$\Delta C_l = C_{l\delta_a}\Delta\delta_a \tag{10-13}$$

从图 10.17(a)上,还可以看到,当向右压驾驶杆,左半机翼上升力增加时,左半翼上的阻力也跟着增加;相比较而言,右半翼上升力减小时,阻力也会跟着减小。结果会伴生出一个偏航力矩系数增量 $\Delta C_n<0$。它的作用违背了向右压杆,使飞机向右倾斜的初衷,是不希望出现的偏航力矩,有

$$\Delta C_n = C_{n\delta_a}\Delta\delta_a \tag{10-14}$$

而

$$C_{n\delta_a} = \Delta C_n / \Delta \delta_a \quad (<0) \tag{10-15}$$

这说明偏转副翼主要是为提供滚转操纵力矩 ΔC_l，但也附带产生了不利的偏航力矩增量 ΔC_n，即有 $C_{n\delta_a} \neq 0$。这个现象称为"偏副翼反偏航效应"。

为了尽量减小这个不利的偏航力矩，出现了"差动副翼"方案，以及采用扰流片"Spoiler"辅助操纵面等，见图 10.18。

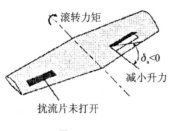

图 10.18

所谓"差动副翼"是指压杆时副翼的上偏角比下偏角要大一点的一种副翼，用来减小 $|C_{n\delta_a}|$ 的一种措施。比如，向右压杆，右半翼上副翼上偏角大，而左半翼上副翼下偏角小，这是否能抵消部分"偏副翼反偏航效应"呢？请思考。

"Spoiler"（扰流片）是一种附加的横向操纵装置。左、右半机翼上都装有扰流片，不打开时与翼面紧贴着；打开时，引起扰流片前方气流减速增压，扰流片后方的气流产生局部分离，使得在安装扰流片处机翼的升力下降，对飞机产生附加的滚转力矩的同时，增加希望的偏航力矩，来减小"偏副翼反偏航效应"，使 $|C_{n\delta_a}|$ 数值下降。

如果左、右半机翼上的扰流片同时打开，会起到什么作用呢？请思考。

10.5.2 飞机方向舵的操纵效能 $C_{n\delta_r}$

飞行员蹬方向舵的效果，现以蹬左舵为例来说明。飞行员蹬左舵，方向舵向左偏转，方向舵偏角 $\delta_r > 0$，或 $\Delta \delta_r > 0$，产生的横向力 $Y > 0$；该力对 Ox 轴和 Oz 轴产生滚转力矩 L 和偏航力矩 N，见图 10.19。

方向舵的操纵效能为

$$C_{n\delta_r} = \Delta C_n / \Delta \delta_r \quad (<0) \tag{10-16}$$

这表明，方向舵操纵效能大小的物理含义是指方向舵单位偏转角产生的飞机偏航力矩系数的大小。由方向舵偏转而产生的偏航力矩增量为

$$\Delta C_n = C_{n\delta_r} \Delta \delta_r \tag{10-17}$$

正如前述，蹬左舵，$\delta_r > 0$ 或 $\Delta \delta_r > 0$，产生的横向力系数 $\Delta C_Y = C_{Y\delta_r}\Delta \delta_r (>0)$，它对飞机重心产生的偏航力矩系数 $\Delta C_n = C_{n\delta_r}\Delta \delta_r < 0$；同理，蹬右舵，$\delta_r < 0$ 或 $\Delta \delta_r < 0$，$\Delta C_Y < 0$，产生的 $\Delta C_n > 0$。这是方向舵的主要操纵功能。

但从图 10.19 也可以清晰地看出，偏转方向舵产生的横向力 ΔC_Y 不仅产生了希望的偏航力矩系数 ΔC_n，同时也产生了不希望的滚转力矩系数 $\Delta C_l = C_{l\delta_r}\Delta \delta_r > 0$。这称为"蹬方向舵反倾斜效应"。通俗点说，蹬左舵让飞机向左"偏头"，却附带出现让飞机向右"横转"的现象。

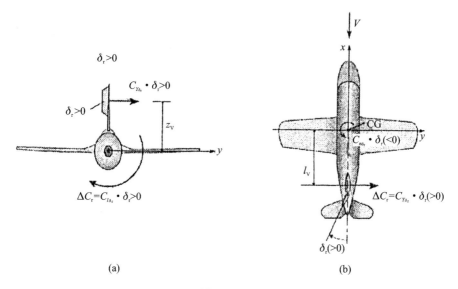

图 10.19

10.6　定直侧滑飞行中飞机侧向平衡曲线与侧向静操纵性

10.6.1　定直侧滑飞行中飞机的侧向平衡曲线

参看图 10.20，飞机做带右侧滑角 $\beta > 0$ 的定直飞行，应当如何操纵飞机？飞机在空中飞行会是什么姿态呢？

因飞机具有横向静稳定性和方向静稳定性，必然会出现：

向左滚力矩

$$\Delta C_l = C_{l\beta} \Delta\beta = C_{l\beta}\beta < 0$$

向右偏航力矩

$$\Delta C_n = C_{n\beta} \Delta\beta = C_{n\beta}\beta > 0$$

向左横向力

$$\Delta C_Y = C_{Y\beta} \Delta\beta = C_{Y\beta}\beta < 0$$

为了保持预定的带右侧滑角的定直飞行，要求飞行员的操纵动作有：

为了 $L = 0$，向右压杆，$\Delta\delta_a = \delta_a < 0$，产生向右滚转的操纵力矩 $\Delta C_l = C_{l\delta_a}\delta_a > 0$。

为了 $N = 0$，蹬左舵，$\Delta\delta_r = \delta_r > 0$，产生向左的操纵偏航力矩 $\Delta C_n = C_{n\delta_r}\delta_r < 0$。

为了 $Y = 0$，再蹬点左舵产生正值 $Y_{V \cdot \delta_r}$，但与已有的横向力 $\Delta C_Y = C_{Y\beta}\beta$ 大小并不相等，故要求再向右多压点杆，使飞机向右倾斜，$\phi > 0$，依靠出现重力横向分量

$W\sin\phi$ 来配平。

将以上操纵动作绘制出 $\delta_a-\beta$、$\delta_r-\beta$ 和 $\phi-\beta$ 的曲线,称为飞机的侧向平衡曲线,见图 10.21。

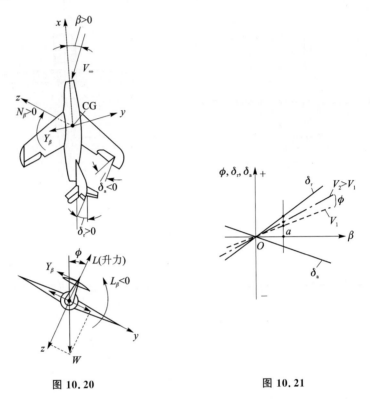

图 10.20   图 10.21

由图 10.21 可见,要求保持平衡的侧滑角 β 越大,因出现的静稳定性力矩增大,要求操纵的副翼偏角 δ_a 和方向舵偏角 δ_r、飞机的倾斜角 ϕ 也增大;至于在带侧滑的定直飞行中,空速增大时,$V_2>V_1$,附加压杆量要调大一点,是因 β 角出现产生的横向力 $\Delta C_{Y\beta}(<0)$ 与蹬方向舵产生的 $\Delta C_{Y\delta_r}(>0)$ 仍不平衡的缘故。

在图 10.22 中,是某飞机的侧向平衡曲线的试飞测量结果,可供分析参考。

10.6.2 定直侧滑飞行中飞机的侧向静操纵性

由飞机侧向平衡曲线可知,对于具有横侧静稳定性的飞机而言,有 $C_{l\beta}<0$,$C_{Y\beta}<0$ 和 $C_{n\beta}>0$,则

$$\Delta\delta_a/\Delta\beta < 0 \qquad\qquad (10-18)$$

$$\Delta\delta_r/\Delta\beta > 0 \qquad\qquad (10-19)$$

$$\Delta\phi/\Delta\beta > 0 \qquad\qquad (10-20)$$

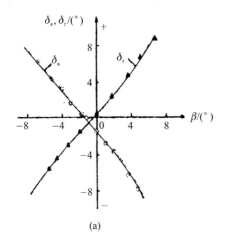

(a)

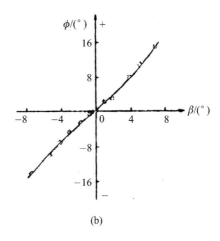

(b)

图 10.22

这三个关系式可称为飞机做定直侧滑飞行时的静操纵性指标。它与飞机做纵向平飞时的静操纵性指标 $\Delta\delta_e/\Delta V_\infty > 0$ 或 $\Delta\delta_e/\Delta C_L < 0$ 或 $\Delta\delta_e/\Delta\alpha < 0$ 的作用相当。

记住这些静操纵性指标,就容易记住操纵的要领,有利于控制好飞机和保证飞行安全。

要做带右侧滑 $\beta > 0$ 的定直飞行,飞行员应当"向右压杆,蹬左舵,向右倾斜"。

要做带左侧滑 $\beta < 0$ 的定直飞行,飞行员应当"向左压杆,蹬右舵,向左倾斜"。

10.7　侧风进近着陆飞行中侧向平衡与操纵

飞机在着陆飞行的第五边,进近着陆飞行阶段,遇到侧风是常见的事情。如何保证遭遇侧风情况下的安全着陆,这是对飞行员的一个基本操纵技术要求。

10.7.1　正侧风对进近着陆飞行的影响

参看图 10.23,垂直于机场跑道中心线出现左侧风 V_w,这时如飞机机头和重心空速 V_∞ 仍对准跑道中心线,则飞机重心的地速有

$$V_g = V_\infty + V_w \qquad (10-21)$$

显然,飞机重心将偏离跑道中心线,产生的偏流角 $\psi > 0$,着地时飞机将偏离跑道出现事故。现在的问题是,以图示有左侧正侧风时,可采用什么进近着陆方法才能使飞机正好着陆在跑道上呢?

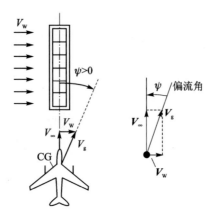

图 10.23

10.7.2　修正偏流的进近着陆方法

1. 采用侧滑角 β 修正偏流法

见图 10.24。如有左侧正侧风 V_w，飞机进近着陆下降时机头仍对准跑道中心线，但飞机采用带左侧滑 $\beta<0$ 的定直下降方式，则侧滑角 β 的大小与 V_w 有关，由下式决定：

$$V_\infty \sin\beta \approx V_\infty \beta = V_w$$

即

$$\beta \approx V_w/V_\infty (=\psi) \qquad\qquad (10-22)$$

从而保证地速 V_g 方向对准跑道中心线，故落地时将落在跑道之上。但是，飞机带 $\beta<0$ 做定直下降，则：

① 因飞机的 $C_{l\beta}<0$，将产生向右滚转力矩 $\Delta C_{l_1}=C_{l\beta}\beta>0$，所以，必须向左压杆，$\delta_a>0$，产生向左滚转力矩 $C_{l_2}=C_{l\delta}\delta_a<0$ 来平衡。

② 因飞机的 $C_{n\beta}>0$，将产生向左偏头的偏航力矩 $\Delta C_{n_1}=C_{n\beta}\beta<0$，所以，必须蹬右舵，$\delta_r<0$，产生向右的偏航力矩 $\Delta C_{n_2}=C_{n\delta_r}\delta_r>0$ 来平衡。

③ 因飞机的 $C_{Y\beta}<0$，将产生 $\Delta C_{Y_1}=C_{Y\beta}\cdot\beta>0$；蹬右舵虽产生 $\Delta C_{Y_2}=C_{Y\delta_r}\delta_r<0$，但前者大于后者，故需要向左多压点杆使飞机产生向左倾斜，$\phi<0$，依靠飞机重力的分量 $W\sin\phi$ 来达到横向力平衡要求。

④ 飞机带 $\beta<0$ 定直下降的空中姿态，参看图 10.24。此时，飞机的侧向平衡曲线见图 10.25。左正侧风 V_w 增加，需要的负值 β 增大，相应要求的向左压杆量与蹬右舵量增加。

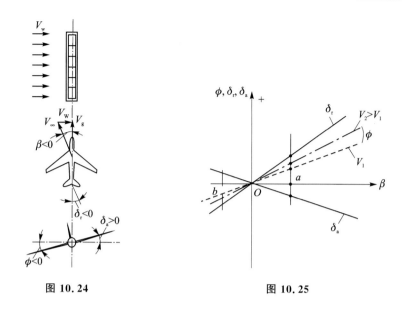

图 10.24　　　　　　　　　　　　图 10.25

请问图 10.25 上"a"和"b"点代表的是什么正侧风进行着陆的情况？

⑤ 飞行员的操纵口诀：

左侧风：用左侧滑($\beta<0$)，向左压杆($\delta_a>0$)，蹬右舵($\delta_r<0$)，向左倾斜($\phi<0$)。

右侧风：用（　）侧滑($\beta>0$)，向（　）压杆($\delta_a<0$)，蹬（　）舵($\delta_r>0$)，向（　）倾斜($\phi>0$)。（请学员自己填写。）

统一口诀：**逆**侧风方向侧滑，**逆**侧风方向压杆，**顺**侧风方向蹬舵，**逆**侧风方向倾斜。

⑥ 接地前瞬间，及时顺侧风方向回杆，修正飞机的倾斜，使 $\phi \to 0$；避免单轮着陆，然后回舵。完全接地后，再逆侧风方向压杆，顺侧风方向蹬舵，防止侧风将飞机吹倾斜，保持滑跑方向。

⑦ 一定进近着陆空速 V_∞ 下，风速 V_w 增加，偏流角 ψ 增大，需要的侧滑角 $|\beta|$ 增大；同样，需要平衡飞机的副翼和方向舵偏角 $|\delta_a|$ 增大、$|\delta_r|$ 增大。但是，每个机型的 δ_a 和 δ_r 都有最大偏转角的限制（比如，在 $\pm 20°\sim\pm 30°$ 之间）。因此，一旦侧风风速 V_w 过大，要求的偏转角大小就可能超出机型的最大偏转角限制值。也就是说，此时无法实现用侧滑角来修正偏流角了。因此，每个机型都有一个最大正侧风着陆限制。比如，B757 飞机的最大正侧风限制为 $V_{w,max}=10$ kn。对此，飞行员应牢记在心。

2. 采用偏转机头（改变航向）修正偏流法

参看图 10.26。首先，根据侧风风速 V_w 和空速 V_∞，估计偏流角 ψ 的大小[参看式(10-22)]；然后，在进入五边之前，飞行员手脚一致逆侧风方向压杆、蹬舵让飞机逆侧风方向转弯，改变航向；当飞机空速 V_∞ 与机头和跑道中心线之间的夹角正好等于偏流角 ψ 时，使飞机地速 V_g 方向对准跑道中心线后，飞行员手脚一致回杆、回舵。

这时,飞机处于 $\beta=0$,$\phi=0$ 和 $\delta_a=\delta_r=0$ 的纵向定直下降飞行状态。图 10.26 画的是左正侧风的情况。

在接地前瞬间,顺侧风方向蹬舵(左侧风,应蹬右舵,$\delta_r<0$),使机头对准跑道中心线的同时,迎侧风方向压杆(左侧风,向左压杆,$\delta_a>0$),以防飞机机头对准跑道中心线后出现的左侧滑($\beta<0$)造成飞机向右倾斜,保证飞机两轮同时着地;一旦着地,应及时调整压杆量和蹬舵量,以保证飞机沿跑道中心线滑跑。

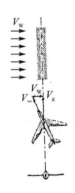

图 10.26

3. 两种修正偏流方法的比较

采用带侧滑角 β 修正偏流法,由于飞机航迹(地速方向)与机体纵轴一致,故易于保持地速方向,飞机接地前改出"侧滑法"的修正量较易掌握;但由于压杆、蹬舵,飞机升阻比 K 下降,下降角 γ 会增加。此外,尚有最大侧风着陆限制。该法一般适用于大、中型飞机。

采用偏转机头修正偏流法,使进近着陆下降飞行变为纵向飞行,无需压杆、蹬舵;改变航向受侧风限制小,但地速(航迹)与机体纵轴方向不一致,保持航迹和飞行方向有一定难度,而且接地前改出"航向法"的修正量不易掌握。该法一般适用于中、小型飞机。

两种方法各有优缺点,可以单独采用,也可以结合使用,视具体机型和飞行状况而定。

10.7.3　有侧风时对着陆航线飞行的影响

在介绍飞机着陆飞行性能谈及着陆航线图 8.46 时,需指出二边与四边飞行为侧风影响的区域。如果不采取因正侧风而出现的偏流,则飞机着陆航线的地面航迹将大为改变。图示是在二边与四边飞行时,采用偏转机头(改变航向)修正偏流法得到的结果。

10.8　双发飞机空中单发停车后飞机的侧向平衡与操纵

在空中做巡航飞行,双发飞机单发停车的概率很小,但为了飞行的安全,也要有随时应对的技术与思想准备。

空中单发停车,对飞行性能的影响是巨大的。此处只就飞机的侧向平衡与操纵角度作一些说明,以避免出现险情,为多发飞机单发停车后的飞行做好准备。

10.8.1　双发喷气式飞机空中左发停车失效

双发飞机空中左发停车失效时,为了维持在空中的飞行,右发不但不能停车,反

而需要加大油门;造成的突出问题是出现向左的偏航力矩,见图 10.27,有

$$N_T = -(T + D_T) \times Y_T < 0 \qquad (10-23)$$

式中,T 是右发动机发出的推力,D_T 是左失效发动机额外产生的阻力,Y_T 是发动机轴到重心的横向距离(力臂)。

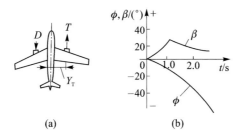

图 10.27

在该偏航力矩作用下,飞机立即出现右侧滑,$\beta > 0$,因而产生向左滚转力矩,$L < 0$,造成飞机迅速向左倾斜,$\phi < 0$。

图 10.27(b)是某飞机在 $H = 5\,000$ m,$V_\infty = 700$ km/h 做平飞时,左发突然停车后在 3 s 内的试验记录。由图可见,2.5 s 时,ϕ 角已高达 40°,如不迅速采取措施,飞机将迅速向左盘旋下降,出现险情。

10.8.2　双发喷气式飞机左发停车失效后做侧向定直飞行的平衡与操纵

下面的讨论前提是:始终有式(10-23)中的 $N_T < 0$(向左偏航力矩)存在。

1. 无倾斜 $\phi = 0$ 的侧向定直飞行状态

由于左发停车,在 $N_T (<0)$ 的作用下,飞机机头要向左偏,参看图 10.28。

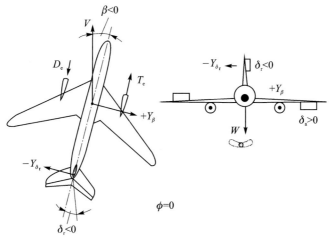

图 10.28

① 蹬右舵，$\delta_r < 0$，产生把机头向右偏转的操纵偏航力矩，不仅平衡掉 N_T，而且还有富余使得飞机反而产生左侧滑，$\beta < 0$。显然，这种状态要求蹬右舵量比较大。因为，一旦出现左侧滑，飞机将产生方向静稳定力矩，$\Delta C_n = C_{n\beta}\beta < 0$，也需要蹬右舵来平衡。

② 要求 $\phi = 0$，因此时 $\beta < 0$，飞机将产生横向静稳定力矩，$\Delta C_l = C_{l\beta}\beta > 0$，使飞机向右倾斜，所以必须向左压杆，$\delta_a > 0$，产生向左横向操纵力矩 $\Delta C_l = C_{l\delta_a}\delta_a < 0$ 来配平。此外，蹬右舵产生的横向力 $Y_{\delta_r} < 0$，亦将产生向左的横滚操纵力矩，$\Delta C_l = C_{l\delta_r}\delta_r < 0$，故它有助于减小向左压杆量。

③ 因为是左侧滑 $\beta < 0$，方向静稳定性产生横向力 $Y_\beta > 0$，它与 Y_{δ_r} 两者应平衡。

④ 可见，左发停车要实现 $\phi = 0$、$\beta < 0$ 的侧向定直飞行状态，需要 $\delta_r < 0$（蹬右舵）、$\delta_a > 0$（向左压杆）。这种状态需多蹬舵，使飞机向失效发动机一边侧滑，机翼无倾斜 ϕ，有少量向失效发动机一边的压杆量。

2. 无侧滑 $\beta = 0$ 的侧向定直飞行状态

① 首先仍先蹬右舵，$\delta_r < 0$，产生操纵偏航力矩，来平衡 N_T 以保证 $\beta = 0$ 的要求。与第一种情况相比，蹬右舵量将减小，请问为什么？参看图 10.29。

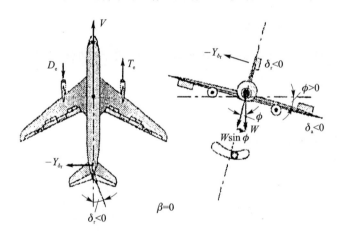

图 10.29

② 蹬右舵产生的横向力 Y_{δ_r} 将产生向左滚转力矩 $\Delta C_l = C_{l\delta_r}\delta_r < 0$，即俗称的"蹬舵反倾斜现象"。故必须向右压杆，$\delta_a < 0$，产生向右操纵滚转力矩 $\Delta C_l = C_{l\delta_a} \cdot \delta_a > 0$ 来平衡。

③ 蹬右舵产生的横向力 Y_{δ_r}，需再向右多压点杆使飞机向右出现倾斜，$\phi > 0$，依靠出现的重力分量 $W\sin\phi$ 来配平。

④ 可见，左发停车要实现 $\beta = 0$ 的定直侧向飞行状态，则需要 $\delta_r < 0, \delta_a < 0, \phi > 0$。这种状态无侧滑，飞机空气阻力小，飞机要向工作发动机一边倾斜，$\phi > 0$。

3. 不蹬舵 $\delta_r = 0$ 的侧向定直飞行状态

① 在左发停车时产生向左偏航力矩 N_T 作用下，出现右侧滑 $\beta > 0$，但飞机具有方向静稳定性，跟着将产生向右的稳定偏航力矩 $\Delta C_n = C_{n\beta}\beta > 0$ 来平衡，无需蹬方向舵，参看图 10.30。

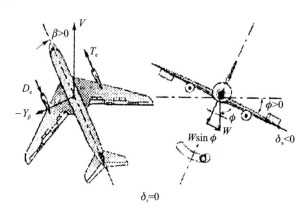

图 10.30

② 主要问题是在出现右侧滑后，因飞机具有横向静稳定性而产生向左的滚转力矩，$\Delta C_l = C_{l\beta}\beta < 0$，必须配平。所以，必须向右压杆，$\delta_a < 0$ 产生向右滚转的操纵力矩 $\Delta C_l = C_{l\delta_a}\delta_a > 0$ 来平衡。

③ 由于右侧滑，$\beta > 0$，会出现横向力 $Y_\beta < 0$，为了平衡该横向力，需多向右压点杆使飞机向右倾斜，$\phi > 0$，依靠出现的重力横向力 $W\sin\phi$ 来配平。

④ 可见，左发停车要实现不蹬舵 $\delta_r = 0$ 的侧向定直飞行状态，则需要 $\beta > 0$，$\delta_a < 0$，$\phi > 0$。这种定直飞行状态因带左侧滑，飞机的空气阻力 D 大，压杆量大，飞机还向工作发动机一边倾斜，$\phi > 0$。这样的空中姿态使飞行员难以适应与判断，故很少采用。

4. 双发喷气式飞机左发停车的侧向定直飞行平衡曲线(示意图)

总结上述三种侧向定直飞行状态操纵动作，可绘出 $\delta_r - \beta$、$\delta_a - \beta$ 和 $\phi - \beta$ 曲线，见图 10.31，称作左发停车的侧向定直飞行平衡曲线。

图 10.31 上"1"点，对应于 $\phi = 0$ 的平衡状态，见图 10.28；图上"2"点，对应于 $\beta = 0$ 的平衡状态，见图 10.29；图上"3"点，对应于 $\delta_r = 0$ 的平衡状态，见图 10.30。

对于左发停车最常采用的平衡状态，应根据机型、初始飞行状态、飞机可用油量和气象条件等来选择，一般选择在图上的"2"点～"3"点之间的平衡状态。于是可总结出应急操纵程序或口诀是：

"左发停车，蹬右舵，向右压杆，向右倾斜"。

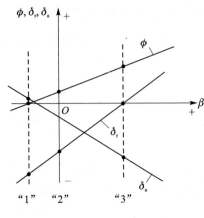

图 10.31

10.8.3 双发喷气式飞机右发停车失效后做侧向定直飞行的平衡与操纵

分析方法与 10.8.2 小节的相同,不再重复。现只绘出双发喷气式飞机右发停车的侧向定直飞行平衡曲线(示意图),见图 10.32。如果已经理解图 10.29 上的变化规律,则对图 10.30 的理解不应该存在什么困难。

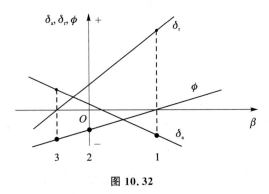

图 10.32

① 注意,图 10.32 上"1"点、"2"点和"3"点代表的意义与图 10.31 上的相同,但位置发生了变化。

② 右发停车,侧向平衡飞行状态多选择在"2"点～"3"点之间。于是,这时的应急操纵程序或口诀是:

"右发停车,蹬左舵,向左压杆,向左倾斜"。

一旦建立起侧向平衡飞行状态后,应减速下降飞行高度,按所飞机型应急程序做单发飞行到应急备降机场着陆。

10.9　飞机侧向飞行中的动稳定性与动操纵性

10.9.1　飞机侧向飞行动稳定性的特点

正如在讨论飞机纵向飞行动稳定性时那样,初始平衡状态仍是纵向定直平飞状态。飞机受到瞬时侧向扰动,使飞机倾斜,$\Delta\phi\neq0$;或使飞机偏航,$\Delta\beta\neq0$。一旦扰动消失后,按所研究飞机在最初瞬间的扰动运动趋势或研究扰动运动的全过程以及最终是否恢复到原来平衡飞行状态,也分为侧向静稳定性和侧向动稳定性。

关于侧向静稳定性,我们已介绍了横向静稳定性和方向静稳定性,分别可参看 10.2 节和 10.4 节。本小节来讨论侧向动稳定性问题。

① 飞机侧向运动包括飞机滚转、偏航和侧向移动等。分析飞机侧向运动静稳定性时,我们分开讨论了横向静稳定性(有 $C_{l\beta}<0$)和方向静稳定性(有 $C_{n\beta}>0$)。然而,在分析飞机侧向动稳定性时,滚转运动、偏航运动和侧向移动是相互影响而密不可分的。这是侧向运动具有的特点,也增加了分析与理解侧向动稳定性的难度。

② 飞机定直平飞状态受到侧向扰动,而进入侧向扰动运动后,在恢复原先平衡状态过程中,我们已经介绍了两个起稳定性作用的力矩:横向静稳定性力矩和方向静稳定性力矩。

为了使侧向扰动运动能够具有动稳定性,必须还应有两个阻尼力矩,即滚转阻尼力矩和偏航阻尼(或方向阻尼)力矩。它们产生的机理也很简单,参看图 10.33 和图 10.34。

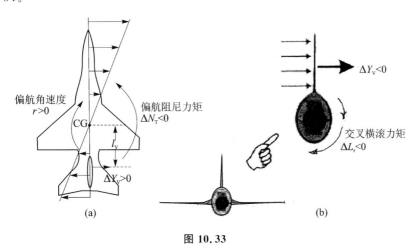

图 10.33

偏航阻尼力矩主要是靠立尾产生的,其产生的原因与俯仰阻尼力矩相似。当飞机绕立轴(Oz 轴)向右偏航时(偏航角速度 $r>0$),在立尾上产生左侧滑,产生的 $\Delta Y_V>0$,该力乘以力臂 L_V,则得方向阻尼力矩 $\Delta N_r<0$,来阻止飞机向右的偏转转

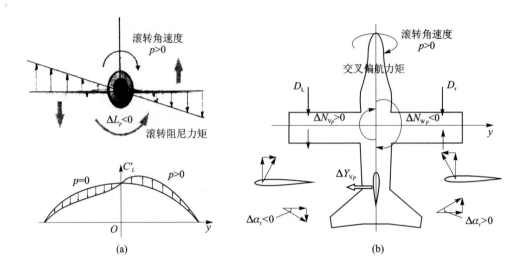

图 10.34

动。它的大小直接与立尾面积 S_V 和立尾力臂 L_V 有关。

注意，在 $r>0$ 时，飞机左半翼相对空速增加，而右半翼相对空速减小，导致左半翼升力增量 $\Delta L>0$，而右半翼升力增量 $\Delta L<0$，出现绕纵轴（Ox 轴）的横滚力矩 $\Delta L>0$，这个因偏航角 r 产生的横滚力矩，称之为机翼的交叉横滚力矩，用 $\Delta L_r(>0)$ 表示。它的大小与机翼面积 S 和展弦比 A 的大小有关。此外，飞机的立尾上产生的 ΔY_V，对纵轴也有横向滚转力矩的贡献。所以，飞机因偏航而产生的交叉横滚力矩 ΔL_r，主要来自机翼和立尾的贡献。

飞机的横向滚转阻尼力矩主要是机翼产生的，当然，立尾和平尾也有贡献，参看图 10.34。飞机绕纵轴（Ox 轴）向右滚转时（滚转角速度 $p>0$），右半翼迎角增量 $\Delta \alpha_r>0$，左半翼迎角增量 $\Delta \alpha_L<0$，因此，右半翼升力增加，左半翼升力减小，于是产生了阻止飞机向右横滚的阻尼力矩 $\Delta L_p<0$，它的大小也主要取决于机翼面积 S 和展弦比 A 的大小。机翼展弦比 A 增加，飞机滚转阻尼力矩增大。

注意，当左、右半翼升力发生变化时，左、右半翼的阻力也会发生改变；右半翼升力增加，它的阻力也增大；左半翼升力减小，它的阻力也减小。因而右半翼阻力产生的偏航力矩大于左半翼阻力的贡献，于是出现向右偏航力矩增量 $\Delta N_p>0$ 或 $\Delta N_{Wp}>0$，参看图 8.36(b)。它被称为交叉偏航力矩。

可见，绕飞机立轴转动，飞机产生方向阻尼力矩 ΔN_r 的同时，还会产生交叉横滚力矩 ΔL_r。飞机绕纵轴转动，飞机产生横向阻尼力矩 ΔL_p 的同时，还会产生交叉偏航力矩 ΔN_p。偏航转动与横向转动是密不可分的，也表明了侧向动稳定性的复杂性。

③ 由于飞机外形和质量分布的变化，飞机相对于纵轴（Ox 轴）的转动惯量远小于飞机相对于立轴（Oz 轴）的转动惯量。因此，在同等外界扰动作用下，飞机容易产

生滚转运动而形成倾斜(坡度),而不太容易产生偏转(偏航)运动而造成侧滑。

④ 从以上介绍可知,飞机侧向运动的动稳定性,取决于两个静稳定性力矩的大小、两个阻尼力矩的大小、两个交叉力矩的大小以及飞机两个转动惯量的大小。特别是在两个静稳定力矩之间在大小上要能互相搭配,才能获得良好的侧向运动的动稳定性。

10.9.2　飞机侧向受扰运动的模态

理论上的分析与飞行实践均表明,飞机的侧向受扰运动与纵向情况不同,它通常由两个非周期模态和一个周期振荡模态组成。

在扰动运动初期,主要表现为飞机滚转角速度 p 和倾斜角 ϕ 的迅速变化,为迅速衰减的滚转阻尼运动,故把这种模态称为滚转模态,几乎不会被觉察出来。随后,由于飞机有倾斜(坡度)和侧滑,会出现又滚又偏头外加侧滑的周期振荡模态,由于与滑冰中的"荷兰滚"形态颇为相似,故俗称为"荷兰滚"模态。到了扰动运动后期,出现飞机的偏航角和滚转角速度单调而缓慢变化,形成方向发散或沿螺旋线缓慢地盘旋下降(螺旋发散)的非周期性运动模态。

飞机侧向受扰运动的整个过程,便是这三个典型运动模态的叠加。下面,简述"荷兰滚"和"螺旋"模态形成的物理成因。

1. 荷兰滚(Dutch roll)的物理成因

比如,在纵向定直飞行中受到微小扰动产生左倾斜,左倾斜引起左侧滑。这时,如果因横向静稳定力矩过大,加上绕纵轴的转动惯量较小,在左倾斜迅速改平时,左侧滑尚未消除。于是形成飞机向左偏头、向右滚动的状态。一旦向右滚动形成右倾斜,右倾斜引起右侧滑。由于相同的原因,右倾斜迅速改平时,右侧滑尚未消除,又会形成飞机向右偏头、向左滚动的状态。于是,飞机将左右摆头、向右向左滚动,飞行航迹呈 S 形。视飞机的横向阻尼力矩和偏航阻尼力矩等的大小而定,这种侧向扰动运动可能收敛,也可能发散。在图 10.35 上,给出的是收敛的,即具有动稳定性的"荷兰滚"示意图(侧后方视图)。

注意,飞机具有横向静稳定性($C_{l\beta}<0$)和方向静稳定性($C_{n\beta}>0$),但方向静稳定性过弱,而横向静稳定性过强,两者比例不搭配时,容易出现"荷兰滚"。

2. 螺旋不稳定(spiral instability)的物理成因

如果飞机的方向静稳定性过强,而横向静稳定性过弱,一旦飞机发生倾斜,比如左倾斜,左倾斜引起左侧滑,方向静稳定性产生的稳定力矩引起飞机向左偏头,而横向静稳定性产生的稳定力矩使飞机向右滚转,力图阻止向左偏头的趋势,一来因横向静稳定性过弱,二来如果飞机因偏航而产生了交叉横滚力矩,此时是助飞机向左滚的力矩。如后者超过横向静稳定性产生了向右滚的力矩,飞机向左倾斜角就会缓慢增大,最终飞机进入方向发散(directional divergence)或螺旋不稳定(spiral roll)模态,参看图 10.36。

图 10.35

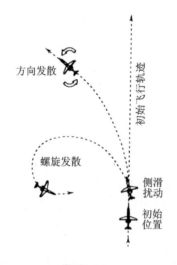

图 10.36

10.9.3　飞机侧向飞行中的动稳定性小结

我们把侧向飞行中的扰动运动划分为三种典型模态和三个阶段,这是具有重要实际意义的。

对于"荷兰滚"这种振荡运动,无论对飞行员还是对旅客机中的旅客来说,都是不舒适的。设计飞机时,通常注意了大速度飞行时方向静稳定性和横向静稳定性之间的搭配,宁肯使前者稍大于后者。大多数飞行员都宁愿有螺旋不稳定性而不愿有"荷兰滚"。因为前者发展较慢,飞行员一旦觉察到,还来得及纠正。

"荷兰滚"可以在任何速度下发生。在进近着陆(五边)飞行中,飞行员常把"荷兰滚"称为蛇形运动(snaking),造成飞机难以对准跑道中心线着陆。今天,现代运输飞机装有某种形式的偏航阻尼器(yaw damper)和横向阻尼器(roll damper)来协助解决此类问题。

正因为如此,很多飞机都有不同程度的螺旋不稳定性。比如 B747 飞机就有非振荡型的螺旋不稳定模态。特别是在云中或夜间飞行时,飞行员应该特别警觉这一运动模态,并及时纠正和制止。

10.9.4　飞机侧向飞行中的动操纵性

简单来说,飞机侧向动操纵性研究的是因偏转操纵面(含副翼和方向舵)、飞机飞行状态运动参数的反应与变化问题。侧向动操纵性与纵向动操纵性相比,还要复杂一些。操纵副翼或方向舵,飞机不仅会产生滚转而且还会偏航。

这里仅仅介绍单独偏转副翼或方向舵,飞机侧向运动参数对此操纵动作的反应。

1. 飞机对副翼阶跃输入的反应

某飞机做定直平飞,飞行员猛向右压杆,右副翼上偏 $2.89°$,飞机在 7 s 内的反应见图 10.37。

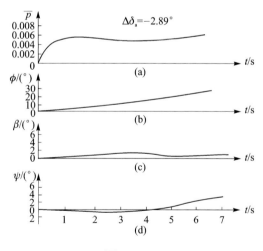

图 10.37

由图可见,飞机主要反应是迅速产生向右滚转角速度 p,见图(a),并且逐渐右倾,倾斜角 ϕ 逐渐增大,见图(b)。副翼偏转引起的不利偏航力矩比较小,故产生的右侧滑角 β 很小,见图(c)。飞机相对于地面的偏航角 ψ 有少许振荡也趋于向右偏航,见图(d)。整个飞行状态很接近协调转弯的情况。

2. 飞机对方向舵阶跃输入的反应

与图 10.37 相同的一架飞机和相同初始飞行状态,现改为飞行员猛蹬右舵,方向舵偏转向－2.87°，飞机对此操纵的反应见图 10.38。

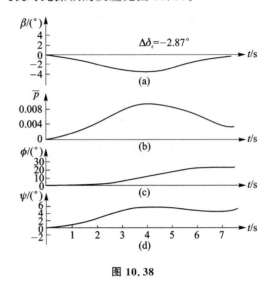

图 10.38

由图可见，该飞机对方向舵操纵的反应是正常反应，即蹬右舵飞机产生左侧滑（$\Delta\beta<0$），见图（a），从而产生向右滚转角速度 $p>0$，见图（b）；同时，飞机向右倾斜，$\phi>0$，见图（c）。飞机向右偏航，见图（d）。

从上述两张图形，你能总结出单独偏转副翼或方向舵时，飞机运动参数变化的原因吗？它们各自的主要操纵目标达到了吗？

就飞机盘旋飞行或转弯飞行而言，在讨论飞机做正常盘旋飞行的操纵原理时强调过，飞行员必须协调一致地对副翼、方向舵乃至升降舵和油门杆进行操纵才能实现。这里讲的副翼和方向舵操作、阶跃式的输入，只是为了研究飞机的反应，并不是正常飞行中的操纵方式。一个预想飞行状态的实现，飞行员应该根据机型、飞行原始状态和多次操作飞行实践才能圆满获取。理论与实践必须统一，才能获得成功！

附录

国际单位、英制单位及其换算

① 国际单位制的基本物理量为长度,以 m(米)计;质量,以 kg(公斤或千克)计;时间,以 s(秒)计。

② 英制单位制的基本物理量亦为长度、质量和时间,只是计量单位不一样,长度为 ft(英尺),质量为斯勒格(slug),时间仍为 s(秒)。

两者的换算关系为

$$1 \text{ ft} = 0.304\ 8 \text{ m} \tag{附-1}$$

$$1 \text{ slug} = 14.59 \text{ kg} \tag{附-2}$$

③ 在国际单位制中,力用牛(N)计,压力用帕(Pa)计;在英制单位制中,力用磅(lb)计,压力用 lb/ft^2 计。它们之间的关系,有

$$1 \text{ lb} = 4.448 \text{ N} \tag{附-3}$$

$$1 \text{ lb/ft}^2 = 47.88 \text{ Pa} \tag{附-4}$$

其他如密度、功率之间的关系,有

$$1 \text{ slug/ft}^3 = 515.4 \text{ kg/m}^3 \tag{附-5}$$

$$1 \text{ hp(马力)} = 550 \text{ lb} \cdot \text{ft/s} = 745.6 \text{ W} \quad (\text{瓦,N} \cdot \text{m/s}) \tag{附-6}$$

④ 还有工程单位制,其基本物理量为长度以 m(米)、力以 kg 或 kgf(称为公斤力)、时间以 s(秒)计。本教材中用到的有

$$1 \text{ kg(kgf)} = 2.2 \text{ lb} \tag{附-7}$$

⑤ 关于温度方面的计量单位和换算,参看本教材第 1 章。

参考文献

［1］Kundu A K，Price M A，Riorden D. Theory and Practice of Aircraft Performance. John Wiley & Sons，Ltd，2016.

［2］Anderson John D. Introduction to Flight. McGraw-Hill Endcation，2016.

［3］Swatton P J. Principles of Flight for Pilots. John Wiley & Sons，Ltd，2011.

［4］Houghton E L，Carpenter P W. Aerodynamics for Engineering students. Butlerworth Heinemann，2003.

［5］Dole C E，Lewis J E. Flight Theory and Aeredynamics. John Wiley & Sons，Ltd，2000.

［6］Hurt H H. Aerodynamis for Naval Aviators. Aviation Supplies & Academics，Inc.，1965.

［7］Thom Trevoria. Aeroplane General Knowledge & Aerodynamics. Aviation theory Centre Pty. Ltd，1993.

［8］Robson D. Aerodynamics，Engines & Airframe System for Air Transport Pilot. An Aviation Theory Centre Pty. Ltd，1996.

［9］何庆芝. 航空航天概论. 北京：北京航空航天大学出版社，1997.

［10］赵锡铬. 波音 757 飞机实用飞行力学. 南方航空公司，上海航空公司，1993.

［11］张金良，等. 空气动力学. 中国人民解放军空军司令部，2001.

［12］王小宛. 民航节油实践与探讨. 北京：中国民航出版社，2005.

［13］朱一锟. 飞行原理(二). 北京航空航天大学飞行学院，2001.

［14］朱一锟. 飞机飞行动力学. 北京：高等教育出版社，2005.

［15］飞行力学概念、量和符号：GB/T 14410.1－7—93.1992.